人工智能前沿技术丛书

探秘大模型应用开发

Exploring the Development of Large Language Models Applications

李瀚 徐斌◎著

U0216459

电子工业出版社·
Publishing House of Electronics Industry
北京·BEIJING

内 容 简 介

以 ChatGPT 为代表的生成式对话产品席卷全球，技术圈迎来 AI 2.0 时代，基于大模型的应用将迎来大爆发，形成新的 AI 应用生态。AI 工程师也当仁不让地成了炙手可热的就业方向，一大批对大模型感兴趣的开发者希望能够及时转型，投身到新一轮的"工业革命"浪潮中。在此背景下，本书系统、全面地介绍大模型应用开发相关的背景、概念、开发流程和工具使用方法，既包括基座大模型的训练过程、GPU 基础知识、大模型应用开发的总体流程、大模型应用的发展趋势，也包括大模型应用开发涉及的文档处理、向量数据库、参数微调、模型压缩、推理性能优化、模型部署、提示工程、编排与集成等技术。本书不拘泥于某个产品细节，而是从大模型应用的落地痛点、理论知识、框架选型等长期和深层次的角度展开，提供完整的知识体系。除此之外，本书通过典型的 RAG 应用案例，结合具体代码，详细介绍大模型应用开发方法，帮助读者对开发过程有更深刻的体会。

本书适合对大模型应用开发感兴趣的企业管理者、产品研发人员阅读，也适合高等院校的学生、研究机构的研究者参考。

图书在版编目（CIP）数据

探秘大模型应用开发 / 李瀚，徐斌著. -- 北京：
电子工业出版社，2025. 2. --（人工智能前沿技术丛书
）. -- ISBN 978-7-121-49656-1

Ⅰ. TP18

中国国家版本馆 CIP 数据核字第 2025AL4131 号

责任编辑：宋亚东
印　　刷：河北鑫兆源印刷有限公司
装　　订：河北鑫兆源印刷有限公司
出版发行：电子工业出版社
　　　　　北京市海淀区万寿路 173 信箱　邮编：100036
开　　本：720×1000　1/16　印张：18.75　字数：390 千字
版　　次：2025 年 2 月第 1 版
印　　次：2025 年 2 月第 1 次印刷
定　　价：108.00 元

凡所购买电子工业出版社图书有缺损问题，请向购买书店调换。若书店售缺，请与本社发行部联系，联系及邮购电话：（010）88254888，88258888。

质量投诉请发邮件至 zlts@phei.com.cn，盗版侵权举报请发邮件至 dbqq@phei.com.cn。

本书咨询联系方式：syd@phei.com.cn。

前　　言

生成式 AI 引领的 AI 2.0 时代已经到来，各种大模型应用如雨后春笋般涌现，令人眼花缭乱。大众期待大模型应用能像移动互联网应用那样，彻底改变生活方式。对广大技术从业者而言，这也意味着一个前所未有的机遇。因此，大家对大模型相关技术的关注达到了前所未有的高度。这不仅引起了自然语言算法研究人员的关注，还吸引了大量工程师和行业爱好者的目光。他们迫切地想学习大模型及其应用开发的技术，期望能将其融入现有产品，或打造出具有巨大潜力的新产品。

为什么撰写本书

自从 ChatGPT 于 2022 年 11 月问世，并在短短三个月内迅速"走红"，人们纷纷惊叹于它的卓越表现。它的成功进一步激发了大众对其背后技术及基于该技术构建智能应用方法的浓厚兴趣。对于传统的应用开发者来说，生成式 AI 等新技术让 AI 应用的开发变得相对简单，不再像 AI 1.0 时代那样困难。这种转变从另一个角度点燃了大家学习和应用 AI 的热情。作为其中一员，我也投身于大模型的学习与研究中。

在 2023 年 4—5 月，我发现尽管网络上有大量关于大模型技术的文章，涵盖微调、LoRA、量化、RAG、Agent 等技术概念，以及 LangChain 等框架的使用方法，但这些内容往往是零散的，缺乏系统性。特别是自然语言处理技术的研究方向繁多，技术更新迭代极快。以微调为例，早期 90%的文章讨论的是 BERT 的微调方法，而在大模型时代，讨论的重点自然转向了类似于 GPT 的系列模型。这些碎片化的内容对初学者来说极具挑战性，初学者需要的是对大模型及其应用开发技术的全面了解，而不是东拼西凑的碎片化学习。我在学习过程中也深刻感受到这种困惑和无奈。因此，我认为有必要结合自己多年从事 AI 应用开发工作的经验和对大模型技术的理解，分享我的经验和心得，帮助更多的人更好地学习大模型应用开发。

本书适合没有算法背景的工程师阅读。从内容上来看，考虑到受众需求和技术快速迭代可能导致部分细节过时，本书从核心概念、常见问题、一般开发流程和开发范式入手，帮助读者全面地掌握大模型应用开发的体系，并帮助读者迅速进入这一领域。读者可以结合自身实际需求深入研究相关环节，实现成功转型。

本书主要内容

本书共包括 12 章，围绕大模型应用开发相关内容展开，主要内容如下。

第 1 章介绍大模型应用开发中的典型产品和常见应用场景，并探讨 AI 1.0 与 AI 2.0 在技术上的变化。这一章帮助读者初步认识大模型，了解其特点与局限性，从而对大模型有一个基本的认知和理解。

第 2 章介绍基座大模型的发展历程、未来趋势及一般的训练过程，深入探讨当前主流的大模型，并提供选择基座大模型时需要考虑的关键因素。

第 3 章聚焦于 GPU 的基础知识，详细解释 GPU 的定位、与 CPU 的区别，及其与深度学习的关系和核心价值。本章将全面解析选择合适的 GPU 时需考虑的各种问题，为后续学习应用开发方法打下基础。

第 4 章从宏观角度介绍大模型应用的核心概念、通用开发流程及未来发展趋势，包括模型与应用场景需求对齐的技术，微调与上下文学习的适用场景及优劣势比较。

第 5 章探讨大模型应用开发中的一个关键环节——文档处理。本章涵盖了高质量文本数据供给的核心步骤，如文本分块、词元化、嵌入等内容。

第 6 章聚焦大模型应用中的核心中间件——向量数据库，探讨其作为大模型"记忆体"的作用。本章介绍向量数据库的概念、相关算法及其在大模型中的应用价值，并结合当前主流向量数据库展开讨论。

第 7 章详细介绍微调技术，包括微调的定义、历史演变、参数高效微调技术，以及常见的微调工具和产品。

第 8 章重点讲解模型推理优化，涵盖模型优化的理论基础，以及常见的模型压缩、量化等优化技术，帮助开发者有针对性地提高模型推理性能。

第 9 章介绍模型部署与推理的整体架构，展示各层的代表性产品，如 vLLM、Ollama 等，分析这些明星产品在不同场景中的应用方法。

第 10 章探讨提示工程的概念与价值，精选了 13 种常见的提示工程技术，并介绍与提示优化相关的工具和产品。

第 11 章解读大模型应用开发中的"总线"——编排与集成，深入分析编排的作用、典型架构模式及主流的编排集成框架。

第 12 章以问答场景为例，手把手引导读者完成典型的 RAG 应用开发，帮助读者在实际操作中掌握大模型应用开发的基本流程，实现第一个"Hello World"项目。

致谢

本书的原始内容源自我在学习过程中的总结与心得，最初以连载的形式发布在"AI 工程化"公众号上。在创作过程中，我收到了大量读者的反馈与支持，正是你们给予了我不断前行的动力，对此我深表感谢。然而，从文章到图书，这个过程充满了挑战和艰辛。感谢我的伙伴徐斌先生的支持与陪伴，也感谢电子工业出版社博文视点及宋亚东先生的鼎力相助，正是有了大家的共同努力，才能将这些内容进一步整理、完善成书，呈现给读者。

由于个人水平有限，书中难免存在不足和错误之处，恳请广大读者批评指正。

李瀚

2024 年 6 月

读者服务

微信扫码回复：49656

● 获取本书配套代码资源。

● 加入本书读者交流群，与更多读者互动。

● 获取【百场业界大咖直播合集】（持续更新），仅需 1 元。

目 录

第 1 章　AI 2.0 时代到来 ·· 1

1.1　ChatGPT 旋风 ··· 2

1.1.1　ChatGPT 是什么 ·· 2

1.1.2　丰富的应用 ··· 3

1.1.3　有喜有忧 ··· 4

1.2　认识 AI 2.0 时代 ··· 5

1.2.1　何谓大模型 ··· 5

1.2.2　AI 1.0 时代与 AI 2.0 时代特点分析 ······································ 8

1.2.3　新"工业革命"来临 ··· 11

1.3　本章小结 ·· 12

第 2 章　基座大模型准备 ·· 13

2.1　大模型的历史与未来 ·· 14

2.1.1　发展史 ·· 14

2.1.2　未来趋势 ··· 15

2.2　基座大模型训练过程 ·· 16

2.2.1　预训练 ·· 17

2.2.2　人类反馈的强化学习 ·· 21

2.3　选择合适的基座大模型 ·· 22

2.3.1　主流基座大模型介绍 ································ 22

2.3.2　选型标准 ······································· 25

2.4　本章小结 ··· 27

第 3 章　GPU 相关知识 ···································· 28

3.1　基础知识 ··· 29

3.1.1　显卡与 GPU ······························· 29

3.1.2　GPU 与 CPU ······························ 30

3.2　GPU 的优势 ····································· 32

3.2.1　GPU 与深度学习 ························· 32

3.2.2　CUDA 编程 ······························· 34

3.3　准备合适的 GPU ································· 36

3.3.1　选择合适的 GPU（显卡）供应商 ········· 36

3.3.2　英伟达与 AMD ·························· 37

3.3.3　英伟达 GPU 各项参数 ·················· 39

3.3.4　选型建议 ································· 46

3.4　本章小结 ··· 47

第 4 章　应用开发概览 ·································· 48

4.1　关键概念 ··· 49

4.1.1　提示 ···································· 49

4.1.2　上下文学习 ······························· 50

4.2　应用趋势 ··· 56

4.2.1　趋势变迁 ································· 56

4.2.2　产品形态 ································· 59

4.3　技术实现 ··· 60

4.3.1　对齐方法 ································· 60

4.3.2　优劣势比较 ······························· 63

4.3.3　应用流程 ································· 65

4.4　本章小结 ··· 66

第 5 章　文档处理 ·· 67

5.1　分块 ··· 68

5.1.1　分块的作用 ··· 68

5.1.2　分块的策略 ··· 69

5.1.3　策略选择 ·· 72

5.2　词元化 ·· 73

5.2.1　概念和方法 ··· 73

5.2.2　Token 采样策略 ·· 76

5.3　嵌入 ··· 78

5.4　本章小结 ·· 84

第 6 章　向量数据库 ··· 85

6.1　基本概念 ·· 86

6.2　相关算法 ·· 87

6.2.1　向量相似性算法 ·· 87

6.2.2　工程中常用的向量搜索折中算法 ················· 88

6.3　核心价值 ·· 92

6.4　定位 ··· 95

6.5　主流产品 ·· 97

6.6　本章小结 ·· 98

第 7 章　微调 ··· 99

7.1　背景与挑战 ··· 100

7.1.1　背景知识 ·· 100

7.1.2　技术挑战 ·· 102

7.2　参数高效微调技术 ··· 104

7.3　工具实践 ·· 113

7.3.1 开源工具包 ··· 113

7.3.2 模型微调服务 ··· 118

7.4 本章小结 ··· 121

第 8 章 推理优化概论 ··· 122

8.1 优化目标 ··· 123

8.2 理论基础 ··· 124

8.2.1 模型大小的指标 ··· 124

8.2.2 模型大小对推理性能的影响 ······································ 127

8.2.3 大模型相关分析 ··· 131

8.3 常见优化技术 ··· 141

8.3.1 模型压缩 ··· 141

8.3.2 Offloading ··· 147

8.3.3 多 GPU 并行化 ··· 147

8.3.4 高效的模型结构 ··· 148

8.3.5 FlashAttention ··· 149

8.3.6 PagedAttention ·· 149

8.3.7 连续批处理 ·· 150

8.4 本章小结 ··· 151

第 9 章 部署推理工具 ··· 152

9.1 推理架构概述 ··· 153

9.2 Web 服务 ··· 156

9.2.1 Streamlit 与 Gradio ·· 158

9.2.2 FastAPI 与 Flask ··· 160

9.3 推理执行引擎 ··· 161

9.3.1 服务器端推理 ··· 161

9.3.2 端侧推理 ··· 176

9.4 推理服务 ··· 181

9.5　对话类系统 ··· 194

9.6　本章小结 ··· 196

第 10 章　提示工程 ··· 197

10.1　理论与技术 ·· 198

10.1.1　提示的价值 ·· 198

10.1.2　应用领域 ··· 198

10.1.3　提示工程技术 ··· 199

10.2　开发工具 ·· 208

10.2.1　OpenAI Playground ··· 210

10.2.2　Dify ·· 211

10.2.3　PromptPerfect ·· 213

10.3　本章小结 ·· 214

第 11 章　编排与集成 ··· 215

11.1　相关理论 ·· 216

11.1.1　面临的问题 ·· 216

11.1.2　核心价值 ··· 217

11.1.3　功能构成 ··· 217

11.2　典型架构模式 ··· 218

11.2.1　RAG ·· 218

11.2.2　Agent ·· 222

11.3　常见编排框架 ··· 235

11.3.1　LangChain 框架 ··· 235

11.3.2　LlamaIndex 框架 ·· 248

11.3.3　Semantic Kernel 框架 ··· 253

11.4　本章小结 ·· 264

第 12 章 应用示例 ·· 265

12.1 整体架构 ·· 266

12.2 开发过程 ·· 267

12.2.1 环境准备 ·· 267

12.2.2 实现解析 ·· 269

12.2.3 打包部署 ·· 276

12.2.4 示例演示 ·· 281

12.3 本章小结 ·· 284

参考文献 ·· 285

AI 2.0 时代到来

随着人工智能（Artificial Intelligence，AI）2.0 时代的代表性产品 ChatGPT 横空出世，越来越多的人对 AI 抱有极大兴趣。在本章中，我们将带你认识这一划时代的产品，并深入了解 AI 2.0 时代的特点，为迎接新的"工业革命"做好准备。

1.1 ChatGPT 旋风

2022 年 11 月 30 日，OpenAI 低调发布了现在看起来具有划时代意义的 AI 对话类产品 ChatGPT，短短 5 天，注册用户数就超过了 100 万。2023 年 1 月末，ChatGPT 的月活用户数突破 1 亿，让它一度成为历史上增长最快的消费者应用。随着 AI 的迅猛发展，ChatGPT 已经成为人们交流的新方式，它的问答能力和语言生成能力让它在各领域都产生了深远的影响。

1.1.1 ChatGPT 是什么

ChatGPT 是构建在 GPT-3.5 及 GPT-4 等大语言模型（Large Language Model，LLM）（以下简称为"大模型"）上的产品服务，得益于强大的模型性能，能够模拟人类的对话方式，进行自然流畅的对话交互。

ChatGPT 的核心能力是生成高质量的文本回复，几乎可以与人类进行无缝对话。无论是回答问题、提供建议，还是进行创造性的写作和故事讲述，ChatGPT 都能表现出极佳的表达能力和智能化的思维。

作为一种文本生成模型，ChatGPT 具有广泛的应用领域。在问答方面，它可以理解用户提出的问题，并给出准确的回答和解决方案。在对话交互方面，它可以进行真实的对话，保持上下文的连贯性，使对话更加自然和流畅。在文本摘要方面，它能够提取长篇文本的关键信息和要点，以简洁的方式呈现。此外，它可以进行文本编辑和润色，创作视频脚本，撰写歌词、诗歌和电影评论，以及在社交媒体平台上发布吸引人的帖子。

ChatGPT 是 AI 领域在对话生成方面的新里程碑，它不仅能够提供实用的文本处理和创作支持，还具备逼真的人类对话能力，使人类与机器的交互更加自然和愉快。ChatGPT 的发展和应用将进一步推动 AI 技术在各领域的发展，为人们带来更多便利。

通过不断迭代更新，ChatGPT 已经从一个简单的对话工具发展为能够利用各种插件完成复杂任务的多功能应用平台，进而发展成为一个庞大的应用生态系统。开发者可以定制自己的聊天机器人 GPTs 满足各种现实需求，并将其发布到 GPTs 应用商店中获利。这种商业闭环将带来比移动互联网更高的商业价值。

1.1.2　丰富的应用

ChatGPT 可以在消费侧和企业侧的应用中发挥重要作用。下面是一些常见的应用领域。

1．消费侧应用

（1）虚拟助手。ChatGPT 可以作为消费者的个人助手，帮助用户管理日常生活，如回答问题、提供建议、执行任务等。

（2）在线购物。ChatGPT 可以在电商平台上作为购物助手，回答用户的商品相关问题，并提供产品推荐和购物建议。

（3）娱乐和游戏应用。ChatGPT 可以在娱乐和游戏应用中提供有趣的对话和互动体验，例如与虚拟角色对话或参与文字冒险游戏。

（4）社交媒体。ChatGPT 可以在社交媒体平台上提供自动回复、智能推荐和内容生成等功能，提升用户与平台的互动体验。

2．企业侧应用

（1）客户服务。ChatGPT 可以作为企业的在线客服代理，回答客户的问题，提供购买支持和解决方案，提升客户体验。

（2）内部沟通和协作。ChatGPT 可以应用在企业内部的沟通和协作工具中，帮助员工解答问题、提供信息和指导，提高工作效率。

（3）数据分析和洞察。ChatGPT 可以用于企业的数据分析和洞察，回答有关数据的问题，提供数据可视化和解释，帮助企业做出决策。

（4）自动化流程。ChatGPT 可以与企业的自动化系统集成，执行任务和流程，例如自动化的客户支持、订单处理等。

这些只是一些常见的应用领域，ChatGPT 的应用潜力非常广泛，可以根据不同行业和企业的需求进行定制和扩展。通过与 ChatGPT 的集成，消费者和企业都可以获得更智能、更高效的文本交互体验。

1.1.3 有喜有忧

但是，任何一个新事物的出现都将带来正反两方面的影响。同样，ChatGPT 的发展给各行业也带来惊喜和问题。

1．ChatGPT 带来的惊喜

（1）写作和创意行业。ChatGPT 可以帮助作家和创作者提高效率和创造力。它能够提供灵感、产生创意并提供文本编辑建议，为创作者提供更多的可能性和支持。

（2）客户服务行业。ChatGPT 可以在客户服务领域广泛使用，提供即时化和个性化的支持。它能够回答常见问题、提供解决方案并与客户进行基本的对话，提升客户满意度和用户体验。

（3）教育行业。ChatGPT 可以在教育领域使用，为学生提供个性化的学习支持。它能够回答问题、解释概念并与学生互动，促进学生学习和知识传递。

（4）研究和探索。ChatGPT 可以帮助研究人员和科学家在各领域进行探索和实验。它能够提供背景知识、产生假设并提供研究方向，为科学研究提供新的思路和洞察力。

2．ChatGPT 带来的问题

（1）虚假信息和误导性内容。ChatGPT 生成的文本有存在虚假信息和误导性内容的风险。这对新闻和媒体行业来说是一个挑战，也可能影响其他行业中信息的可信度和准确性。

（2）就业和人类价值。自动化工具的普及可能导致一些工作岗位的消失，引发人们对就业和人类价值的担忧。一些人担心机器会取代人类劳动力，减少就业机会和降低工作质量。

（3）隐私和安全。ChatGPT 使用大量的数据进行训练，这引发了人们对个人隐私和数据安全的担忧。确保用户数据的安全和保护个人隐私是一个重要问题。

（4）偏见和歧视。由于 ChatGPT 的训练数据可能存在偏见和歧视，它生成的文本也可能受到这些问题的影响。这引发了对公平性和包容性的担忧，需要采取措施来解决这些问题。

了解和解决以上问题至关重要，我们需要确保 AI 的发展在为各行业带来最大利益的同时，能够促进社会的可持续发展。

1.2　认识 AI 2.0 时代

　　AI 2.0 时代已经到来，那么 AI 1.0 时代和 AI 2.0 时代的区别是什么呢？从场景分类的角度可以进行良好的区分。在以 AlphaGo 为代表的 AI 1.0 时代，AI 场景主要以判别式 AI 为主，比如决策类场景推荐、搜索或感知类场景物体识别、定位等。在 AI 2.0 时代，以大模型为代表的生成式 AI 技术也得到了快速发展。二者各具特点，关注的问题也不同。相对于生成式 AI 而言，判别式 AI 需要大量的标注数据，且模型的泛化能力差，善于判断执行，不太符合人们想象中人工智能的样子；而生成式 AI 的技术特点和场景应用与判别式 AI 不同，善于文本生成、语义理解、推理规划。ChatGPT 这类产品给人们带来的惊艳效果，让人们相信这次的技术突破不再只是炒作概念，而是人类迈向通用人工智能（Artificial General Intelligence，AGI）的重要一步。因此，以大模型为代表的 AI 也迎来了新的春天。

1.2.1　何谓大模型

　　那么，一个模型被称为大模型要具备哪些条件呢？实际上，这个问题比较模糊，例如同样采用了 Transfromer 架构的 BERT 模型算不算大模型呢？参数量超过千亿的推荐系统二分类模型算不算大模型呢？在这里，笔者认为模型应满足两个条件，才能被称为当下语义下的大模型。如图 1-1 所示，首先，它应该是生成式的，其次，它的模型规模要足够大，这里的规模包括参数规模和数据规模。

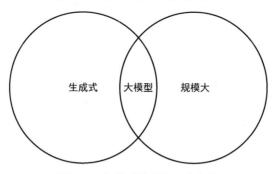

图 1-1　大模型满足的两个条件

　1．生成式

在机器学习中，我们根据解决问题的方法将模型分为两类——生成式和判别式。

如何理解二者的区别呢？可以用一个形象的例子来说明。假设有两个小学生，小明和小花，他们面对一个相同的任务，就是学会区分猫和狗，如图 1-2 所示。

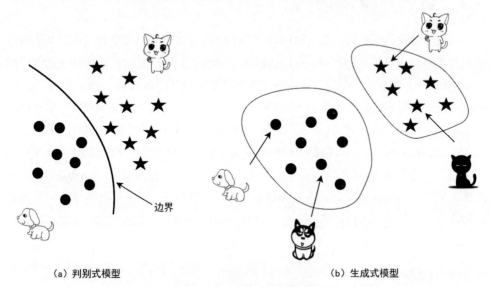

（a）判别式模型　　　　　　　　　　　　　（b）生成式模型

图 1-2　区分猫和狗的两种方法

小明是个急性子，他希望能够快速完成任务，然后就可以玩了。所以，他采用了简单直接的学习方法，把重点放在猫和狗的差异特征上，比如耳朵贴着头的是狗，竖起来的是猫。他试图寻找一个边界，使边界的一侧是狗，边界的另一侧是猫。而小花是一个善于思考总结、勤于钻研的孩子，她从猫和狗各自具有的形态和特征入手，总结一只猫应该具有怎样的特征，一只狗应该具有怎样的特征。到了考试时间，小明能够迅速判断他以前看到过的猫和狗的品种，但是对于他之前没见过的品种，比如拥有竖起耳朵的哈士奇，他就会判断错误。而小花则能准确地进行判断，甚至可以画出一只真实世界中不存在的狗或猫。在这个例子中，小明的学习方法是判别式的，而小花的学习方法是生成式的。如果用数学语言来解释判别式模型和生成式模型，则判别式模型直接寻找 $P(y|x)$，即在给定 x 的条件下 y 发生的概率，找到决策边界，根据 x 来判别 y。生成式模型首先生成 $P(x,y)$ 的联合分布，即该类别固有的数学分布，然后推算 $P(y|(x,y))$，y 是在概率分布上生成的。

简单总结二者的区别，判别式模型在解决分类问题时更加直接，从历史结果中总结规律，是经验主义的，严重依赖标记样本，擅长记忆，能力也相对单一，因为它专门为解决特定问题而生，缺乏创造性。而生成式模型更加深入，更符合人类喜欢的学习模式，能够举一反三，从事实和原因出发，推导结果。这种推理过程需要大量的样本和算力支持。生成式模型可以进行简单的判断，它所学到的事物是真实本质，即概率分布，因此具有强大的泛化能力，能够处理在训练样本中未见过的情况。从这个角度来看，相对于传统的判别式方法，使用生成式方法进行异常检测更能解决异常检测的滞后性和负样本不足的问题。而大模型的应用充分挖掘了其生成能力，创造内容，让人们感受到它的创造性。但与此同时，它生成的新样本是基于所学到的概率分布的，因此可能生成符合人类预期的结果，也可能生成不符合人类预期的结果。我们能做的就是通过微调等手段改变数据的概率分布进而干预模型结果，但无法完全纠正问题。这是生成式模型内在基因的体现，扬长避短才是解决问题的关键。

2. 规模大

OpenAI 的研究显示，模型的计算量（体现智能程度）与参数量和训练数据量有关。一方面，参数量超过 100 亿个的模型才能跨进大模型的门槛（并非硬门槛，考虑到算力原因，当下主流大模型的参数量大多在 10 亿～100 亿个之间）。另一方面，训练数据的规模需要足够大，避免模型过拟合。模型只是真实世界的压缩表示，其目标是真实地反映这个世界的运行规律和知识，并生成真实的数学概率分布。大的模型参数规模和数据规模是一个硬币的两面，图 1-3 所示为训练数据 Token 数及模型参数量与模型智能涌现的关系。

参数规模和训练的 Token 数呈正相关。以 GPT-3 为例，它有 1750 亿个参数，训练的 Token 数达到了 2000 亿个。据说，这些 Token 包含了全球所有公开的文本信息，因此 GPT-3 能够理解各种知识并完成任务并不奇怪。然而，参数规模大和数据规模大只是成为大模型的一个必要条件，实现智能的涌现才是关键。正因如此，许多公司在模型争霸赛时并没有一直坚持扩大模型的规模，而是采用了专才思路，错过了 AI 的圣杯。而 OpenAI 在 Scaling Law[1] 理论的指引下坚持了下来，并成功发现了智能涌现。他们改变了模型的使用方式，从原来的通过微调（Finetune）模型适配下游任务转变为通过上下文学习（In-Context Learning，ICL）来适配大模型。

这样做的好处是什么？如图 1-4 所示，以前完成任何下游任务都需要微调一个模型来适配，而现在，无须对模型进行下游任务的适配，只需要给模型输入提示（Prompt）即可。甚至可以利用提示来激发大模型的高阶推理能力，如思维链（Chain-Of-Thought，COT）。这样做的成本非常低，并且真正激发了模型潜在的能力。因此，大模型的规模大小并不是判定大模型智能程度的充分条件，关键在于大模型是否具备上下文学习的能力。

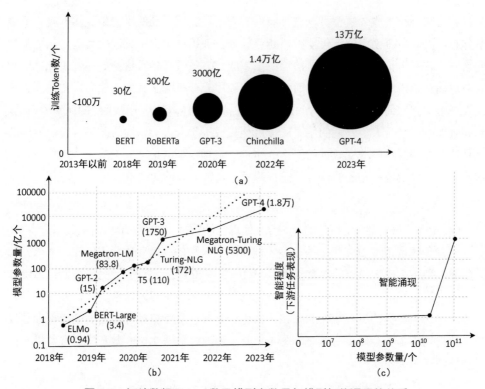

图 1-3　训练数据 Token 数及模型参数量与模型智能涌现的关系

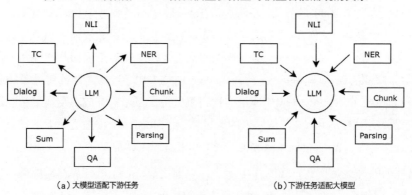

图 1-4　大模型的使用方式

1.2.2　AI 1.0 时代与 AI 2.0 时代特点分析

1. 以判别式 AI 为代表的 AI 1.0 时代

在判别式 AI 的场景应用中，推荐系统最为典型，它的优势是能够替代门户网站频道编辑的工作，能够精细、准确地从海量内容中找到合适的内容并推送给不同的用户。但这里的智能只是降低了执行的成本，突破了编辑选材的上限，并不能真正生产内容。从这个意义上看，抖音的成功首先归功于成千上万家自媒体生产了大量有趣的内容，其次才是推荐系统强大的分发能力将这些内容展示到用户手机上。与此同时，判别式 AI 并不是人们理解的传统智能，它更像一个组织紧密的策略执行机器。

与此同时，判别式 AI 模型存在一些问题，例如依赖大量的标记数据、特征工程及重复训练，这也带来巨大的成本。这类模型为监督学习模型，需要大量的标注数据，而这类数据需要在标记收集层面花费比较多的时间和精力，并且泛化能力差，在不同场景中需要结合优化目标和业务情况进行特征工程，并重新训练模型。随着时间的推移，这类模型还会因为数据漂移而被重新训练。也正是这些问题使这类模型在搜索推荐、广告投放等头部场景中产生了很大的经济价值，而在一些长尾领域和数据稀少的场景中，这类模型难以获得良好的经济价值。

2. 以生成式大模型为代表的 AI 2.0 时代

前面探讨了大模型的必备条件，一个是生成式模型，另一个是模型规模很大，那么基于大模型开发应用就不得不面对它具有的优势及存在的问题。

简单地讲，它的两个必备条件带来两个特性，一个是大模型的输出是概率生成的。对于概率，我们只能引导，无法完全控制。另一个就是模型复杂，如前文所述，生成式模型学习样本的真实分布，而非决策边界，因此更为复杂、性能较差。再加上为了能够实现智能涌现，大模型的参数量巨大，就更难以训练和部署。

1）大模型的优点

- 大模型是通才，能够通过一种方式，即提示，完成不同的下游任务。

- 由于在预训练和微调过程中学到了大量的知识，它可谓无所不知。

- 由于基于预训练、指令微调和人类反馈的强化学习进行微调，所以大模型能够很好地对齐指令，其输出也更加符合人类习惯，善于总结，能言善辩。

- 大模型具有智能涌现的特性，能够具备以往模型不具备的零样本提示、少样本提示等思维链能力，能够规划和推理，让人感受到了通用人工智能的潜力。

2）大模型的缺点

（1）大模型是按通才来培养的，它在专业能力上并不一定比小模型强。有人做过测试，在某项具体的自然语言处理任务中，它的能力或许并不如 BERT 之类的专门微调的小模型。如图 1-5 所示，让大模型翻转字符串"探秘大模型应用开发"，大模型给出错误的答案"发开应用模大秘探"。

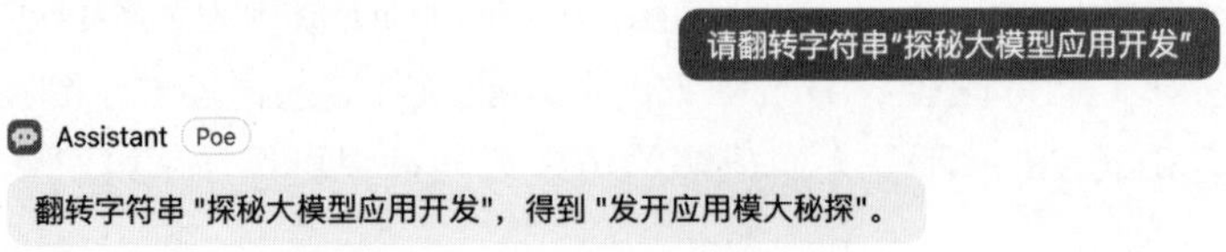

请翻转字符串"探秘大模型应用开发"

Assistant Poe

翻转字符串"探秘大模型应用开发"，得到"发开应用模大秘探"。

图 1-5　大模型翻转字符串示例

另外，由于大模型是语言模型，在一些数学计算和工具使用上并不擅长，在进行简单的四则运算时可能会出错。这一问题也推动了大模型使用工具的研究方向的发展。

（2）自说自话、产生幻觉的问题。这一问题本质上是概率生成的负面体现，并且由于数据集内容分布的问题，很有可能产生歧视、暴力等非法输出。这也是项目实际投产时经常面临的比较棘手的问题。如图 1-6 所示，网络上流传的林黛玉倒拔垂杨柳的回答就是经典的大模型幻觉问题。

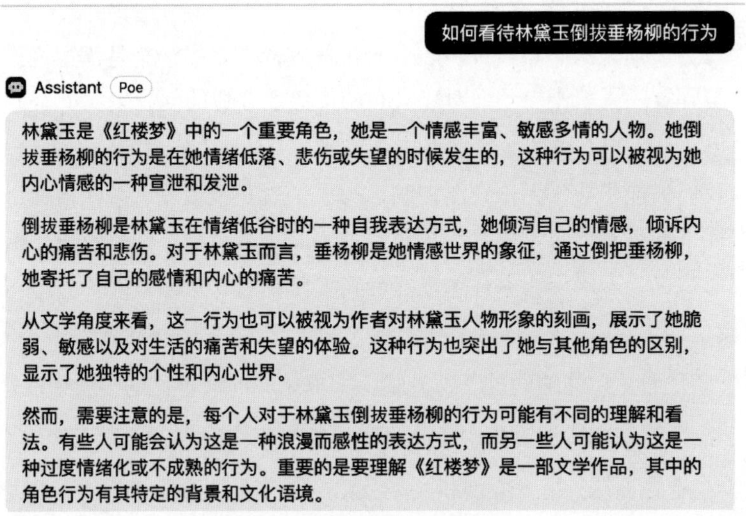

如何看待林黛玉倒拔垂杨柳的行为

Assistant Poe

林黛玉是《红楼梦》中的一个重要角色，她是一个情感丰富、敏感多情的人物。她倒拔垂杨柳的行为是在她情绪低落、悲伤或失望的时候发生的，这种行为可以被视为她内心情感的一种宣泄和发泄。

倒拔垂杨柳是林黛玉在情绪低谷时的一种自我表达方式，她倾泻自己的情感，倾诉内心的痛苦和悲伤。对于林黛玉而言，垂杨柳是她情感世界的象征，通过倒把垂杨柳，她寄托了自己的感情和内心的痛苦。

从文学角度来看，这一行为也可以被视为作者对林黛玉人物形象的刻画，展示了她脆弱、敏感以及对生活的痛苦和失望的体验。这种行为也突出了她与其他角色的区别，显示了她独特的个性和内心世界。

然而，需要注意的是，每个人对于林黛玉倒拔垂杨柳的行为可能有不同的理解和看法。有些人可能会认为这是一种浪漫而感性的表达方式，而另一些人可能认为这是一种过度情绪化或不成熟的行为。重要的是要理解《红楼梦》是一部文学作品，其中的角色行为有其特定的背景和文化语境。

图 1-6　大模型幻觉问题示例

（3）黑盒问题。目前，深度学习，特别是大模型具有巨大的参数量及模型结构，模型的输出对于人类来说是一个黑盒，很难干预。例如，不破坏大模型原有的能力而修改其中部分数据错误，就是一件非常困难的事情。

（4）输出不稳定。尽管我们可以通过提示来约束大模型的输出，但既然是概率生成，就存在着无法避免的情况。无论是在格式上还是在内容上，都有可能存在多次输出结果不一致的问题，从而导致构建其上的大模型应用失败。

（5）模型训练的时间很长，算力要求高，难以预训练和微调。以 Meta LLaMA2 为例，预训练在硬件（A100-80GB 型，TDP 为 350～400W）上使用了累计 330 万 GPU 小时的计算，整个训练过程从 2023 年 1 月持续到 2023 年 7 月。

（6）推理性能差。这一问题导致模型很难直接面向用户提供服务。从推理性能的角度来讲，大模型的响应时间通常在秒级，而常见的 AI 1.0 时代的搜索推荐模型服务响应时间通常在 200ms 以内。

总的来说，大模型能够以低成本进行创造，但是我们需要接受它的不可靠性，让模型实现 100%的正确率是一件非常困难的事情。

值得说明的是，虽然生成式 AI 与判别式 AI 各有特点，但生成式 AI 具有更大的潜力。它们都是 AI 技术的拼图，二者并不是完全取代的关系，我们应该根据场景差异选择合适的技术。

1.2.3　新"工业革命"来临

当下世界对于生成式 AI 抱有相当大的期望，甚至认为它将引发第四次工业革命。之所以这么说，是因为生成式 AI 有望突破 AI 难以大规模落地的困境，即投入产出比不佳，仅仅在推荐、广告等头部场景中获得较大的成功。造成这种困境的核心原因包括无法通过对算力和数据进行扩展来提升模型性能、不同类型任务及场景需要不同的模型、模型大量依赖高成本的监督数据以及操纵使用复杂。而大模型恰好解决了这些问题，它可以通过不断扩展算力和数据提升模型性能，采用预训练的机制减少对标注数据的依赖，并且可以通过提示完成不同类型的任务，使 AI 得以有机会在更广泛的领域以及人群中使用。

我们有理由相信，随着 AI 的快速发展，我们的社会将迎来巨大的变革。生成式 AI 将对消费领域和产业领域带来全方位的影响，也将改变我们的生产方式和经济结构。

（1）生成式 AI 将推动生产过程的自动化。通过学习和模仿大量数据，生成式 AI 可以自动生成复杂的设计和制造流程，提高生产效率和质量。它可以在短时间内完成大量的计算和优化，降低人力成本，缩短生产周期。这将使企业能够快速适应市场需求，提供更加个性化和多样化的产品。

（2）生成式 AI 具有创造性的潜力。它可以通过学习和分析大量的设计数据，生成新颖、独特的产品设计。生成式 AI 可以快速提供多种设计方案，并根据用户的需求进行个性化定制，推动产品创新和差异化竞争。

（3）生成式 AI 可以优化供应链管理。它可以分析大量的数据，预测需求和供应的变化，帮助企业精准掌握市场趋势和订单需求。生成式 AI 还可以实时监测物流和库存情况，提供可靠的供应链规划和调整方案，降低库存成本，缩短运输时间，这将使企业能够更好地应对市场波动，并提供快速响应。

（4）生成式 AI 将推动生产的个性化定制。它可以根据用户的需求和偏好生成定制化的产品，提供更好的用户体验。生成式 AI 可以通过学习和分析用户数据，提供个性化的建议和推荐，帮助企业更好地了解和满足消费者的个性化需求。

（5）生成式 AI 的兴起将带来工作岗位的转变和教育的重塑。自动化生产的推进可能导致某些传统的劳动岗位减少，但也会创造新的技术岗位和创新岗位。这需要我们加强教育体制的调整和培训，使人们能够满足新的工作需求。

生成式 AI 将引发一场工业革命，改变我们的生产方式和经济结构。自动化生产、创新设计、智能供应链管理和个性化生产将成为未来工业发展的重要趋势。我们应积极探索和应用生成式 AI 技术，以推动工业的创新和可持续发展，为社会带来更多的福祉。同时，我们也需要关注技术发展对就业和教育的影响，积极应对 AI 2.0 时代的挑战和机遇。

1.3 本章小结

在本章里，我们了解了以生成式 AI 为代表的 AI 2.0 时代与以往的不同，对于其代表性产品 ChatGPT、大模型的概念等有了基本的认识。在产业发展层面，大模型应用将成为这一时代的产品载体，推动 AI 技术落地。

在下一章中，我们将围绕大模型应用开发的核心——基座大模型展开，介绍大模型相关的历史和发展趋势，介绍国内外主流的基座大模型，并给出一些选型建议，帮助开发者选择满足自身场景需要的基座大模型，完成应用开发的第一步。

基座大模型准备

以 GPT 系列为代表的大模型横空出世，引发了行业震动，学术界、产业界有越来越多的人投身这一领域。本章将一起回顾大模型的发展历程，介绍主流的大模型及其发展趋势。

2.1 大模型的历史与未来

实际上，大模型并不是突然出现的。本节将介绍大模型发展至今的过程，并结合当下 AI 应用落地的情况以及现实需求，探讨大模型进一步发展的技术方向。

2.1.1 发展史

2017 年，Google 发表了题为"Attention is all you need"的论文，提出了一种新的模型架构——Transformer。在此之前，循环神经网络（Recurrent Neural Networks，RNN）和长短期记忆网络（LSTM）等是主流的序列建模方法。然而，RNN 和 LSTM 在处理长距离依赖关系时存在一些问题，而且在处理并行任务时效率较低，使神经网络的规模难以有大的突破。

Transformer 的提出主要解决了 RNN 等模型结构的瓶颈问题，并在机器翻译任务中取得了突破性的成果。它引入了自注意力（Self-Attention）机制，能够将输入序列中不同位置之间的依赖关系进行建模。自注意力机制允许模型在生成每个输出时注意输入序列的所有位置，而不仅仅是前面的位置。使 Transformer 能够更好地捕捉长距离的依赖关系，并且能够并行化计算，提高了模型的训练和推理效率。

在此基础上，Google 和 OpenAI 分别开发了 BERT（Bidirectional Encoder Representations from Transformers）模型和 GPT（Generative Pre-trained Transformer）模型，它们都采用了预训练加微调的模式。在 GPT-3 发布之前，BERT 作为面向特定任务的模型，在理解上下文相关性和各种自然语言处理（Natural Language Processing，NLP）任务方面表现出色。由于 BERT 的规模不大，算力要求较低，因此一度成为 NLP 模型中的热点。然而，BERT 本身是专有任务模型，需要根据不同的下游任务进行不同的针对性训练，一种模型解决一种问题。在此基础上，Google 团队于 2019 年提出了 T5 模型。

其设计理念是将所有的 NLP 任务统一为文本到文本的转换问题，从而在一个统一框架下处理不同的 NLP 任务，这也成为具有处理通用任务能力的大模型的雏形。T5 模型经过三类任务的训练，在执行第四类任务时，仍然可以给出预期答案。

在奔向通用人工智能的路上，Google 和 OpenAI 分道扬镳。OpenAI 采用了 Decoder-only 的 Transformer 架构，目标是通用任务处理，Transformer 架构天生具备更强的生成能力，也更容易进行大规模训练。而以 Google 为代表的大多数 NLP 从业者选择了基于 BERT 的专有任务处理路线。2018 年 6 月，OpenAI 发布了 GPT-1，其参数量为 1.17 亿个，模型大小为 5GB，而 BERT 的参数量仅为百兆级别，在具体任务上效果却比 GPT-1 好。但 OpenAI 并未放弃他们的路线，在规模法则（Scaling Law）的指导下，不断追求算力规模和参数规模，最终在 2020 年发布了参数量高达 1750 亿个的 GPT-3，并在之后推出了轰动世界的 GPT-3.5 和 ChatGPT，让大众感受到了 AI 的魅力。

在此之后，大模型进入了大爆发阶段，国内外出现了大量的基座大模型，不断刷新模型性能的边界。

2.1.2　未来趋势

基座大模型发展日新月异，从技术成熟度和实际应用落地角度来看，大模型的发展将呈现以下趋势。

1. 超长上下文

因为上下文长度决定了大模型的"内存"大小，所以大模型的效果通常受到上下文长度的制约，难以处理复杂场景中的问题。以月之暗面创始人杨植麟所言，如果有 10 亿字的上下文长度，那么今天的问题都不是问题。在超长上下文的大模型（Long Context-LLM）领域，国外的 Anthropic 和国内的百川智能、月之暗面都表现出色。百川智能的 Baichuan2-192K 模型提供 192K[①]个 Token 的上下文长度曾一度大幅领先。上下文长度是大模型厂商重点竞争的技术方向。Anthropic 于 2024 年 2 月发布的 Claude 3 系列模型最多支持输入 100 万个 Token。月之暗面于 2024 年 3 月发布的 moonshot 模型的上下文长度达到了 200 万字。

2. 多模态

文本类型的大模型采用 Transformer 架构获得巨大成功后，越来越多的研究者尝试将其应用在图片和视频领域。OpenAI 发布的 GPT-4V 引发了行业轰动，引领了多模态

---

① K 通常用作"kilo"的缩写，代表 1000。本书遵循计算机行业的用法，以下均用 K 表示 1000。——编者注

大语言模型（Multi-Modal Large Language Model，MLLM）的研究热潮。进入 2024年，OpenAI 的 Sora 再一次震撼世界，它采用 Diffuion+Transformer 的架构，验证了 Scaling Law 的威力。Sora 模型的推出是视频内容生成领域的一次重要进步，该模型不仅能够生成高质量的视频，还能够理解和模拟现实世界的动态变化。从发展趋势看，多模态输入更符合人类获取信息的方式。在奔向通用人工智能的道路上，多模态大模型将会成为新的主流。

3．小模型

随着参数量的不断增加，大模型资源占用增加，推理速度也在下降，对于一些特定任务场景或边缘计算领域十分不友好。因此，模型厂商结合市场需求，推出了一些小语言模型（Small Language Model，SLM），以满足越来越多的边缘计算需求，例如运行在手机上或者个人计算机上的模型。Google 开源的 Gemma 系列模型就是为文本生成任务（例如问答、摘要和推理）而设计的。这些轻量级、先进的模型采用与 Gemini 模型相同的技术构建，可以轻松部署在资源有限的环境中，例如笔记本计算机或台式计算机上。微软于 2024 年 4 月推出了小模型 Phi-3 Mini，它能够在智能手机和其他本地设备上运行，性能接近那些参数规模是其 10 倍的模型，与 LLaMA 2 等大型模型不相上下。

4．数据合成

在当前架构下，大模型的进一步发展受到数据和算力的制约，特别是在数据方面。以 GPT-4 为例，它使用了约 13 万亿个训练数据，涵盖了当前全网可以爬取的所有内容。2022 年 11 月，MIT 的研究人员进行了名为"Will we run out of data? An analysis of the limits of scaling datasets in Machine Learning[2]"的研究，并估计机器学习数据集可能会在 2026 年之前耗尽所有"高质量语言数据"。同时，数据滥用会导致隐私和安全问题。OpenAI 为了训练 GPT-4，涉嫌使用私人数据来补充数据集，引发很大的风波，甚至面临诉讼。数据合成成为突破这一困局的关键技术，根据 Cognilytica 的数据，数据合成市场的规模在 2021 年约为 1.1 亿美元，预计到 2027 年将达到 11.5 亿美元。这表明数据合成正成为一个非常重要的研究方向。

2.2　基座大模型训练过程

以 OpenAI 的最佳实践来看，大模型在投入实际场景之前，需要经历预训练、监督微调、基于人类反馈的强化学习指令微调三个阶段，并在这三个阶段学习相关知识和技能，遵守人类任务指令，进一步满足人类需求。在大模型应用开发过程中，我们通常要对模型进行微调，本书将微调的内容放在后面单独探讨。

通常来说，大模型的预训练过程由模型提供商完成，开发者对基座大模型进行微调，以完成知识注入和指令学习。另外，由于基于人类反馈的强化学习指令微调在实际场景中运用较少，并且有研究证明基于人类反馈的强化学习指令微调可以用监督微调替代，因此，本节只对这些技术进行简要介绍，不再单独讨论。

2.2.1　预训练

预训练是大模型获取知识和智能的关键阶段，通过在语料中预训练，大模型可以获得基本的语言理解、生成和推理能力。一般情况下，在既有的预训练模型上进行微调就可以达到注入领域知识及对齐指令的目的，但这样做的前提是预训练模型包含的知识与下游任务差距不大。对于以下情况，依然需要进行预训练。

首先是语言问题，众所周知，LLaMA[①]系列模型的中文语料稀少，LLaMA2 中的中文语料占比仅为 0.13%。因此，LLaMA2 在英文场景下表现很不错，但在中文场景下表现并不够好。

其次是领域知识问题，对于一些专业领域，如法律、医学等，有大量的概念和名词并不存在于通用语料中，这时，有必要通过加入一些领域内的语料来改善大模型的表现。对于一个预训练过程，大体分为如下几个阶段。

1．数据收集

要开发一个优秀的大模型，第一步就是找到大量的训练数据，这些数据包括两类：通用文本数据和专用文本数据。其中，通用文本主要是网页、对话文本，书籍等。而专用文本指多语言文本、科学文本代码等，多样化的数据对于模型处理多样化的下游任务有帮助，如写代码、翻译。有研究表明，代码语料可能是大模型复杂推理能力（如思维链）的来源。

2．数据预处理

有了大量的语料后，并不能直接将它们用于训练，需要先进行数据预处理，如消除噪声、冗余、无关以及有害的数据，这对于提高模型质量非常重要，直接影响到模型的性能。

[①] 该系列模型在论文中首次提出时采用的是 LLaMA 写法，在后续版本中采用了 Llama 写法。为保持体例一致，本书均用 LLaMA 表示。——编者注

预处理的基本流程包括质量过滤、去重、隐私信息过滤和分词。其中，分词是预处理的关键步骤，它的核心目标是将原始的文本分割成词序列，作为大模型的输入。对开发者来讲，中文问题或者领域专有词就是在这个环节通过分词器（tokenizer）构建的，示例如下。

```
#词表格式:
案件受理费
按揭
按揭贷款
案卷
澳门特别行政区基本法
颁布法律
办公室
搬迁合同
版权
版权侵权行为
版权转让
版权转让合同
版式权


# Load custom vocabulary
new_tokens = open (VOC_PATH, "r").read ().split ("\n")
for token in new_tokens:
if token not in llama_spm_tokens_set:
new_token = model.ModelProto ().SentencePiece ()
new_token.piece = token
new_token.score = 0
llama_spm.pieces.append (new_token)
print (f"Size of merged llama's vocabulary: {len (llama_spm.pieces)}")
```

Chinese-LLaMA-Alpaca 就对 LLaMA 增加了中文词表，词表从 32000 个扩展到 49953 个，并在此基础上在中文语料（20GB+）上进行了二次训练[3]。

3．数据策略（Data Scheduling）

准备好数据后，下一步就是确定每个数据源的比例，即数据混合（Data Mixture），以及每个数据源被安排用于训练的顺序，即数据课程（Data Curriculum）。研究表明，设置一个合适的数据混合比例对于提升大模型的能力有很大作用。在预训练期间，模型将根据混合比例选择不同的数据样本：来自权重较大的数据源的数据将被更多地采样。例如，LLaMA 的预训练数据主要由网页（超过 80%）组成，还有来自 GitHub 和 StackExchange（6.5%）的大量代码数据，以及来自书籍（4.5%）和 arXiv（2.5%）

的科学数据，其他模型也会参考其配比。此外，可以通过特殊数据混合来实现不同的目的。例如，Falcon 在纯网页上训练，CodeGen 大大增加了代码数据量。在实践中，数据混合通常是凭经验进行的，常见的数据混合策略有增加数据源的多样性、优化数据混合的比例和专注特定目标的能力，如提高特定数据源的比例来增强某些模型能力。

另外，除了数据混合的比例，数据用于训练的顺序也对模型性能有影响。结果表明，在某些情况下，为了学习某种技能，按照技能集顺序（例如，基本技能→目标技能）进行学习的效果优于直接从仅关注目标技能的语料库中学习。这就和大学生学习课程的逻辑一样，先学基础课再学专业课，这也是数据课程这个名字的来源。

为了确定数据课程，一种实用方法是根据专门构建的评估基准来监控大模型的关键能力的发展，然后在预训练期间自适应地调整数据混合。

在实践中，可以先使用多个候选方案训练几个小型语言模型，再从中选择一个较好的方案。监控特定评估基准上的中间模型检查点的性能，并在预训练期间动态调整数据混合和分布。在此过程中，可以探索数据源与模型能力之间的潜在关系（grokking），这对于指导数据课程的设计也很有帮助，大模型数据工程（LLM Data Engineering）也由此而生。

4．训练架构

有了数据，接下来就是选择合适的模型架构并配置超参数。大模型的架构通常是基于 Transformer 的，主流大模型的架构可分为四类。

（1）编码解码器（Encoder-Decoder）架构。采用该架构的大模型有 T5 和 BART。当下，这类架构由于泛化性、推理性能等原因已经较少被使用。

（2）因果解码器（Causal Decoder）架构。因果解码器架构即 Decoder-only 架构，它采用单向的注意力掩码，以确保每个 Token 只关注过去的 Token 和它本身，输入和输出 Token 通过编码器以相同的方式被处理。因此，基于此 KV 缓存的设计可以大大加快推理的速度。研究表明，因果解码器架构可以实现更好的零样本（Zero-shot）和少样本（Few-shot）泛化能力，即使在没有进行多任务微调的情况下，也能够表现出比其他架构（如 Encoder-decoder、Prefix Decoder）更好的零样本性能。代表模型有 GPT 系列模型。

（3）前缀解码器（Prefix Decoder）架构。前缀解码器架构也称非因果解码器架构，它修正了因果解码器的掩码机制，能够对前缀 Token 执行双向注意力，并仅对生成的 Token 执行单向注意力。代表模型有 GLM 系列模型。

（4）混合专家（Mixture-of-Expert，MoE）架构。MoE 架构可以扩展神经网络模型，其中每个输入的神经网络权重的一个子集被稀疏激活，如 Switch Transformer 和 GLaM。MoE 的优点是采用了一种灵活的方法，可以在保持恒定计算成本的同时扩展模型参数。结果表明，通过增加专家数量或总参数，可以观察到实质性的性能改进。由于路由操作的复杂性和硬切换特性，训练大型 MoE 模型可能遇到不稳定问题。为了增强基于 MoE 的语言模型的训练稳定性，引入诸如在路由模块中选择性地使用高精度张量或较小范围初始化模型等技术。代表模型有开源模型 Mistral。

除了上面四类架构，还有一些新兴架构可以解决传统的 Transformer 架构由于较高的二次计算复杂度所带来的效率问题。

业内提出了各种改进措施来增强 Transformer 模型的训练稳定性、性能和计算效率，涉及确定相应组件的超参数等配置，包括归一化方法（LayerNorm、RMSNorm、DeepNorm）、归一化位置（Post Norm、Pre Norm、Sandwich Norm）、激活函数（ReLu、GeLU、Swish、SwiGLU、GeGLU）、Attention（Full attention、Sparse attention、Multi-query/grouped-query attention、FlashAttention、PagedAttention），以及位置嵌入（Absolute、Relative、RoPE、ALiBi）。

除了确定模型架构和超参数，还有其他任务需要完成，例如语言建模和去噪自动编码。随着大模型被实际应用，对其上下文长度的要求越来越高，因此还需要确定长上下文建模（Long Context Modeling）相关配置，包括扩展位置嵌入（Scaling Position Embeddings）和调整上下文窗口。另外，对于预训练完成的大模型，采用何种解码策略也非常重要，这里涉及贪婪搜索（Greedy Search）的策略（如束搜索设置和长度惩罚系数）及随机采样（Random Sampling）的设置（如常见温度采样或 top-k 采样）。

5．模型训练

有了数据，并且确定了模型架构、超参数及其他相关配置后，就可以进入正式的训练阶段。在此阶段，仍然需要配置以下训练参数，以便优化训练速度和模型性能。

（1）训练批大小（Batchsize）。对于语言模型预训练，现有研究通常将批大小设置为一个较大的数字（例如，2048 个示例或 4M[①]个 Token），以提高训练稳定性和吞吐量。GPT-3 和 PaLM 等大模型引入了一种新的策略，即在训练期间动态增加批大小，最终达到百万级。具体来说，GPT-3 的批大小的 Token 数从 32K 逐渐增加到 3.2M。经验表明，批大小的动态调度可以有效地稳定大模型的训练过程。

（2）学习率（Learning Rate）。现有的大模型通常在预训练期间采用具有热身和

---

① M 表示 10^6，即 1000000。——编者注

| 20

衰减策略的类似学习率计划。具体来说，在训练过程的最开始，即前 0.1% 到 0.5% 的训练步骤中，采用线性热身计划逐渐将学习率增加到最大值，该值范围约为 5×10^{-5} 到 1×10^{-4}（例如，GPT-3 为 6×10^{-5}）。在后续步骤中采用余弦衰减策略，逐渐将学习率降低到其最大值的约 10%，直到训练损失收敛。

（3）优化器（Optimizer）。Adam 优化器和 AdamW 优化器被广泛用于训练大模型（例如 GPT-3），这些优化器是基于一阶梯度优化的一阶矩的自适应估计。通常来说，其超参数设置为 β_1=0.9、β_2=0.95 和 ε=10^{-8}。同时，AdaFactor 优化器被用于训练大模型（例如 PaLM 和 T5），它是 Adam 优化器的变体，专为在训练期间节省 GPU 内存而设计。AdaFactor 优化器的超参数设置为 β_1=0.9 和 β_2=$1.0 - k^{-0.8}$，其中 k 表示训练步骤数。

（4）稳定训练（Stabilizing the Training）。在大模型的预训练过程中，经常遇到训练不稳定的问题，这可能导致模型崩溃。为了解决这个问题，权重衰减和梯度裁剪被广泛使用。现有研究通常将梯度裁剪的阈值设置为 1.0，权重衰减率设置为 0.1。然而，随着大模型的扩展，训练过程中更容易出现损失峰值，从而导致训练不稳定。为了缓解这个问题，PaLM 和 OPT 使用了一个简单的策略，即在峰值出现之前从较早的检查点重新启动训练过程，并跳过可能导致问题的数据。此外，GLM 发现嵌入层的异常梯度通常会导致出现峰值，并提出收缩嵌入层梯度以缓解此问题。

随着数据量和模型参数规模越来越大，单机训练已经变得不可能，大模型的并行训练变成了关键问题，3D 并行训练、混合精度训练（Mixed Precision Training）等分布式训练成了研究的热点。

2.2.2　人类反馈的强化学习

人类反馈的强化学习（Reinforcement Learning from Human Feedback，RLHF）是通过人类反馈训练强化学习模型的方法，允许人类专家通过奖励或惩罚来指导模型的学习过程。这使强化学习模型能够学习人类期望的行为，而人类无须明确地指定这些行为。其基本原理是将强化学习模型与人类专家结合起来，共同完成一个任务。人类专家通过提供奖励或惩罚来指导模型的学习过程。模型根据这些奖励或惩罚调整自己的行为，从而逐渐学习到人类期望的行为，重点表现在有用性、诚实性和无害性等，如希望回答更礼貌、幽默风趣，以及对齐一些价值观等。

大模型在预训练和指令微调阶段已经学到了知识，并具备通过用户指令完成下游任务的能力。2022 年 3 月，OpenAI 发表了一篇论文，为了更好地对齐用户意图，提出了基于人类反馈的强化学习的指令微调技术。其中提到的 InstructGPT 就是在 GPT-3

的基础上采用了该技术训练得到的，它也是 ChatGPT 3.5 背后的模型。

对比之前的 GPT-3 模型，RLHF 为模型带来以下能力。

（1）翔实的回应。InstructGPT 的生成通常比 GPT-3 长。ChatGPT 的回应则更加冗长，以至于用户必须明确要求"用一句话回答我"，才能得到简洁的回答。

（2）公正的回应。ChatGPT 通常对涉及多个实体利益的事件（例如种族等）给出客观的回答。

（3）拒绝回答不当问题。这是内容过滤器和由 RLHF 触发的模型自身能力的结合，过滤器过滤掉一部分问题，模型再拒绝回答一部分问题。

（4）拒绝回答知识范围外的问题。例如，它拒绝回答与 2021 年 6 月之后发生的事件相关的问题（因为它没有在这之后的数据上训练过）。这是 RLHF 最神奇的部分，因为它使模型能够隐式地区分哪些问题在其知识范围内，哪些问题不在其知识范围内。

值得一提的是，在实际应用 RLHF 时，经过高质量标注的数据集仍是关键。RLHF 的实际使用门槛较高，实施过程较为复杂。因此，业内出现了一种新的、更为简洁的等价于 RLHF 的微调方法——直接偏好微调（Direct Preference Optimization，DPO）[4]，它比 RLHF 更简单、更稳定，效率和有效性也更高。因为它直接根据响应偏好排名训练大模型，而不是创建奖励模型。在测试阶段，不再需要真实性评估，而是直接采样生成。这种方法的优点在于能够构建自动偏好标签，利用真实性的估计结果，无须人工标注，实现了无监督优化。这种方法避免了过度优化的问题，实施起来更灵活，也更适用于语言模型的应用场景。

2.3　选择合适的基座大模型

选择符合实际需要的基座大模型或者大模型基础服务是进行大模型应用开发的第一步。本节将对当前主流的基座大模型进行介绍，帮助读者梳理它们的脉络，理解它们的特点。同时，结合笔者的实际经验给出一些选择基座大模型需要考虑的因素，帮助开发者选择合适的基座大模型。

2.3.1　主流基座大模型介绍

当前，基座大模型百花齐放，如图 2-1 所示，OpenAI、Google 和 Meta 等主要厂家形成了自成一体的谱系。Mistral 等中小公司的大模型，以及国内 GLM 系列的基座大模型是该领域的新秀。

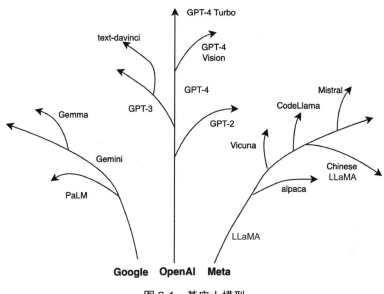

图 2-1 基座大模型

单纯从模型性能角度来看，OpenAI 的 GPT 系列模型最为领先，但自 GPT-3 开始保持闭源状态。业内对 GPT 系列模型的细节仅能从 GPT-3 的论文和一些泄露的信息来猜测。当前最新的模型为 GPT-4 系列模型，它采用了专家混合技术，这是一种通过多个专家模型协同工作来增强模型性能的方法。GPT-4 是多模态模型，这意味着它不仅可以处理文本输入，还可以理解和生成与图像相关的文本。GPT-4 还支持更长的上下文窗口，最长可达 128K，在理解和生成文本时更加连贯和准确。在模型规模上，GPT-4 的参数数量达到了前所未有的水平——1.8 万亿个，训练 Token 数也达到了 13 万亿，其最大的模型版本能够处理 32768 个 Token，远超 GPT-3 的 2049 个 Token，使 GPT-4 在处理长文本和复杂任务时更加得心应手，在多项专业和学术基准测试中的表现接近甚至达到了人类水平。2024 年 5 月，OpenAI 发布首个多模态大模型 GPT-4o，它可以接受文本、音频和图像作为输入，并生成文本、音频和图像的任意组合输出，低延时和模型性能碾压传统缝合架构，带来更多的应用场景的可能性。如果在公有云条件下开发大模型应用，那么 OpenAI 的模型是第一选择。

为了打破 OpenAI 的技术垄断，Meta 于 2023 年 2 月开源了 LLaMA 系列模型，采用了与 OpenAI 相似的模型架构，共有 7B[1]、13B、33B、65B 四种版本。其数据集

---

[1] B 表示"Billion"，即 10 亿。——编者注

来源都是公开数据集，保证了其工作与开源相兼容和可复现，整个训练数据集在 Token 化之后大约包含 1.4T[①]个 Token。LLaMA 的性能非常优异：具有 130 亿个参数的 LLaMA 模型"在大多数基准上"可以胜过 GPT-3（参数量达 1750 亿个），而且可以在单块 V100 GPU 上运行。最大的具有 650 亿个参数的 LLaMA 模型可以媲美谷歌的 Chinchilla-70B 和 PaLM-540B。由于其开放性及优良的性能，一经发布便引发了业内广泛的研究兴趣。随后，Meta 又发布了 LLaMA 2，将 LLaMA 模型变成当前最流行的开源基座大模型。业内基于或参考 LLaMA，训练出更多的基座大模型，比如著名的 Alpaca、Vicuna 等模型，LLaMA 也因此成为大模型架构的标准。在模型繁荣度上，LLaMA 相较于其他谱系模型更胜一筹。2024 年 4 月，Meta 发布了 LLaMA 3 并继续开源，开放了 8B 和 70B 两个版本，上下文窗口为 8K，是 LLaMA 2 的两倍，极大地提高了模型处理多步骤任务的能力。同时，LLaMA 3 特别强调在理解、代码生成和指令跟随等复杂任务上的性能。Meta 在开源 AI 领域的贡献值得赞赏，这将帮助 AI 迅速地发展。

2023 年 12 月，一家法国创业公司 Mistral AI 发布了 Mistral 系列模型，其中 Mistral 8×7B 是一个高质量的稀疏专家混合模型（SMoE），尽管参数规模相对较小，但其在多个评测基准上都超过了 LLaMA2-70B 模型，并且推理速度比 LLaMA2-70B 快 6 倍。更重要的是，它完全开源，没有任何使用限制，因此迅速成为基座大模型的最佳选择之一。

为了对抗 OpenAI 的 GPT 系列模型，Google 于 2023 年 12 月 6 日发布了 Gemini（双子座）系列模型。Gemini 以多模态能力著称，能够同时识别和处理文本、图像、音频、视频和代码等信息，同时能够在从数据中心到移动设备上高效运行，这得益于其模型结构和训练方法。Gemini 包括三个不同规模的版本，分别是代表最强模型性能的 Gemini Ultra，适用于普遍用途的、性能和效率平衡的 Gemini Pro，以及可以运行在资源有限的设备（如智能手机等移动设备）上的 Gemini Nano。虽然该系列模型的发布引发了巨大的反响，但其并未开源，用户试用时也反馈模型性能差强人意。直至 2024 年 2 月，Google 才开放了与 Gemini 系列模型"同源"的轻量级模型——Gemma（取拉丁文"宝石"之意）。Gemma 模型包括 2B 和 7B 两种权重规模，分别对应 20 亿个参数和 70 亿个参数版本。经过指令微调的 Gemma-2B IT 和 Gemma-7B IT 模型在人类偏好评估中都超过了 Mistral-7B v0.2 模型。

2024 年 5 月，也就是 GPT-4o 发布后一天，Gemini 系列模型也迎来了全面升级，

---

① T 表示"Trillion"，即万亿。——编者注

不论是自然语言大模型、多模态大模型，还是可以运行在移动设备上的小模型，模型能力都有了前所未有的提升，Gemini 1.5 Pro 的上下文长度更是达到了 200 万个 Token 的水平。从这个角度来看，Google 也在努力追赶，缩小与竞争对手的差距。

除此之外，Anthropic 是少数可以和 OpenAI 进行正面较量的公司，其出品的闭源 Claude 系列模型也表现优异，长期霸榜最长上下文窗口。2024 年 3 月，Anthropic 发布了 Claude 3 系列模型，打破了 GPT-4 模型长期垄断的情况，综合能力全面超越后者，并在数学、多语种支持及编程能力方面高出 GPT-4 一个分数档次。

在国内，同样有很多优秀的大模型。开源大模型包括智谱的 ChatGLM 系列、阿里通义千问 Qwen 系列、百川智能的 Baichuan 系列，以及黑马科技的 DeepSeek 系列等；闭源大模型包括百度文心的 ERNIE 系列、月之暗面的 moonshot 系列等。进入 2025 年，国产开源 DeepSeek V3 及 R1 模型问世，通过一系列的诸如 MOE、MLA 等工程优化改进，以及创新的强化学习算法 GRPO 的支持，在训练成本大幅降低的同时获得了比肩顶尖 OpenAI o1 模型的性能水平。DeepSeek 应用上线仅短短 20 天，日活就突破 2000 万，打破 ChatGPT 的纪录。

2.3.2　选型标准

在理想条件下，推荐选择当前表现最好的模型或服务，如 OpenAI 的 GPT-4 系列。随着基座大模型和大模型服务公司不断增多，再加上场景应用需要和现实限制，也可以在众多模型中选择最合适自己的。笔者结合自身经验，给出选择基座大模型的一些考虑因素。

1．选择基座大模型需要考虑的因素

1）模型性能

模型性能是选择基座大模型时的首要考量因素，可以从多个维度评估，包括模型的理解能力、生成文本的流畅度、准确性和相关性。同时，要结合实际的场景对各项性能区别对待，例如，对于需要方法调用（Function Call）能力的场景，方法调用就是需要重点考虑的内容。

2）应用领域

不同的基座大模型在不同领域表现出差异。例如，有些模型在自然语言处理任务上表现出色，而其他模型更适合对话生成或特定行业。因此，在选择时应考虑模型是否适合自己的应用领域。

3）语言支持

当前很多基座大模型来自国外，在选择时需要考虑模型对中文的支持水平。如果应用需要支持多种语言，就需要选择一个支持多语言的基座大模型。

4）可扩展性和灵活性

选择一个易于扩展和修改的基座大模型可以为开发和迭代节省大量时间。

5）算力需求

大模型通常需要大量的计算资源进行训练和运行。在选择基座大模型时，需要考虑是否有足够的算力资源支持模型的运行。

6）成本效益

除了算力需求，还需要考虑基座大模型的成本效益，包括模型的许可费用、运行成本及可能的维护费用。

7）社区和技术支持

一个活跃的开发社区和良好的技术支持可以在使用和开发模型时提供帮助。开源大模型通常有活跃的社区，可以获取支持和资源。

8）安全性和隐私保护

模型的安全性和隐私保护也是重要的考虑因素，特别是在处理敏感数据时。选择一个注重安全性和隐私保护的基座大模型可以避免潜在的风险。

9）更新和维护

模型的更新和维护也是一个重要的考量点。一个持续更新和维护的基座大模型更有可能适应新的数据和应用需求。

2．选择模型云服务的开发者需要考虑的因素

上面是选择基座大模型的一些考虑因素，直接选择模型云服务的开发者还需要考虑更多的因素。

1）模型微调推理的价格

对于一些使用量不大的场景或用户，选择云端的服务是最为划算的方式，并且整体成本呈现下降趋势。选择服务商最重要的考虑因素就是价格。例如，2024 年年初，GPT-4 接口每输入 1000 个 Token 收费 0.03 美元，每输出 1000 个 Token 收费 0.06 美元；Claude3 Sonnet 每输入 1000 个 Token 收费 0.003 美元，每输出 1000 个 Token 收费 0.015 美元；ERNIE 4.0 每输入 1000 个 Token 收费 0.15 元，每输出 1000 个 Token 收费 0.3 元。Baichuan2-Turbo 1000 个 Token 收费 0.008 元；moonshot-v1-32k 1000 个 Token 收费 0.024 元；GLM-4 1000 个 Token 收费 0.1 元。DeepSeek 于 2024 年 5 月推出的 DeepSeek V2 模型更是把模型推理价格降到了前所未有的水平，每一百万个 Token 收费仅 1 元。

可以预见，随着推理成本的下降和市场竞争日益激烈，价格将会进一步降低。

2）服务的稳定性

考虑到大模型应用的特殊性，模型推理服务的稳定性至关重要，它直接决定了用户的体验。在 2023 年 OpenAI Dev Day 发布会结束后，OpenAI API 服务迎来巨大流量，导致系统频繁出现服务不稳定的状况，严重影响构建其上的 AI 应用。

3）更新迭代的频率

一旦选择了云服务，模型的更新迭代就取决于云服务商，因此尽量选择更新迭代快的厂商，以便模型能够保持最佳的状态。

4）服务水平

在当前模型和服务标准不够统一的当下，选择一家服务水平好、有相对完备的文档和运维支持的厂商至关重要。它能够帮助开发者避免很多不必要的麻烦，提高产品落地的效率。

5）兼容性

每个使用云端服务的开发者都不想被绑定在某个模型服务商上，甚至希望保留下云构建自己的模型服务集群的能力。那么，服务商提供的接口是否尽可能符合通用标准，如当下 OpenAI 风格的接口，变得尤为重要，它能让我们通过简单修改接口更方便地切换到成本更低、效果更好的模型服务商上。

2.4　本章小结

在本章中，我们回顾了大模型的发展历史，梳理了当下主流大模型的脉络及发展趋势，给出了选择基座大模型或模型的服务的一些标准。

下一章将讨论有关 GPU 的内容，这也是大模型应用开发的另一项重要工作。

第 3 章

03

GPU 相关知识

深度学习离不开图形处理器（Graphics Processing Unit，GPU）。无论是对于大模型的训练还是推理，GPU 都非常重要。因此，选择合适的 GPU 是进行大模型训练、部署和推理的首要步骤。

3.1　基础知识

本节介绍 GPU 与显卡的概念及差异，并介绍 GPU 的结构、特点及其与 CPU 的差异。

3.1.1　显卡与 GPU

GPU 是处理图形和图像的专用处理器，而显卡（Video Card）是由 GPU 和其他专用集成电路构成的计算机扩展卡。使用显卡可以使计算机在显示图形和图像时更加流畅。GPU 在显卡中占据核心地位，因此，我们往往使用 GPU 型号指代搭载该型号 GPU 的显卡，如 A100、RTX3090。图 3-1 所示为游戏显卡。

图 3-1　游戏显卡

GPU 可以大大提高图形计算性能，从而为用户提供更加流畅的使用体验。如今，

GPU 不仅用于加速图形渲染，也在机器学习领域，特别是以大模型为代表的深度学习领域发挥着重要的作用。随之而来的是搭载专为 AI 计算设计的 GPU 的新物种——"算力卡"。图 3-2 所示为 GPU 位于显卡中央的处理芯片。

图 3-2　GPU 位于显卡中央的处理芯片

3.1.2　GPU 与 CPU

不了解 GPU 的人通常会有一个疑问：CPU 已经足够快了，为什么还需要 GPU？这个问题要从 CPU 和 GPU 的结构特点和使用场景来分析。如图 3-3 所示，CPU 是计算机的核心部件之一，其主要功能是执行计算机指令、控制计算机运行和处理数据。CPU 面向低延时设计，由运算器/算术逻辑单元（Arithmetic and Logic Unit，ALU）和控制器/控制单元（Control Unit，CU），以及若干寄存器和高速缓存组成，功能模块较多。其中，70%的晶体管用于构建缓存和一部分控制单元，计算单元相对较少，擅长逻辑控制和串行计算。

近年来，CPU 的计算核心、计算频率和功耗快速发展，从能力上，CPU 可以被视为一个多才多艺、高效率的"大学生"。在一些并行计算密集的场景中，需要完成泛化、多样的指令，CPU 受限于自身的通用处理器定位，核心数无法大幅增加，通常只有几十到 100 个，并行度仍然受限，即使计算频率很高，其最终速度也相对较慢。

而 GPU 的结构相对简单，面向高吞吐设计，专注大规模并行计算和图形数据流处理。其能力单一，拥有大量的并行处理单元，每个处理单元可以同时执行多个指令，GPU 结构如图 3-4 所示。

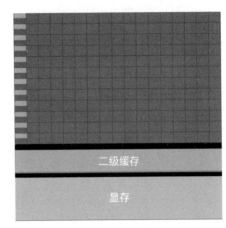

图 3-3　CPU 结构　　　　　　　图 3-4　GPU 结构

如图 3-5 所示，英伟达 Tesla 架构具有数千个并行处理单元，称为 CUDA 核心，也称为流处理器（Streaming Processor，SP）。多个 SP 构成一个 Warp（不同代次有差别），而若干 Warp 加上一些资源（存储资源、共享内存和寄存器）组成一个基本控制指令单元。流多处理器（Streaming Multiprocessor，SM）拥有独立的指令调度电路，在一个 SM 下的所有的 SP 共享同一组控制指令。一个 GPU 中包含大量的 SM，每个 SM 又包含大量的 SP。

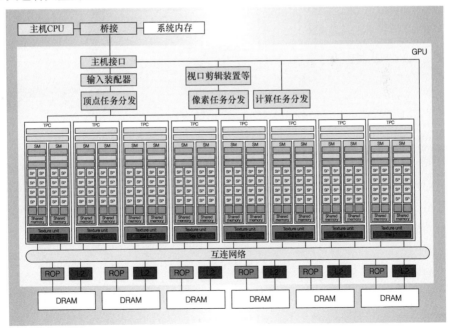

图 3-5　英伟达 Tesla 架构

　　游戏场景涉及大量的画面渲染，这类计算的特点是计算同质化，计算量大，但计算逻辑简单，例如实时渲染环境的明暗变化就是通过在原有画面上调节亮度实现的。CPU 只能从上到下顺序调整每个像素点的色阶，而 GPU 可以并行地对画面进行处理，二者有天壤之别。英伟达曾用一个直观的例子——"打印像素画蒙娜丽莎"来展示 CPU 与 GPU 的不同，CPU 虽然很轻盈，启动很快，但只有一把枪，逐点打印；而 GPU 有一组阵列枪，虽然准备时间比较久，但一次就能完成所有像素点的绘制。

　　下面对比 GPU 与 CPU 的特点，如表 3-1 所示。CPU 在某些计算密集场景（高吞吐）中处理速度并不快，需要专门的处理器来配合，GPU 就是基于这一背景而产生的，二者是协同关系，CPU 可以将密集型计算交给 GPU。CPU 负责处理串行任务和控制流，GPU 则专注大规模的并行计算。

表 3-1　GPU 与 CPU 的特点对比

处 理 器	CPU	GPU
处理器类型	中央处理器	图形处理器
核心	若干核	很多核
性能特点	低延迟	高吞吐
处理能力	擅长串行处理	擅长并行处理
操作数量	可以同时执行少量操作	可以同时执行上千个操作

3.2　GPU 的优势

　　GPU 为什么在深度学习领域流行？为什么在这场竞争中，DSP、FPGA 等芯片处于下风？CUDA 编程又是什么？本节将会给出答案。

3.2.1　GPU 与深度学习

　　深度神经网络有一个特点，它拥有大量的向量数据输入层和输出层，以及多个神经网络隐藏层，每层都有海量的参数，如图 3-6 所示。因此，无论是在前向推理计算中，还是在反向传播训练阶段，每层都会涉及大量的矩阵计算。

　　以 Transformer 模型 BERT、GPT-3.5 为例，矩阵乘法的运行时长约占其总运行时长的 45%~60%。因此，提高深度学习性能的关键在于加快矩阵计算的速度。前面提到了 CPU 并不适合进行大规模的并行计算，它是面向低延时设计的。要提高模型训练和推理速度，除了优化 CPU 和算法，还需寻找一个能够支持大规模并行计算的设备，这就是一个新的思路。

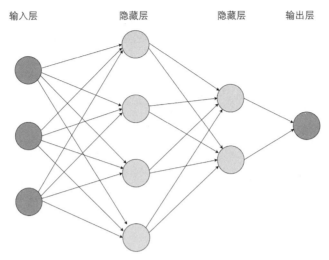

图 3-6　深度神经网络架构

在寻找大规模并行计算设备的过程中，GPU 并不是人们唯一的选择。它不仅需要与 DSP、FPGA 等通用计算芯片竞争，还需要与面向 AI 设计的 TPU、NPU 等 AI 定制芯片（ASIC）竞争。那么，它拥有什么样的优势，使它牢牢占据深度学习加速领域的主导地位呢？

其优势可归结为两个方面，首先是 GPU 本身的场景适配能力，其次是与其配套使用的软件的复杂度和通用性。

DSP 是专为数字信号处理而设计的。功耗敏感、计算位宽对 DSP 同样重要。在数据格式方面，DSP 支持定点、浮点、半精度、单精度、双精度，以及 16 位、24 位、32 位和 40 位等多种格式。在寻址方面，DSP 对于数据的对齐方式非常灵活，并设置了大量的指令进行对齐。因此，DSP 能够高效地进行数据信号处理，更适合移动等嵌入式计算设备的使用场景。

FPGA 目前是 GPU 的劲敌。市场上也有基于 CPU+FPGA 的机器学习方案。FPGA 是一种高性能、低功耗的可编程芯片，可以根据客户的定制需求进行算法设计。通过重新编程，它可以执行不同类型的任务。并且，FPGA 通常比 GPU 功耗更低，只在需要时才执行特定的任务，并且可以根据需要重新配置。因此，FPGA 适用于需要高度定制化、低功耗和低延迟的应用。然而，与此同时，FPGA 采用 Verilog/VHDL 等底层硬件描述语言实现，开发者需要对 FPGA 的芯片特性有较深入的了解，编程门槛较高。在性能方面，FPGA 在浮点计算中效率相对较低，因为浮点单元需要从逻辑块中组装，并且需要大量的资源，所以，FPGA 在需要大量浮点计算的深度学习场景中没有优势。

FPGA 的量产成本较高，存在单个芯片的编译成本，这限制了其大规模生产，更适用于细分、快速变化的垂直行业，应用范围较为狭窄。

TPU（Tensor Processing Unit）、NPU（Neural network Processing Unit）等定制型 AI 芯片针对神经网络、深度学习进行了深度优化。例如，一些自动驾驶芯片的量产成本较低，但缺点也比较明显，如使用门槛比较高、研发成本高昂、需要保证量产才能降低成本、通用性差、一旦成型就无法更改、场景和算法受限，等等。Google 等巨头也在纷纷开发自己的深度学习专用芯片。随着国产化诉求的驱动，国产芯片及其软件配套软件也迎来了高速发展期。国内流行的华为昇腾系列芯片等的性能和软件生态不断成熟，它们将会有巨大机会挑战英伟达 GPU 现有的统治地位。

GPU 天生具备大吞吐量和并行计算能力，它设计了专门的处理核心——张量核（Tensor cores），可实现混合精度计算，并能根据精度的降低动态调整算力，在保持准确性的同时提高吞吐量。在执行张量或矩阵计算时，GPU 比其他芯片更快、更有效。此外，GPU 的结构相对简单，计算核心和 RAM 的扩展也相对容易，算力不断提升。还有一个让 GPU 脱颖而出的核心因素是编程门槛问题，这甚至可以说是关键因素。一旦用户掌握了 GPU 编程技术，就很难改变使用习惯。在这里不得不提一下 CUDA（注意，CUDA 是英伟达特有的），通过 CUDA，英伟达不断拓展其在市场上的份额，超越了英特尔、AMD、三星和台积电，成为全球市值最高的半导体公司。截至 2024 年年初，CUDA 拥有 450 万名开发者，软件下载量达到了 4800 万次，有 15000 家创业企业使用 CUDA 架构。英伟达 CEO 黄仁勋也因此表示他们的公司是一家软件公司，可见 CUDA 在英伟达公司中的地位。

3.2.2　CUDA 编程

GPU 编程早期被称为通用 GPU 编程（General-Purpose GPU programming，GPGPU），这一时期的程序员借助 Direct3D 和 OpenGL 的图形 API，利用图形硬件来执行非图形的计算任务。图 3-7 所示为英伟达 GPU 计算应用的结构，CUDA 可以支持各种语言和应用编程接口。

2006 年 11 月，英伟达推出了 CUDA，它是一种用于控制 GPU 计算的硬件和软件架构。它将 GPU 视为一个并行计算设备，该设备无须把计算映射到图形 API。CUDA 作为通用的并行计算平台和编程模型，利用英伟达 GPU 中的并行计算引擎，以比 CPU 更有效的方式解决许多复杂的计算问题。CUDA 带有一个软件环境，允许开发人员将

C++作为高级编程语言。CUDA 还支持其他语言、应用编程接口或基于指令的方法，如 Python、Java、OpenACC 等。

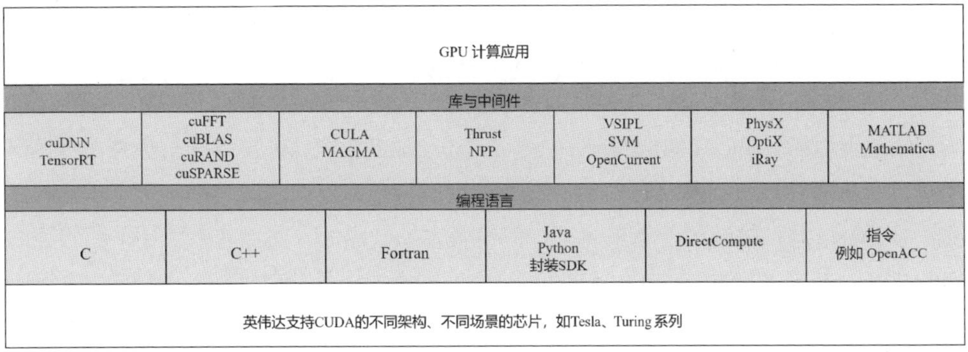

GPU 计算应用						
库与中间件						
cuDNN TensorRT	cuFFT cuBLAS cuRAND cuSPARSE	CULA MAGMA	Thrust NPP	VSIPL SVM OpenCurrent	PhysX OptiX iRay	MATLAB Mathematica
编程语言						
C	C++	Fortran	Java Python 封装SDK	DirectCompute		指令 例如 OpenACC
英伟达支持CUDA的不同架构、不同场景的芯片，如Tesla、Turing 系列						

图 3-7　英伟达 GPU 计算应用的结构

CUDA 的核心是三个关键的抽象——线程组的层次结构、共享内存和屏障同步，CUDA 将它们作为一组最小的语言扩展简单地暴露给程序员，对上层程序员透明，降低了底层的复杂度，大大降低了并行编程的复杂度。根据摩尔定律，由于 GPU 晶体管数量不断增加，硬件结构必然会不断变化，没有必要每次都为不同的硬件结构重新编码。而 CUDA 提供了一种可扩展的编程模型，使已经编写好的 CUDA 代码可以在任意数量的 GPU 核心上运行。只有在运行时，系统才会知道物理处理器的数量。

从编程角度来说，上层开发者使用 GPU 计算非常简单，可以参考下面两个 PyTorch 使用 GPU 的例子。

矩阵乘法。

```
# 使用 GPU
device = torch.device ("cuda:0" if torch.cuda.is_available () else "cpu")
a = torch.rand ((10000,200),device = device)  #可以指定在 GPU 上创建张量
b = torch.rand ((200,10000))  #也可以在 CPU 上创建张量后移动到 GPU 上
b = b.to (device)  #或者 b = b.cuda () if torch.cuda.is_available () else b
c = torch.matmul (a,b)
```

神经网络经典的线性计算：$y = xA^T + b$。

```
import torch
in_row,in_f,out_f = 2,2,3
#CPU 计算
tensor = torch.randn (in_row,in_f)
```

```
l_trans = torch.nn.Linear (in_f,out_f)
l_trans (tensor)
#GPU 计算
tensor = torch.randn (in_row, in_f).cuda ()
l_trans = torch.nn.Linear (in_f, out_f).cuda ()
l_trans (tensor)
```

经过上面的分析，我们能够理解为什么 GPU 如此重要，以及为什么研究人员在深度学习中选择了 GPU。那么，它的出现给深度学习带来怎样的改变呢？近十年来，深度学习蓬勃发展，模型精度越来越高，但模型也越做越大，支撑起它的是不断增强的 GPU 算力，二者相辅相成。

作为大模型的代表，OpenAI 的 GPT-3.5 拥有 1750 亿个参数。据估算，即使单个机器的显存能装得下，使用 8 块 V100（一台 DGX-1 的配置），训练时长预计也要 36 年；使用 512 块 V100，训练也需要将近 7 个月；使用 1024 块 80GB A100（6912 个 CUDA 核心和 432 个张量核心），完整训练 GPT-3 的时长可以缩减到 1 个月；使用 3584 块最新 GPU H100（目前最强，18432 个 CUDA 核心、576 个 Tensor 核心）能在短短 11 分钟内完成训练。通过这个数据不难看出，GPU 强大与否，对于深度学习尤为重要，甚至十分关键。与此同时，A100/H100 不仅价格高昂，还非常短缺，再加上 GPU 的高能耗特点，训练一个模型的费用是非常高昂的。这也是我们强调在大模型投入生产时不能简单追求快，还要考虑成本因素的原因。

3.3　准备合适的 GPU

我们已经知道 GPU 在深度学习、大模型等领域开发过程中提供了不可或缺的硬件支持，那么如何选择一款合适的 GPU 呢？我们将综合考虑显卡供应商、GPU 芯片品牌、GPU 各项参数等因素，最后得出结论。

3.3.1　选择合适的 GPU（显卡）供应商

目前，市面上主流的 GPU 厂商有很多，如英伟达、AMD、Intel、高通 Adreno、景嘉微（国产）和芯动（国产）等，英伟达和 AMD 在市场上占据领跑者地位。业内提到的 N 卡和 A 卡，指的就是英伟达（NVIDIA）的显卡和 ATI（2006 年被 AMD 收购）的显卡。显卡和 GPU 的关系就像汽车与发动机的关系。如图 3-8 所示，显卡是由 GPU 芯片、PCB 板、显存颗粒等部件构成的。

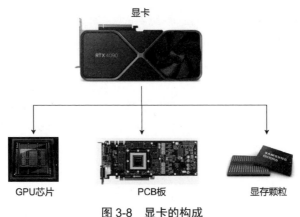

图 3-8　显卡的构成

此外，还有公卡和非公卡的概念。其中，公卡指的是由 GPU 生产厂家生产的，满足产品兼容性问题的最原始的显卡；非公卡指的是由生产厂家提供 GPU，各大授权厂家结合自身需求和工艺水平调整集成做出的显卡。仍以英伟达为例，它有 8 个合作伙伴（华硕、技嘉、微星、七彩虹、影驰、索泰、映众、耕升），它们的品质一样是可靠的。

一般来讲，同一品牌的显卡，通过命名就能大致判断其性能强弱。图 3-9 所示为英伟达和 AMD 消费级显卡型号命名示例。

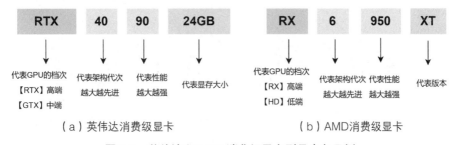

（a）英伟达消费级显卡　　　　　　（b）AMD消费级显卡

图 3-9　英伟达和 AMD 消费级显卡型号命名示例

对于品牌间的横向比较，网上有大量的性能对比信息供普通消费者参考。网上也有定期更新的各大厂商消费级 GPU 型号性能天梯图，消费者在选择时可以参考。从消费级产品来看，AMD 与英伟达全系都有对标，为什么在 AI 领域英伟达成了绝对主流的选择呢？AMD 与英伟达的差距主要在哪里？

3.3.2　英伟达与 AMD

英伟达与 AMD 的竞争劣势表现在软件、硬件和生态各方面。前面提到了英伟达的 CUDA 在某种意义上屏蔽了并行计算的复杂度，统一了计算。2011 年，英伟达在 CUDA4.0 中加入了 GPUDirect2.0、Unified Virtual Addressing（CUDA UVA）以及 Unified Memory Pool 的概念，又统一了显存使用。随着计算性能需求的提升，英伟达又引入了 NVLink，突破了 PCIe 的带宽限制，NVLink 可以将多个 GPU 直接连起来，无须 PCIe 总线即可远程访问 GPU 内存，实现了 GPU 间高速内部通信，提供高达 300 GB/s 的带宽和 1.5μs 的延迟。在此之上，为了增加互联 GPU 的数量，以及克服 NVLink 点对点通信、通信多跳、拓扑规划复杂等问题，英伟达又开发了 NVSwitch 技术。如图 3-10 所示，NVLink 和 NVSwitch 技术配合，提供了高达 18 路的 NVLink 接口，让网络中任意两个 GPU 高效交换，进而提供更强大的计算服务。

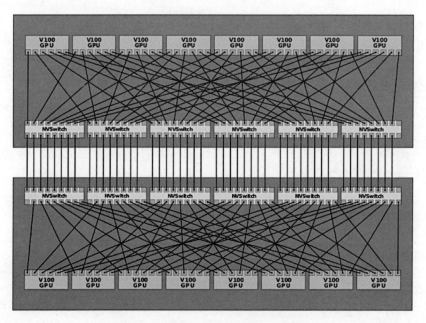

图 3-10　NVLink 和 NVSwitch 技术

除能够实现 GPU 间高速内部通信的 NVLink 和 NvSwitch 技术外（NVLink 支持网络间连接），还可以用 InfiniBand 代替 Ethernet，为机器间通信提供更大的带宽，减少数据传输延迟。这些特性使组建大规模并行计算集群成为可能。

在支持深度学习方面，英伟达也具备先发优势。2017 年，英伟达在其 Volt 架构中引入了 Tensor Core，而 AMD 到了 2020 年才有类似的技术 Matrix Core。

在软件兼容及开发者生态方面，英伟达与 PyTorch 和 Tensorflow 等软件集成度较高，在易用性上也更有优势。在此基础上，英伟达及合作伙伴提供了一系列的软件解决方案，如 TensorRT、Triton 等，简化了开发者进行深度学习应用开发的过程，形成了完整的开发者生态。2006 年，英伟达推出了 CUDA，并且不遗余力地推广和改进。而对标 CUDA 的 AMD 在 2016 年推出 ROCm（Radeon Open Compute platform），直到 2023 年 4 月，ROCm 仍仅支持 Linux 平台，其社区完善程度与集成性都与英伟达的 CUDA 有较大的差距。

可以看出，英伟达无论在计算还是存储方面，都提供了统一的编程范式，并且这些优化都是软硬一体的，拥有完善的生态。特别是大规模的 CUDA 用户及构建在 CUDA 之上的应用积累，具有很强的马太效应。

近年来，AMD 也在加速追赶。有消息称，AMD 的 MI250 显卡在性能、大模型训练速度方面已经达到了英伟达的 A100 显卡性能的 80%。在软件层面，AMD 的 MI250 加速卡已经更好地支持了 PyTorch 框架，使其在 AI 领域的水平有了明显的提升。但是，A100 显卡已经是上一代产品，最新产品 H100 在 AI 性能上还有数倍到数十倍的提升空间。2023 年 6 月，AMD 发布 Instinct MI300，将 CPU、GPU 和内存封装在了一起，晶体管数量高达 1460 亿个，接近英伟达 H100 的两倍。其搭载的 HBM（高带宽内存）密度也达到了 H100 的 2.4 倍。也就是说，MI300 在理论上可以运行比 H100 更大的 AI 模型，但目前 MI300 用户寥寥。2023 年 11 月，英伟达发布 H200。H200 是首款提供 141 GB HBM3e 内存和 4.8 Tb/s 带宽的 GPU，其内存容量和带宽几乎分别是 H100 的 2 倍和 1.4 倍。在处理 LLaMA 2 70B 推理任务时，H200 的推理速度是 H100 GPU 的两倍。2024 年 3 月，英伟达发布了 GB200，基于最新的 Blackwell 架构，AI 性能可达 20PFLOPS，而 H100 仅为 4PFLOPS。GB200 在处理 FP4 八精度浮点运算时，性能还能提高 5 倍，这使大模型的推理性能比 H100 提高了 30 倍，显著推动了生成式 AI 的发展。在软件生态层面，AMD 同样动作频频，新推出的 ROCm 6.0 开发平台宣布与 ONNX Runtime 兼容，并优化了 RX 7000 系列显卡的 AI 性能，Stable Diffusion 的出图效率更是得到了翻倍提升，这在生态兼容性和性能层面都取得了不错的反响。

综上所述，目前英伟达在 GPU 领域是绝对的王者，而 AMD 等厂商也在不断追赶。在深度学习领域，建议将英伟达 GPU 作为首选。

3.3.3　英伟达 GPU 各项参数

英伟达 GPU 的型号众多，在学习和实际生产中应该怎样选择呢？首先需要根据使用场景选择产品系列，再结合芯片架构、CUDA 核心/Tensor 核心数量、显存带宽和显存位宽、显存容量、计算精度性能、GPU-GPU 带宽等维度选择适合性能要求的 GPU。

1．产品系列

英伟达结合实际使用场景，将其显卡分为四个大的产品系列：Tegra、Quadro、GeForce 和 Tesla。

（1）Tegra。基于 ARM 架构通用处理器，既有 CPU 也有 GPU，英伟达称其为"Computer on a chip"片上计算，主要用于移动嵌入式设备。

（2）Quadro。该系列显卡定位为专业级显卡，一般用于专业绘图设计，例如设计、建筑等，以及图像处理专业显卡。

（3）GeForce。该系列显卡定位为消费级显卡，主要用于家庭娱乐，分为 GeForce RTX 系列和 GeForce GTX 系列。如图 3-11 所示，GeForce RTX 系列更高端，其型号后面四个数字的前两位代表芯片架构代际，后两位代表同一架构下的性能强弱。例如，GeForce RTX 4090 比 GeForce RTX 3090 高一代，性能也更强。与深度学习专业显卡 Tesla 系列相比，GeForce RTX 系列显卡的性能相差不太多（显存较低）且支持 CUDA。例如，在没有 Tesla 系列时，GeForce RTX 3090 也可用于深度学习训练和推理等用途，具有一定的性价比，适合学习使用。

图 3-11　GeForce RTX 系列显卡

（4）Tesla。该系列显卡定位为专业级显卡，其命名以芯片架构的首字母开始，例如 P100、K80 和 T4 等，如图 3-12 所示。其中 P、K、T 分别代表 Pascal、Kepler、Turing，用于大规模并行计算，不提供视频输出，甚至没有风扇，主要用于科学计算、深度学习等。Tesla 系列显卡针对 GPU 集群进行了优化，对于 4 卡、8 卡，甚至 16 卡服务器，多块 Tesla 显卡合起来的性能不会受到太大影响。然而，当 GeForce 等游戏显卡合并使用时，性能损失会非常严重，这也是 Tesla 主推并行计算的原因之一。

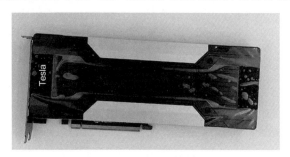

图 3-12　Tesla 系列显卡

因此，如果选择深度学习大模型相关的 GPU，建议以 GeForce 系列和 Tesla 系列作为候选。

2. 芯片架构

GPU 架构是指芯片的设计和实现方式，包括处理器核心的数量、计算单元的组织方式、内存架构、缓存架构、并行处理技术等方面。GPU 架构的设计直接影响着 GPU 的性能和功能，不同代际的 GPU 在性能层面存在比较大的差异。英伟达 GPU 芯片的架构从 2008 年到现在经历了如下变化，一般采用著名的科学家的名字命名。Tesla 系列芯片架构一般可以通过型号的首字母来判断。

（1）Tesla（特斯拉）。2008 年发布，初代架构，这是第一个实现统一着色器模型的微架构，经典型号为 T80，目前市面上已无售卖。

（2）Fermi（费米）。2010 年发布，采用全新的设计方法设计的第一个 GPU 架构，它奠定了英伟达 GPU 整体的发展方向。2012 年的 Kepler 架构和 2014 年的 Maxwell 架构都在这个基础上增加 CUDA 核心，代表型号为 GeForce 400、500、600、GT-630。

（3）Kepler（开普勒）。2012 年发布，这一代 SM 整体结构与之前是一致的，只不过加入了更多的计算单元（包含双精度计算单元），其他部分没有做太大的改动。代表型号为 Tesla K40/K80、GeForce 700、GT-730。

（4）Maxwell（麦克斯韦）。2014 年发布，工艺和频率得到了提升，Maxwell 每个 CUDA 核心的性能相比 Kepler 提升了 1.4 倍，每瓦性能提升了 2 倍，简化了 SM 的结构，移除了双精度计算单元。代表型号为 Tesla/Quadro M 系列、GeForce 900、GTX-970。

（5）Pascal（帕斯卡）。2016 年发布，进军深度学习方向，在 SM 内部，除了以往支持单精度的 FP32 CUDA 核心、双精度的 DP Unit（FP64 的 CUDA 核心），还支持半精度 FP16。一个 SM 由 64 个 FP32 CUDA 核心和 32 个 FP64 CUDA 核心（DP Unit）组成。此外，FP32 CUDA 核心也具备处理半精度 FP16 的能力，以满足行业对低精度计算的需求。NVLink 1.0 的代表型号为 Tesla P100、GTX 1080、GTX 1070、GTX 1060。

（6）Volta（伏特）。2017 年发布，全面转向深度学习，并专门增加了张量核心（Tensor 核心）模块。SM 在 FP64 CUDA 核心和 FP32 CUDA 核心基础上增加了 INT32 CUDA 核心，比 Pascal 架构快 5 倍。NVlink 2.0 的代表型号为 Tesla V100、GTX 1180。

（7）Turing（图灵）。2018 年发布，对 Tensor 核心进行了升级，增加了对 INT8、INT4、Binary（INT1）的计算能力，性能翻倍。代表型号为 T4、GTX 1660 Ti、RTX 2060。

（8）Ampere（安培）。2020 年发布，Tensor 核心再次升级，NVLink 升级到 3.0。"超级核弹"A100 就采用了该架构，拥有 6912 个 CUDA 核心和 432 个 Tensor 核心。此外，消费级显卡王者 RTX 3090 也是该架构的代表性显卡之一。

（9）Hopper（赫柏）。2022 年 3 月发布，引入了 Transformer 引擎，Tensor 核心能够应用混合的 FP8 和 FP16 精度，以大幅加速 Transformer 模型的 AI 计算。与上一代相比，Hopper 还将 TF32、FP64、FP16 和 INT8 精度的每秒浮点计算速度提高了 3 倍。NVLink 升级到 4.0。代表性显卡为 H100。

（10）Ada Lovelace（阿达·洛夫莱斯）。2022 年 10 月发布，是第三代 RT Core，其 Tensor 核心再次升级，专为深度学习矩阵乘法和累加数学运算而设计，可加速更多数据类型，并支持细粒度结构化稀疏，将张量矩阵计算的吞吐量提升至前一代产品的两倍以上。基于该架构的 CUDA 核心能够以两倍的速度处理单精度浮点（FP32）计算。代表性显卡为 RTX 4090。

（11）Blackwell。2024 年 3 月最新推出的新一代人工智能 GPU 架构，旨在为 AI 模型提供强大的计算能力。这一架构的核心组件是 GB200 Grace Blackwell Superchip，它通过 NVLink-C2C 互联技术将两个高性能的 Blackwell Tensor 核心 GPU 与一个 NVIDIA Grace CPU 连接起来，形成一个强大的计算平台。代表性显卡为 GB200。

3．CUDA 核心/Tensor 核心

CUDA 核心和 Tensor 核心都是 GPU 内部的计算单元，即流处理器（SP）。它们的数量代表了 GPU 并行计算的能力。CUDA 这个名字在英伟达中涉及多个概念。其中，CUDA 核心是其物理流处理器，它和 CUDA 软件的版本有一定的匹配性，因此需要根据芯片架构匹配相应的 CUDA 软件。CUDA 算力代号描述了在不同架构下 GPU 的计算能力，可参考表 3-2 查阅不同 CUDA 算力代号对应的芯片架构。

表 3-2　CUDA 算力代号及对应的芯片架构

CUDA 算力代号	架　　　构
1.0	Tesla
2.0	Fermi
3.0	Kepler
4.0	—
5.0	Maxwell
6.0	Pascal
7.0	Volta
7.5	Turing
8.0	Ampere

这个算力代号与 CUDA 版本有一定的对应关系，CUDA 10.2 仅仅支持 3.7、5.0、6.0、7.0 算力，不支持 8.0 算力。而 CUDA 11 支持 8.0 算力。因此，在安装 PyTorch 时，需要注意 CUDA 版本及对应的 GPU 算力代号，如图 3-13 所示。

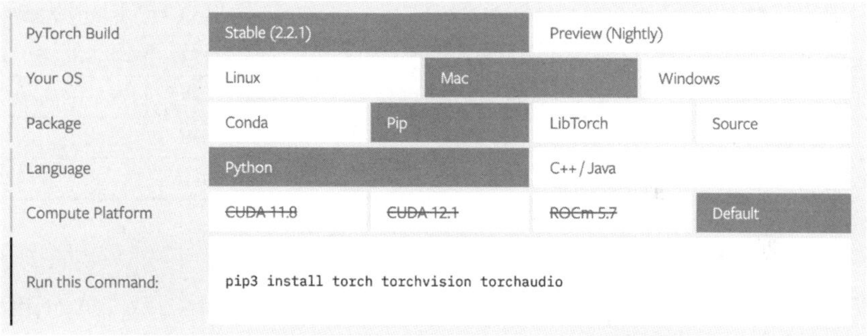

图 3-13　GPU 算力代号与 CUDA 版本的对应关系

Tensor 核心是专门为深度学习等大规模并行计算而设计的。它在 2017 年的 Volta 架构中被引入，可以实现混合精度计算，根据精度动态调整算力，在保持准确性的同时提高吞吐量。Tensor 核心能够高效地进行矩阵乘法运算。

对于 CUDA 核心，在每个 GPU 时钟周期内只能执行一次单值乘法：

1×1 每个 GPU 时钟周期

在 Tensor 核心中，每个 GPU 时钟周期内可以运行一次矩阵乘法，换句话说，在一个 Tensor 核心中可以同时执行多次与 CUDA 核心等价的计算。

$$\begin{bmatrix} 1 & 1 & 1 \\ 1 & 1 & 1 \\ 1 & 1 & 1 \end{bmatrix} \times \begin{bmatrix} 1 & 1 & 1 \\ 1 & 1 & 1 \\ 1 & 1 & 1 \end{bmatrix} \text{每个GPU时钟周期}$$

矩阵乘法在深度学习中经常出现，也是最耗时的部分。因此，Tensor 核心非常重要。如果一个 GPU 不支持 Tensor 核心，则基本上不适合应用于深度学习。

在深度学习场景中，大多数情况下并不需要 FP32，FP16 就可以很好地表示大多数权重和梯度。因此，动态采用混合精度计算可以实现计算准确性和吞吐量之间的平衡。低精度显然可以加快数学计算，而在 Tensor 核心上加速更为明显。此外，低精度还可以减少显存的使用，从而能够训练和部署更大的神经网络，减少内存带宽占用，进而加速数据传输和转移操作。在 Turing 架构下的第二代 Tensor 核心中，可以进行多精度的计算（从 FP32 到 FP16，再到 INT8 和 INT4），进一步提高了训练和推理性能。表 3-3 所示为不同架构 Tensor 核心和 CUDA 核心支持的计算精度。更多信息可以查阅英伟达官网。

表 3-3　不同架构 Tensor 核心和 CUDA 核心支持的计算精度

GPU 架构	Tensor 核心支持的计算精度	CUDA 核心支持的计算精度
Hopper	FP64、TF32、BFloat16[①]、FP16、FP8、INT8	FP64、TF32、FP16、BFloat16、INT8
Ampere	FP64、TF32、BFloat16、FP16、INT8、INT4、INT1	FP64、TF32、FP16、BFloat16、INT8
Turing	FP16、INT8、INT4、INT1	FP64、FP32、FP16、INT8
Volta	FP16	FP64、FP32、FP16、INT8

4．显存带宽和显存位宽

显存带宽（Memory Bandwidth）是指由计算单元 CUDA 核心或 Tensor 核心构成的流处理器与显存之间的数据传输速率。有如下计算公式：

显存带宽=显存数据频率×显存位宽（显卡瞬间处理数据的吞吐量）/8

显存位宽是指一个时钟周期内所能传输数据的位数，位数越大，瞬间所能传输的数据量越大，可以类比于公路的车道宽度。车道越宽，一次能通过的汽车就越多。根据公式可知，在显存数据频率相当的情况下，显存位宽将决定显存带宽的大小。常见的显存位宽有 128 位、192 位、256 位、384 位、512 位和 1024 位六种。而显存位宽受显存规格的约束。

---

① BFloat16（Brain Floating Point 16）是一种 16 位宽的浮点数格式，介于标准的 FP32（单精度浮点数）和 FP16（半精度浮点数）之间。——编者注

显存规格是指生产显存的材料规格，有 DDR、GDDR 和 HBM 等。其中，高带宽存储器（High Bandwidth Memory，HBM）是一种面向极高吞吐量的数据密集型应用程序的 DRAM，可以用于生产高位宽显存，性能更佳，但也更贵。最新的 HBM3 的带宽最高可以达到 819 GB/s，而最新的 GDDR6 的带宽最高只有 96GB/s。CPU 和硬件处理单元的常用外挂存储设备 DDR4 的带宽更是只有 HBM 的 1/10。

GPU 的计算单元（流处理器）计算速度非常快，这与 CPU 和内存的关系一样，大多数时候计算单元在等待数据到达。从前文可以知道，GPU 中包含大量的并行计算核心。在某种意义上，显存带宽是计算速度快慢的关键，这一点与 CPU 存在一定差异。CPU 的缓存一般比较小，而较大的显存带宽的 GPU 允许设置较大的批大小（batch-size），即可以同时拿出较多的数据一起训练。

有人拿法拉利和卡车车队运送货物来对比 CPU 和 GPU，解释为什么 GPU 在矩阵乘法和卷积计算过程中效率更高。虽然法拉利速度很快，但因为其容量有限，只能频繁多次运输；而大卡车可以一次性载很多货，尽管频率比较低，但总的搬运效率更高。再加上大卡车能组成车队，这样就能充分地利用并行性，避免等待。

因此，性能的关键在于带宽。GPU 寄存器的总大小是 CPU 的 30 多倍，而速度是 CPU 的两倍。这意味着容量高达 14MB 的寄存器内存能够以 80TB/s 的速度运行。相比之下，CPU L1 缓存的运行速度仅为 5TB/s，其大小约为 1MB。CPU 寄存器的大小通常为 64～128KB，运行速度为 10～20TB/s。这也说明显存带宽是计算效率的关键瓶颈。例如，在 GPT-3 的训练中，即使使用超大的矩阵（对 CUDA 核心来说越大越好），Tensor 核心的 TFLOPS 利用率也仅为 45%～65%。这意味着即使是大型神经网络，张量核心也有 50% 的时间是空闲的。当比较两个带有 Tensor 核心的 GPU 性能时，最佳指标之一是内存带宽。例如，A100 GPU 的内存带宽为 1555 GB/s，而 V100 为 900 GB/s。因此，A100 的基本估计速度是 V100 的 1555/900=1.73 倍。

5. 显存容量

显存容量是指显卡上显示内存的容量。显存容量决定着显存临时存储数据的多少。同时决定了一个大模型是否能够在一块卡中加载，以及批训练的大小，进而影响处理数据及训练的效率。因此，显存容量越大自然越好。例如，A100 的容量就达到了 80GB。对于深度学习，可参考表 3-4 选择合理的显存容量。

表 3-4　显存容量适用范围

显存容量	适用场景与限制	推荐用户	价格与性能
4GB	适用于非复杂模型和小型媒体文件处理，满足基本需求，但对于日常使用可能能力不足。适合初尝试且不想大量投资的用户	初学者和非重度用户	价格较低，但性能有限

（续表）

显存容量	适用场景与限制	推荐用户	价格与性能
8GB	适合日常学习和处理大多数任务，但在处理复杂图像、视频或音频时可能受限	学生和日常用户	价格中等，能满足一般需求
12GB	科研领域的基本要求，能够处理大型模型，包括图像、视频或音频	科研人员	价格较高，性能较好
12GB+	随着内存容量的增加，能处理更大数据集和批，性能提升。超过 12GB 后，价格显著上升	商业生产	性能更强，但价格显著上升

结合计算单元的特性，如果成本相同，选择"速度较慢"但内存较大的显卡会更好。GPU 的优势是高吞吐量，这在很大程度上依赖可用的 RAM 通过 GPU 传输数据。

6．计算精度性能

在不同的精度计算中，GPU 的算力通常不同。以 A100 80GB 为例，其精度和算力的对应关系如表 3-5 所示。

表 3-5　A100 80GB 的精度和算力

精　　度	算力/TFLOPS	精　　度	算力/TFLOPS
FP64	9.7	BFLoat16 Tensor 核心	312/624
FP64 Tensor 核心	19.5	FP16 Tensor 核心	312/624
FP32	19.5	INT8 Tensor 核心	624/1248
TF32 Tensor 核心	156/312		

算力以 TFLOPS 为单位，越大越好。对于深度学习来说，以单精度和半精度即混合精度计算为主，而双精度在 HPC 应用中常见，基本上可以忽略。由于计算精度通常不是计算瓶颈，因此优先级较低。

7．GPU-GPU 带宽

GPU-GPU 带宽为 GPU 与 GPU 之间数据传输的速率，这是在多卡情况下需要特别注意的。NVLink 技术就是为了突破 PCIe 的带宽限制而产生的。通常来讲，在 GPU 数量较少（少于 128 个）的情况下，GPU-GPU 带宽限制基本上可以忽略，但对于训练大模型的超大计算集群来说，这一因素就需要考虑。

3.3.4　选型建议

在介绍了 GPU 的各方面特性之后，就可以选择了。笔者对英伟达常见的用于大模型的产品规格进行了总结，如表 3-6 所示。可以直观地看到刚才提到的相关参数，并结合参数解析大体判断其性能情况。可以看到，尽管 GeForce 产品的计算核心数量较多，但其位宽和显存较小，在深度学习层面上与 Tesla 系列存在一定的差距。

表 3-6　英伟达常见的用于大模型的产品规格

系　　列	型　　号	CUDA 核心数量/个	Tensor 核心数量/个	显存位宽 PCIe/Bit	显存/GB	单精度性能	显卡功耗/W
GeForce	RTX 4090	16384	512	384	24	83TFLOPS	450
	RTX 4080	9728	304	256	16	49TFLOPS	320
	RTX 3090	10496	328	384	24	35.7FLOPS	350
Tesla	H100	18432	576	6144	80	51TFLOPS	350
	A100	6912	432	5120	40/80	19.5TPS	250
	A800	5120	640	5120	80	19.5TFLOPS	300
	V100	5120	640	4096	32	14 TFLOPS	250
	A40	10752	336	384	48	37.4TFLOPS	300
	A10	9216	288	128	24	31.2TFLOPS	250
	T4	2560	320	256	16	8TFLOPS	75

总体来说，如果数据中心的目标是训练大模型，并且预算充裕，则可以选择 Telsa 系列的旗舰型号 A100、A800 或 H100。对于常规微调和推理，采购多块 T4、A10 等型号的显卡即可。在预算有限且模型规模不大的情况下，可以考虑购买 GeForce 系列的消费级显卡。

3.4　本章小结

找到合适的 GPU 是进行大模型学习或投入生产的第一步。了解 GPU 的原理和特性，可为后续的软件推理优化打下基础。这也是本书要用大量篇幅介绍 GPU 的原因。GPU 价格高昂，并且在深度学习场景中并非所有人都拥有英伟达显卡（例如 Mac 用户），这里提供两种替代方案。

- 采用云厂商资源，例如 Google Colab 提供 GPU 资源，用户可以按量付费。
- 基于一些模型推理优化技术，能让 CPU 或者其他 GPU 运行大模型。

除此之外，随着华为昇腾系列（HUAWEI Ascend）AI 处理器日渐成熟，以及明确的国产化趋势，国内算力也是实际开发中的重要候选项之一。最后，总结 GPU 的两个显著特点：非常适合进行深度学习，尤其是训练大模型；价格高昂。因此，如何有效地利用和发挥 GPU 的作用是大模型工程化中的一个重要命题。

应用开发概览

前面的章节已经对充满魅力的 AI 技术和产品有了一定的介绍，并讲解了基座大模型和 GPU 的知识。从本章开始，我们将深入大模型应用开发的全过程，介绍大模型的应用场景及面临的关键挑战，并提出解决思路。

4.1　关键概念

对于类似于 ChatGPT 的对话式 AI 产品，只需要输入文字，即提示（Prompt），大模型就能按要求回答问题。实现这一点的关键在于如何更好地与大模型沟通，这需要以它能接受的方式告诉它目标或过程。从某种角度来说，大模型应用的灵魂在于提示，这一点在传统软件开发或 AI 1.0 应用中是不存在的。因此，在深入学习大模型应用开发过程之前，我们有必要先理解提示。

4.1.1　提示

提示（词）在维基百科中是这样定义的：

A prompt is natural language text describing the task that an AI should perform.

提示是描述 AI 应该执行任务的自然语言文本。实际上，这很好理解。在通过指令微调的模型中，模型已经内化了它要完成的任务，因此在使用时可以直接输入。例如，对于情感分析模型，输入"今天天气很不错"，模型会自动按照约定回答"正向"。然而，当使用提示的方法时，模型本身是通用的，可以执行许多任务，这时就需要告诉它需要它做什么。如图 4-1 所示，向 ChatGPT 提问："下面我将给你一个句子，请帮我判断它的情感是正向的还是负向的，仅回答，无须解释。今天天气很不错。"

下面我将给你一个句子，请帮我判断它的情感是正向的还是负向的，仅回答，无须解释。今天天气很不错

ChatGPT　Poe

正向

图 4-1　向 ChatGPT 提问

实际上，提示这个思路并不是最近才有的，早在 2015 年，就有人提出了这一概念 "Ask Me Anything: Dynamic Memory Networks for Natural Language Processing" [5]。因为所有的自然语言处理任务都可以归纳为一种统一的"问答"模式，所以当时提示被称为"question"，而使用问答引导模型完成各种任务的方法也被称为提示学习（Prompt Learning）。

4.1.2　上下文学习

了解了提示的由来和历史，必然要问的问题是，如何让模型更有效地理解指令，并能够高质量地执行指令。

这一问题如果改为"如何在 GitHub 上给 LLaMA 项目提交一个有效的 Issue？"，那么可能比较容易理解，如图 4-2 所示。要让模型理解指令，首先要清晰地描述问题，然后进一步提供环境信息，以及输入、预期的输出等信息。这些信息被称为"Context"，即上下文。

图 4-2　增加上下文后的提示

我们可以用这种人类熟悉的方式与模型交互，让它按照我们的预期工作，这就是上下文学习（In-Context-Learning，ICL）。

生物学家、物理学家、生态学家和其他科学家使用"涌现"（emergence）来描述一大群事物作为一个整体时出现的自组织、集体行为。例如，无生命的原子组合产生细胞，水分子产生波浪，椋鸟以变化但可识别的模式在天空中飞翔，细胞使肌肉运动、使心脏跳动。图 4-3 所示为蚁群有规律地迁徙。

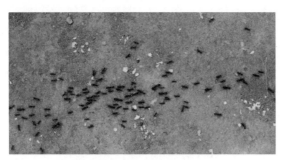

图 4-3　蚁群有规律地迁徙

通过上面的描述可知，上下文学习是一种智能涌现，其发生的前提是事物拥有了和人类似的思维模式。虽然目前我们还无法完全知道智能涌现的原因，但研究表明，模型发生智能涌现可能的原因是学习的资料及模型参数规模大到一定程度（10B 以上），引发了质变，从而激发了模型中本来蕴含的知识和逻辑，表现出了智能。近期的研究也表明，涌现和训练资料的质量有一定关系。因此，数据的质量是影响大模型智能程度的一个重要因素，大模型的综合语言能力在很大程度上取决于训练语料的来源，而不仅仅是数据规模。就像人脑也是由一个个的神经元构成的，当神经元多到一定程度，脑容量大到一定程度时，人就出现了意识。

确切地讲，上下文学习是在大模型发生智能涌现的前提下的一种新的模型学习任务处理的范式，在 OpenAI 的论文 "Language Models are Few-Shot Learners"[6]发布后，这一方法被广泛接受。它允许语言模型以演示的形式组织若干示例或指令来学习任务。通过将上下文信息提供给大模型，能够大大地优化操纵大模型的方式，从而更好地挖掘大模型的潜力。

上下文学习在基础形式及例子的数量上分为三类：Zero-shot（零示例）、One-shot（一个示例）和 Few-shot（一些示例）。

1. Zero-shot

本节最开始的例子就属于 Zero-shot 形式，无须给大模型提供有关情感分析的例子的上下文，而是直接提问，如图 4-4 所示。

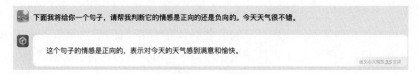

图 4-4　Zero-shot 示例

在 Zero-shot 中没有给模型提供例子，并不表示不能向模型提供其他信息，例如，不希望模型对它的回答进行解释，我们可以增加"仅回答，无须解释"这样的约束性质的要求，大模型能够很好地遵守，如图 4-5 所示。

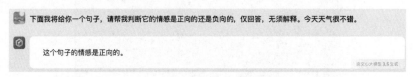

图 4-5　增加约束性质的要求

如果仍然觉得大模型的回答有些啰唆，希望它只回复"正向"或者"负向"，那又应该怎么做呢？这里就用到了"Few-shot 和 One -shot"。

2．One-shot 和 Few-shot

One-shot 可以理解为 Few-shot 的特例，它仅给大模型提供一个例子，而 Few-shot 可以提供多个例子。如图 4-6 所示，以刚才的问题为例，我们提供下面的提示。

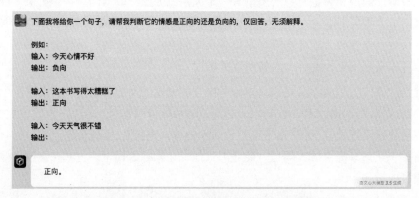

图 4-6　文心一言（2023 年 9 月）的回答

选择文心一言和 ChatGPT 进行测试，结果显示大模型在一定程度上遵循了指令，并且学会了这种模式。即使给出的例子并不完全正确，大模型仍然给出了正确结果。例如，"这本书写得太糟糕了"的例子的输出是"正向"，但在实际任务中，大模型仍然能够给出正确的输出，这表明大模型具有较强的健壮性和智能性。大模型对指令的遵循程度也反映了它的性能。如图 4-6 所示，2023 年 9 月，文心一言未能完全按照例子输出，后面增加了标点符号。然而，当时的 ChatGPT 可以正确地执行指令，如图 4-7 所示。这说明当时 ChatGPT 的性能优于文心一言。随着不断被优化，到了 2024 年 3 月，文心一言已经能够正确执行指令，如图 4-8 所示。

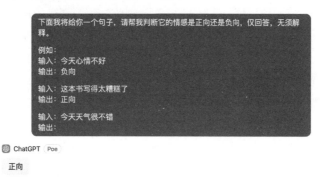

图 4-7　ChatGPT（2023 年 9 月）的回答

看到这里，也许有人会问：仅仅是给大模型提供一些上下文，并没有像微调那样修改模型，为什么会产生这种结果呢？

Dai 等人的论文 "Why Can GPT Learn In-Context? Language Models Implicitly Perform Gradient Descent as Meta-Optimizers" [7]探讨了在提示中提供示例与使用相同示例进行微调之间的数学联系。作者证明，提示示例会产生元梯度（meta-gradients），这些元梯度会在推理时的前向传播过程中被反映出来。而在微调时，示例实际上会产生真正的梯度，用于更新权重。因此，上下文学习能取得与微调类似的效果。

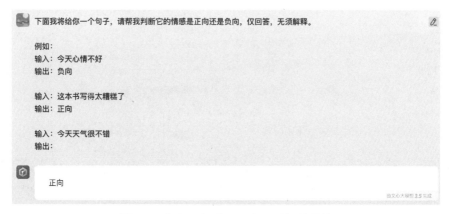

图 4-8　文心一言（2024 年 3 月）的回答

斯坦福大学的文章"How does In-context learning work? A framework for understanding the differences from traditional supervised learning"在论文"An Explanation of In-context Learning as Implicit Bayesian Inference"[8]中的理论框架和"Rethinking the Role of Demonstrations: What Makes In-Context Learning Work?"[9]中的实验的基础上,给出另一个角度的解释:把上下文学习看作一种隐式的贝叶斯推理。大模型在进行上下文学习时,可通过使用提示来"定位"它在预训练过程中学到的概念。从理论上,我们可以将其视为以提示为条件的潜在概念的贝叶斯推理,而这种能力来自预训练数据的结构(长期一致性)。这个角度解释了角色扮演以及夸奖大模型的有效性,因为它影响到了条件概率分布。

这时不难联想到另一个问题,就是怎样提升上下文学习的能力,这就要提出指令学习(Instruct Learning)的概念。这里面有两个层面的提升,一方面是尽可能提升模型的 Zero-shot 能力;另一方面是让模型能够识别更多的任务类型及回答方式。

而这就需要用到指令学习,它一般发生在大模型的有监督微调学习阶段,所以也被称为指令微调或监督微调(Supervised Fine-Tuning,SFT)。区别于传统的模型微调,指令学习的核心不是学习知识或者适配下游任务,而是将更多的任务类型及回答方式和风格的例子作为样本微调模型,让模型在训练时习得,而无须提示,如图 4-9 所示。这里有一个细节,文心一言、ChatGPT 等大模型对于不同类型的问题的回答风格是不一样的,例如写诗和写代码,甚至在回答同类问题时的表述风格也不同,这本质上是由于指令学习的样本差异导致的。

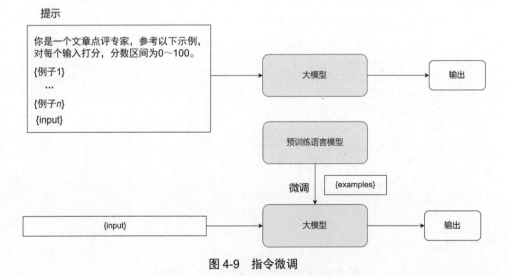

图 4-9　指令微调

下面是两个指令学习的数据样例，可以提供更直观的感受。

1）基于 LLaMA 的 Alpaca

模板如下。

```
{
"description": "Template used by Alpaca-LoRA.",
"prompt_input": "Below is an instruction that describes a task, paired with
an input that provides further context. Write a response that appropriately
completes the request.\n\n### Instruction:\n{instruction}\n\n### Input:\
n{input}\n\n### Response:\n",
"prompt_no_input": "Below is an instruction that describes a task. Write
a response that appropriately completes the request.\n\n### Instruction:\n
{instruction}\n\n### Response:\n",
"response_split": "### Response:"
}
```

具体的数据如下。

```
[
{
"instruction": "Give three tips for staying healthy.",
"input": "",
"output": "1.Eat a balanced diet and make sure to include plenty of fruits
and vegetables. \n2. Exercise regularly to keep your body active and strong.
\n3. Get enough sleep and maintain a consistent sleep schedule."
},
{
"instruction": "What are the three primary colors?",
"input": "",
"output": "The three primary colors are red, blue, and yellow."
},
```

2）法律大模型 LaWGPT

模板如下。

```
{
"description": "Template used by Law Instruction Tuning",
"prompt_input": "你是中国顶尖智能法律顾问 LaWGPT，具备强大的中文法律基础语义理解
能力，能够出色地理解和执行与法律相关的问题和指令。你只能回答与中国法律领域相关的问题，其
余领域的问题请礼貌地拒绝回答。接下来，请依据中国法律来回答下面这个问题。\n### 问
题:\n{instruction}\n### 回答:\n",
```

```
    "prompt_no_input": "你是中国顶尖智能法律顾问 LaWGPT，具备强大的中文法律基础语义
理解能力，能够出色地理解和执行与法律相关的问题和指令。你只能回答与中国法律领域相关的问
题，其余领域的问题请礼貌地拒绝回答。接下来，请依据中国法律来回答下面这个问题。\n### 问
题：\n{instruction}\n### 回答：\n",
    "response_split": "### 回答:"
  }
```

具体的数据如下。

```
[
{
"instruction": "酒驾撞人要判多久？",
"input": "",
"output": "《中华人民共和国刑法》第一百三十三条规定:违反交通运输管理法规，因而发生
重大事故，致人重伤、死亡或者使公私财产遭受重大损失的，处三年以下有期徒刑或者拘役;交通运
输肇事后逃逸或者有其他特别恶劣情节的，处三年以上七年以下有期徒刑；因逃逸致人死亡的，处七
年以上有期徒刑。"
},
{
"instruction": "偷狗被派出所抓到，会怎么处理？",
"input": "",
"output": "取决于偷盗的狗的价值，可能按盗窃罪的罪名处理。如果价值达到犯罪标准，就构
成盗窃罪，要承担刑事责任；如果不到犯罪标准，就是治安处罚、罚款或者拘留治安处罚。这会涉嫌
构成盗窃。如果不到一千元，则不会构成犯罪。如果超过一千元，则可能会是构成犯罪的。"
}
```

4.2 应用趋势

进入 AI 2.0 时代，大模型技术将给产品设计与实现带来怎样的变化？基于这种变化，又催生了哪些新的产品形态？

4.2.1 趋势变迁

在移动互联网时代，一个移动 App 的功能特性及核心依赖其操作系统，但二者的关系不大，操作系统是关键约束，投入成本和 App 价值点都集中在 App 本身，如图 4-10（a）所示。在大模型时代，大模型的核心能力受限，呈现出类似"卷心菜"的应用结构，App 本身的形态价值逐渐萎缩、投入成本占比也急剧下降，如图 4-10（b）所示。

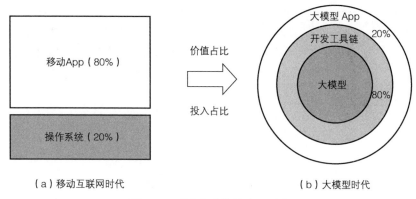

（a）移动互联网时代　　　　　　　　　（b）大模型时代

图 4-10　"卷心菜"的应用结构

这一现象引起了广大开发者的关注，应用开发从以建模为中心向以应用构建为中心转变。LangChain 等应用开发框架获得了开发者前所未有的关注，甚至整个大模型应用开发的过程都围绕这些框架展开。

业内存在一种推断，未来的大模型应用都可以运行在以大模型为核心的操作系统上。图 4-11 所示为大模型操作系统结构，大模型相当于 CPU，而大模型的上下文窗口相当于内存，向量数据库等存储相当于硬盘，浏览器相当于网络，音视频相当于 I/O 设备，计算器、代码解释器等相当于操作系统上的系统软件，可被调用。

大模型应用就是在此操作系统上构建的应用，大模型应用开发相较于传统的软件开发也有较大区别，如图 4-12 所示。

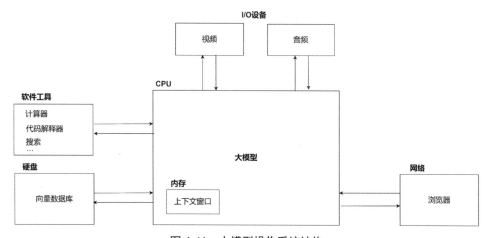

图 4-11　大模型操作系统结构

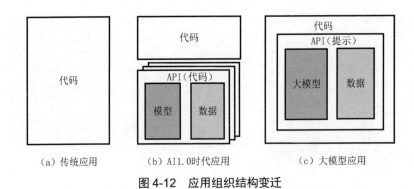

图 4-12　应用组织结构变迁

　　发生这种变化的核心原因在于传统的软件开发只与代码有关。对于一个传统的软件开发过程，只需要产品经理定义好需求，开发人员按照需求编码实现即可。确保 App 达到预期质量的方式也比较简单，就是严格全面的测试。另外，传统应用的特性不会随外界的变化而变化，它的逻辑都被固化在代码中，只要代码（包含环境）正确，应用就正常。因此，在 DevOps 时代，开发质量的核心就是保证开发代码到生产代码的一致性，相关技术也围绕这一目的展开，典型的例子就是 Docker。

　　到了 AI 1.0 时代，AI 应用已经从单纯的代码变成为代码、模型和数据。因此，一个 AI 应用是否达到预期质量，不仅与代码实现相关，更受到模型和数据的影响。另外，由于传统小模型本身的特性，其能力是单一稳定的，因此代码与模型的能力边界是相对清晰的。同时，由于概念和数据漂移需要高频训练，小模型无法实现一次训练多次使用的目标，因此在这一阶段除关注传统软件开发的问题外，还需要做到从模型训练到推理的正确性，消除其中的不一致，而这正是 MLOps 关注的重点。

　　现在，进入大模型应用时代，大模型具备几个核心特点，导致了开发范式的再度迭代。相较于传统的小模型，大模型最大的特点在于它具备一定的通用性，通过提示就可以完成不同的任务。同时，大模型的性能表现和训练微调成本使模型训练变成了一个低频动作，普通开发者无须自己训练模型，只需要不断地升级替换更强大的模型即可。这样就引发了一个问题：代码和模型的能力边界是不稳定的，大模型的每次更新都将是外围代码的灾难。操纵大模型实现某个功能成本极低，可能只是提示（自然语言）的调整，更重要的是，随着整个应用的闭环，一些固定策略代码的效果远不如不断自我完善的模型。但大模型有自身的问题，比如其输入输出的自然语言特征存在天然不精确的问题，导致系统不稳定。

　　可以看出，这一切的变化来自大模型独特的构建模式。通过提示，可以让大模型完成各种不同的任务。从传统的自然语言处理任务，如情感分析、对话系统，到大模型特有的逻辑推理，不一而足。正因如此，从 DevOps、MLOps 及 LLMOps 的边界关系可以看出，MLOps 到 LLMOps 的应用开发方式转变，来自以数据为中心的模型训练推理的闭环构建，向以微调模型为中心的应用构建转变，如图 4-13 所示。

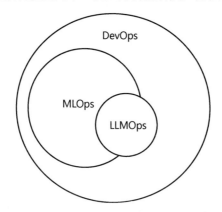

图 4-13　DevOps、MLOps 及 LLMOps 的边界关系

因此，当下 LLMOps 关注的重点不再是模型训练推理本身，更多的是如何更好地围绕模型构建应用。而在这个时候，处理好代码做什么、模型做什么的边界问题就变得尤为重要，将有限的精力投入正确的地方，以及充分理解大模型的特点，扬长避短，才能开发出一款优质的大模型应用。

4.2.2　产品形态

根据大模型特点，从技术实现和产品复杂度上来看，产品形态由简单到复杂可以分为对话机器人（ChatBot）、智能助手（Copilot）、智能体（Agent）和多智能体（MultiAgent）。

1. 对话机器人

对话机器人是一种模拟与人类对话的人工智能系统，能够与用户进行自然语言交流。它们可以应用于客户服务、在线教育、娱乐互动等场景。高级的对话机器人还具备记忆能力，支持多轮对话，达到流畅的对话水平。例如，ChatGPT 可以生成连贯的对话，回答用户的问题，甚至模拟特定角色进行对话。

2. 智能助手

智能助手是一种能够为用户提供实时帮助和建议的应用，它基于大模型进行训练，可以理解用户的需求和意图，并提供相应的指导和建议。相较于对话机器人，智能助手具有调用工具的能力，能够根据用户任务指令调用不同的工具完成任务。智能助手可以应用于编程领域，为开发人员提供代码补全、错误修复和最佳实践等方面的支持。智能助手能够理解上下文，并生成准确和实用的建议，提高开发效率和质量。例如，Code Copilot——GitHub Copilot，它集成了 GPT-4 模型的能力来帮助开发者编写代码。智能助手可以根据开发者输入的部分代码或描述，自动补全代码片段，提高编程效率。智能助手适用于多种编程语言，能够理解代码上下文并提出合理的建议。

3．智能体

在人工智能领域，智能体是指能够感知环境，做出决策，并执行行动的实体。大模型可以作为智能体的核心，处理复杂的任务。相较于智能助手，智能体可根据某一确定性的目标自主分解计划任务并完成，如自动驾驶汽车中的决策系统、智能家居中的语音助手等。这些智能体能够理解用户的指令，执行相应的操作，并在必要时做出决策。

4．多智能体

多智能体由多个智能代理共同组成，这些代理可以相互通信和协作，共同完成任务。在大模型的辅助下，多智能体系统可以应用于更复杂的场景，如城市交通管理、机器人团队协作、在线游戏的 NPC（非玩家角色）行为模拟等。相较于单一智能体，多智能体提供了环境支持指令体进行通信，每个智能体可以拥有自己的角色和目标，通过协调和沟通，实现整体的最优解。该方向也被认为是大模型应用的终极形态，通过它可以完成一个团队甚至一个组织的工作。

直观来看，大模型的能力边界越来越大，从回答单一问题，到辅助人类工作，再到独立工作，逐渐变得强大。而在应用领域层面，要让这样的产品落地，关键问题是如何影响模型，也就是改变模型原有的概率分布，使其能够更好地适应所在的行业，而手段就是灌入领域知识，并对齐行业任务指令，教会模型理解要做什么，进而学会如何做。这一点和一个员工进入一家新公司、一个新行业一样，员工首先要理解这家公司和这个行业的背景、知识和流程，才能执行任务，以及做正确的事情。

4.3　技术实现

4.3.1　对齐方法

预训练的大模型只具备续写能力，无法直接为人类完成具体的任务，比如翻译、总结等。从某种意义上讲，人类一直在寻找合适的手段让 AI 模型遵从用户指令，进而更好地服务人类，这一过程被称作对齐（Alignment）。往更高层次讲，大模型不仅应该遵从指令，还要符合人类偏好和人类价值观。可以想象，这一过程是非常具有挑战性的。对齐的方法随着模型能力的发展也在发展。通过提供必要的标记样本，告诉模型遇到什么样的问题应该采用什么样的方式回应，以便有针对性地对其进行训练，帮助它学会相应的任务。随着模型能力的不断提高，人类可以通过自然语言的方式操纵模型完成下游的各种任务，这一过程被称为上下文学习。更进一步地，我们希望大模型的输出更符合人类的偏好，于是引入了基于人类反馈的强化学习，让人类对大模型生成的答案进行偏好打分。随着大模型能力的不断提高，人类在某些方面已经不如 AI 模型，也无法评价模型输出内容的好坏。我们甚至无法避免 AI 不受人类控制，做出不符合人类价值观的事情。因此，OpenAI 提出了"超级对齐"的概念[10]，即使用较弱的模型来监督和管理更强的模型。

可以说，大模型应用开发是围绕"对齐"展开的，通过优化模型性能或者增强产品功能的方式，最终目标是满足用户的需求。在实际开发过程中，指令微调和上下文学习都能对模型产生影响，因此，我们将重点围绕这两项技术展开介绍。

如图 4-14 所示，通过改变模型本身（模型结构和权重），可以影响模型输出，即微调；通过影响模型的输入（提示），可以影响模型的输出，即上下文学习。

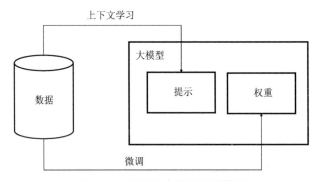

图 4-14　通过指令微调影响模型

1．微调

为了便于理解，可以将模型看作知识和能力经过压缩后的产物。经过微调的模型包含了学到的知识、逻辑，以及执行具体任务的能力。但是，由于模型比较重，训练和更新需要大量的时间和成本，导致出现模型的知识更新不够及时、变更困难、难以控制、能力扩展难度高等问题。

微调（Finetune）是一种常见的改变模型的方式，它是指在已经预训练好的大规模深度学习模型基础上，使用特定任务数据集进行进一步训练和调整的过程。通过微调，可以将预训练模型的知识和表征能力迁移到特定任务中，以提高模型在该任务上的性能和效果。微调通过调整模型的参数和学习策略，使其更加适应目标任务的需求，从而在特定领域或问题上获得更好的表现。这种方法可以节省训练时间和数据，通常比从头开始训练模型更有效。大模型的微调已经在自然语言处理、计算机视觉等领域得到了广泛应用，为各种任务带来显著的帮助。微调影响的是模型的权重。

2. 上下文学习

提示可以看作知识和指令的混合体，类似于 AI 1.0 的判别模型。提示相当于特征输入，因此 AI 2.0 将特征工程晋级为提示工程。特征工程决定了模型的上限，从这个角度来看，提示的重要性可见一斑。提示可以给大模型不举示例直接表达需求（零样本），也可以给它一些示例（少样本）来解释需求，还可以一步步教它思考（思维链）以共同完成任务。此外，还可以给大模型一些上下文信息，帮助它理解问题和回顾历史。提示以其文本的特点，天然具有很好的灵活性和透明性，能够轻量级地完成一些看似神奇的工作。然而，受限于大模型的上下文窗口、性能和成本，提示的大小是有限的。此外，由于每次请求都需要携带大量信息来维持状态，因此提示在性能方面也存在一定的不足。

需要注意的是，上下文并不限于例子，还可以是提供给大模型参考的背景信息，或者状态信息。需要特别提出的是，常被提到的大模型记忆（Memory）也可以被视为一种上下文信息。实际上，大模型记忆就是将多轮会话信息作为提示的一部分提供给大模型，这样大模型就能够知道前面的内容，进而间接地拥有记忆功能。

下面是一个让大模型记住过去对话内容的例子。

```
    The following is a friendly conversation between a human and an AI. The
AI is talkative and provides lots of specific details from its context. If
the AI does not know the answer to a question, it truthfully says it does not
know.
    Current conversation:
    Human: What's their issues?
    AI: The customer is having trouble connecting to their Wi-Fi network. I'm
helping them troubleshoot the issue and get them connected.
    Human: Is it going well?
```

```
    AI: Yes, it's going well so far. We've already identified the problem and
are now working on a solution.
    Human: What's the solution?
    AI:
```

4.3.2　优劣势比较

1．优势

在实际的应用开发中，通常优先考虑采用开发和优化提示的方式来实现需求。因为相较于微调，上下文学习具有以下优势。

（1）更轻量。从模型的知识角度来看，一个模型的知识来自它的预训练和微调过程。然而，由于这两个过程的成本较高，很难实时进行，导致模型的知识会过时。例如，ChatGPT 只知道 2021 年 9 月之前的事实。通过上下文学习，模型可以实时获取知识，成本几乎为零。另外，模型微调需要大量的标注数据，而标注问答对本身就是一项繁重的工作。相比之下，精心构造上下文示例要容易得多。

（2）更灵活。微调的方式是为每个任务训练一个模型，这就导致了它缺乏灵活性。虽然后来出现了类似适配器（adapter）的机制，对原有架构进行了改进，但总的来说，与简单修改提示相比，复杂度完全不在一个级别上。

（3）更可控。对于大模型而言，让其理解行业知识的方法之一是通过微调以问答对的方式注入知识。这种方法虽然可以改变模型的概率分布，提高零示例情况下的效果，但并不能直接约束模型是否使用这些知识，也很难进行精细的操作。另一种方式是将知识以上下文的形式放入提示中，让大模型仅基于提示中的上下文背景信息进行推理。从信息来源的角度来看，这种方式更加可控。

（4）更经济。微调的成本远高于推理的成本。此外，微调还有潜在的流程和技术要求，增加了使用的成本。

可以看出，上下文学习将成为未来训练大模型的首选方式。基于上下文学习，还衍生出了许多大模型应用的架构。可以说，提示是大模型的灵魂，一切应用都围绕着它来构建。然而，微调本身也具有价值和适用场景，它能够针对特定领域和专有任务进行专门的优化，在一些垂直领域能够显著提高模型的性能。而模型本身已经学习了任务的范式，无须受限于上下文窗口的长度，因此可以减少重复的标记，完成更多可能的任务。

2. 劣势

虽然上下文学习有诸多优势，但它本身也存在一些劣势。一方面是结构性的问题，另一方面是发展阶段的问题。

1）提示受到上下文窗口长度的约束

上下文学习受限于模型结构，它的计算复杂度为 $O(n^2)$，导致上下文窗口长度很难快速提高，对算力的消耗是巨大的。不过，当下这一问题在领域内有所突破，麻省理工学院、Meta AI 和卡内基梅隆大学研究人员联手，开发了让语言模型能够处理无限长度流媒体输入的框架 StreamingLLM[11]。该框架的工作原理是识别并保存模型固有的"注意力池"（Attention Sinks），锚定其推理的初始 Token。结合 Token 的滚动缓存，StreamingLLM 的推理速度提高了 22 倍，而不需要牺牲任何准确性。

经研究团队实验证实，StreamingLLM 能够让 LLaMA 2、MPT、Falcon 和 Pythia 可靠地处理多达 400 万个 Token 的文本。使用专为注意力下沉设计的 Token 进行预训练，可以进一步提高模型的流媒体运算性能。重要的是，StreamingLLM 让语言模型预训练窗口大小与实际文本生成长度脱钩，为流媒体应用的语言模型部署提供了更多可能性。

2）提示撰写存在技巧、撰写烦琐、输出不稳定

不同的提示，即使是表述上的细微差异，也会导致大模型的性能表现存在显著差异。因此，每次修改提示都需要精心地组织和验证，并且需要防止可能的非预期失败。随着大模型技术的发展，这类问题会逐步得到解决。但当下对用户及开发者来说仍是一个很大的挑战。如何能够更好地解决这类问题呢？对于普通用户，可以参考社区提供的提示模板及写作技巧，对于应用开发者，可以使用一些成熟的应用开发框架，如 LangChain 和 LlamaIndex 等。这些框架对提示进行了封装，开发者可以默认使用框架自带的优质提示。此外，社区也提供了一些可以稳定输出的框架，如 Guidance 和 TypeChat 等。

3）上下文学习的安全和权限隔离

在当前的大模型技术水平下，安全性是阻碍大模型在真实场景中落地的重要问题。虽然提示是自然文本，非常容易构造，但基于提示驱动大模型的运作机理尚未被研究清楚，如何保证大模型不被不法分子利用和攻击成了一个难题。

目前，提示攻击是一个非常令模型服务者头疼的问题。如著名的"奶奶漏洞"，诱骗大模型给出汽油弹的制作方法。提示攻击通过精心设计的提示，欺骗大模型执行非预期的操作。提示攻击主要分为三种类型：提示注入、提示泄露和越狱。

（1）提示注入。将恶意或非预期内容添加到提示中，以劫持语言模型的输出。提示泄露和越狱实际上是这种攻击的子集。

（2）提示泄露。从大模型的响应中提取敏感信息或保密信息。

（3）越狱。绕过安全和审查功能。

防御提示攻击有很多种可能的做法，如屏蔽和替换一些关键词，封装改写提示，如随机序列封装、三明治防御和 XML 封装防御等。业内也存在中间层框架来防止提示攻击，例如 Rebuff，开发者可以直接使用。

由于大模型无法直接处理权限层面的问题，所以需要在外部加强权限粒度的管控，在检索增强生成应用里可以通过上下文的方式，将用户有权限的内容提供给大模型，而不需要大模型将其潜在的数据输出，以减少可能的敏感数据泄露。此外，需要在数据源层面进行硬隔离，并进行二次检查以解决数据权限访问的问题。

4.3.3 应用流程

构建大模型应用的基本流程与构建机器学习应用有很大的不同。在构建机器学习应用的过程中，核心在于如何以数据为中心构建训练和推理过程，每个场景都涉及完整的全过程。在构建大模型应用时，虽然也包含模型训练、微调等过程，但由于大模型具备很强的通用性，加之训练的复杂性和高昂的成本，因此通常不会从零训练大模型，而是采用开源的模型加上领域内具体的标注数据加以微调，或者在社区下载已微调好的模型，例如 HuggingFace；或者选择更轻量级的方式，直接采用外部的模型服务接口，如 ChatGPT、Claude 等。值得一提的是，对于大模型应用开发者来讲，基于这些开放的云服务接口进行开发，能够大大地提升开发效率，避免被一些细枝末节的事情打扰。图 4-15 所示为机器学习应用和大模型应用的构建流程对比。

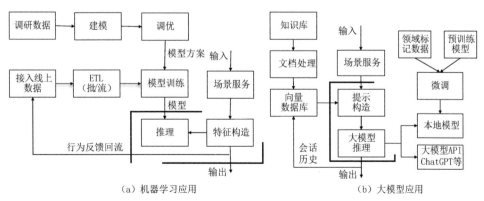

（a）机器学习应用 （b）大模型应用

图 4-15 机器学习应用和大模型应用的构建流程对比

4.4　本章小结

本章从宏观角度出发，介绍了大模型应用开发涉及的关键概念、产品技术趋势和常见的产品形态。从技术实现的角度介绍了微调和上下文学习的相关知识，以及构建大模型应用的基本流程。

在接下来的章节里，将深入探讨开发一个大模型应用涉及的常见技术，包括文档处理、写入向量数据库、微调、部署推理、提示工程和编排集成，以及预训练和基于人类反馈的强化学习等技术。

文档处理

在大模型训练与应用开发过程中，经常需要与文本内容打交道。如图 5-1 所示，以最常见的检索增强应用为例，最基本的文档处理流程是首先将文档内容进行分块（Chunking），形成一个个的文档块（Chunk），然后将这些文档块分割成一个个的 Token，最后将这些 Token 嵌入（Embedding），以向量格式存储在向量数据库中，以便检索时使用。

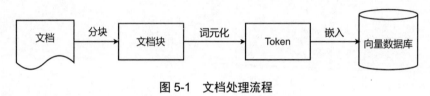

图 5-1　文档处理流程

5.1　分块

在处理大段文本时，受限于大模型接受的提示长度，以及召回内容的有效信息密度，通常需要对文档进行分块。所谓分块，是将文本拆分为更小、更同质的单元。分块的作用是确保嵌入的内容尽可能少地包含噪声，保持语义相关性，从而优化向量数据库返回内容的相关性，以便更好地被大模型处理。例如，在语义搜索中，会对一个文档语料库进行索引，每个文档都包含特定主题的有价值的信息。采用有效的分块策略，可以确保搜索结果准确捕捉到用户查询的实质内容。如果分块过小或过大，就可能导致搜索结果不精确或错过与查询相关的内容。根据经验，如果一个文本块即使没有周围的上下文，对人来说仍是有意义的，那么这个文本块对大模型来说通常也是有意义的。

5.1.1　分块的作用

从检索相关性的角度来看，直接嵌入大段的文章内容更有利于召回更相关的内容。这种做法不仅可以考虑词组、句子字面的意思，还能够关注上下文的信息，也可以考虑文本中句子和短语之间的关系，从而产生更全面的向量表征，捕捉到更广泛的文本含义和主题。同时，较大的文本也可能引入噪声或削弱单个句子或短语的重要性，使得在查询索引时更难找到精确的匹配项。较大的文本通常包含多个观点或主题，这可能会减弱语块与特定查询的相关性。查询的长度也会影响嵌入之间的关系。一个较短的查询（如一个句子或短语）集中于具体内容，可能更适合与句子级向量进行匹配。跨度超过一个句子或段落的较长查询可能在寻找更广泛的上下文或主题，更适合与段落级或文档级向量进行匹配。可以看出，这与人类理解有相似之处，背景信息既不能太少，也不能太多。

与此同时，索引可能是非同质的，包含不同大小的块的嵌入，这可能会给查询结果的相关性带来挑战，但也可能产生一些积极的影响。一方面，由于长内容和短内容的语义表征之间存在差异，查询结果的相关性可能出现波动。另一方面，因为不同的块大小代表了不同的文本粒度，所以非同质索引有可能捕捉到更广泛的上下文和信息。这种方法可以更灵活地适应不同类型的查询。

除此之外，分块有助于降低工程实现复杂度，提升处理效率，例如可以降低内存消耗，提高并行度和结果可解释性等。

因此，为语料库中的文档找到最佳的块大小对于确保搜索结果的准确性和相关性至关重要。

5.1.2　分块的策略

1. 分块需要考虑的因素

在进行分块时，需要针对不同的文档内容采取相应的策略，以优化分块的效果。下面是一些常见的考虑因素。

- 文本类型及大小，例如一篇文章、博客或推文是 Markdown 格式，还是网页格式。
- 检索查询的长度和复杂程度，例如是简短的问题，还是包含复杂的背景信息。
- 具体使用的嵌入模型在何种大小的文本块上表现最佳。例如 sentence-transformer 上的模型在单个句子上的效果很好，但像 text-embedding-ada-002 之类的模型在包含 256 或 512 个标记的文本块上效果更好。
- 具体使用场景，例如用于语义搜索、问题解答、摘要或其他目的，以及最终检索的文本块提交给大模型后，大模型的上下文窗口与之匹配的情况。
- 资源限制，例如在分块时，算力及内存的一些约束也会对分块大小有限制。

分块策略需要考虑多种因素，在实际处理过程中需要结合具体情况综合分析。

2．常见的文本分块方法

在具体的分块方法方面，可以结合复杂度和效果进行选择。

（1）固定大小分块。这是最常见、最直接的分块方法。只需确定分块中标记的数量，并选择它们之间是否应该有重叠。一般来说，我们希望在分块之间保留一些重叠，以确保语义上下文不会在分块之间丢失。在大多数情况下，固定大小的分块是最佳选择。与其他形式的分块方法相比，固定大小分块方法的计算成本低、使用方法简单，因为它不需要使用任何 NLP 库。例如，下面使用 LangChain 对文本进行分块，分块大小为 256 个 Token。

```
text = "..." # your text
from langchain.text_splitter import CharacterTextSplitter
text_splitter = CharacterTextSplitter (
    separator = "\n\n",
    chunk_size = 256,
    chunk_overlap = 20
)
docs = text_splitter.create_documents ([text])
```

在固定大小分块方法基础上，衍生出内容定义分块算法、滑动窗口分块算法和两阈值两除法分块算法。固定大小分块算法将文本分割成大小相同的块，而不考虑内容。这种方法简单快捷，但由于存在边界偏移问题，重复数据删除效率较低。内容定义分块算法根据内容的某些特征（如标点符号或哈希值）分割文本。这种方法可以更高效地删除重复数据，但需要更多的计算和存储资源。滑动窗口分块算法在文本上滑动一个窗口，并在满足特定条件时标记一个块边界。这种方法可以适应不同的数据特征，但可能会生成不同大小的文本块。两阈值两除法分块算法使用两个不同的阈值和除数将文本分成两个层次：粗粒度块和细粒度块。这种方法可以在重复数据删除效率和计算成本之间取得平衡。

（2）句子级分块。以句子的粒度进行拆分，最简单的方法是用句号（"."）和新行分割句子。这种方法虽然既快速又简单，却没有考虑到所有可能的问题。为了解决这一问题，可以使用一些 NLP 技术感知文本内容的语义，从而更好地保留所产生的语块的上下文。LangChain 内置了很多句子拆分的工具包，例如 NLTK 和 spaCy，使用方法如下。

```
text = "..." # your text
from langchain.text_splitter import NLTKTextSplitter
text_splitter = NLTKTextSplitter ()
docs = text_splitter.split_text (text)
```

（3）递归分块。递归分块法使用一组分隔符，以分层和迭代的方式将输入文本分成较小的块。如果初次尝试分割文本时没有产生所需的大小或结构的分块，则该方法就会使用不同的分隔符或标准对产生的分块进行递归调用，直到达到所需的分块大小或结构。这意味着虽然分块的大小不会完全相同，但它们仍会倾向于达到相似的大小。在 LangChain 中的使用方法如下。

```
text = "..." # your text
from langchain.text_splitter import RecursiveCharacterTextSplitter
text_splitter = RecursiveCharacterTextSplitter (
    #设置一个非常小的块大小，只是为了展示
    chunk_size = 256,
    chunk_overlap = 20
)

docs = text_splitter.create_documents ([text])
```

（4）特定格式的分块。针对特定格式的文本，如 Markdown 和 LaTeX，保留内容的原始结构，例如识别 Markdown 语法或解析 LaTeX 命令和环境。下面是 Markdown 示例。

```
from langchain.text_splitter import MarkdownTextSplitter
markdown_text = "..."

markdown_splitter = MarkdownTextSplitter (chunk_size=100, chunk_overlap=0)
docs = markdown_splitter.create_documents ([markdown_text])
```

除上面常见的分块方法外，学界还在探索其他方法，例如语义聚类分块方法，利用文本中蕴含的内在含义来指导分块。这些方法可能会利用机器学习算法辨别上下文，并推断文本的自然划分方法。

另外，网络上也提供了一些分块策略可视化的工具，例如 GitHub 中的 ChunkViz 项目，可以从中直观地了解分块的效果，图 5-2 所示为分块可视化。

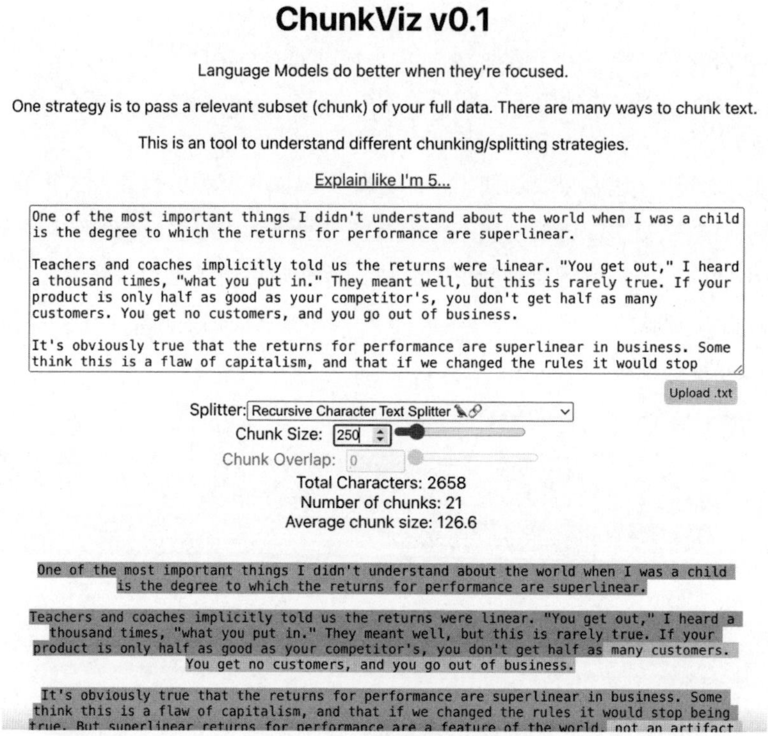

ChunkViz v0.1

Language Models do better when they're focused.

One strategy is to pass a relevant subset (chunk) of your full data. There are many ways to chunk text.

This is an tool to understand different chunking/splitting strategies.

Explain like I'm 5...

> One of the most important things I didn't understand about the world when I was a child
> is the degree to which the returns for performance are superlinear.
>
> Teachers and coaches implicitly told us the returns were linear. "You get out," I heard
> a thousand times, "what you put in." They meant well, but this is rarely true. If your
> product is only half as good as your competitor's, you don't get half as many
> customers. You get no customers, and you go out of business.
>
> It's obviously true that the returns for performance are superlinear in business. Some
> think this is a flaw of capitalism, and that if we changed the rules it would stop

Upload .txt

Splitter: Recursive Character Text Splitter ✎

Chunk Size: 250

Chunk Overlap: 0

Total Characters: 2658
Number of chunks: 21
Average chunk size: 126.6

> One of the most important things I didn't understand about the world when I was a child
> is the degree to which the returns for performance are superlinear.
>
> Teachers and coaches implicitly told us the returns were linear. "You get out," I heard a
> thousand times, "what you put in." They meant well, but this is rarely true. If your
> product is only half as good as your competitor's, you don't get half as many customers.
> You get no customers, and you go out of business.
>
> It's obviously true that the returns for performance are superlinear in business. Some
> think this is a flaw of capitalism, and that if we changed the rules it would stop being
> true. But superlinear returns for performance are a feature of the world, not an artifact

图 5-2　分块可视化

5.1.3　策略选择

针对不同的分块方法，可以设置多种策略，需要对策略进行评估，从而找到最佳选项。以最常见的固定分块方法找出合适分块大小为例，整个过程大致分为三步。

（1）预处理数据。在确定应用程序的最佳块大小之前，需要预处理数据以确保质量。例如，如果数据是从网络上获取的，就需要移除 HTML 标签和内容噪声，如广告。

（2）选择一定范围的块大小。完成数据预处理后，下一步就是选择一定范围的潜在块大小进行测试。如前所述，选择时应考虑内容的性质（如短信息或长文档）、嵌入模型及其功能（如标记限制），目的是在保留上下文和保持准确性之间找到平衡。首先要探索各种块的大小，包括用于捕获更细粒度的语义信息的较小块（如 128 个或 256 个 Token）和用于保留更多上下文的较大块（如 512 个或 1024 个 Token）。

（3）评估每种分块大小的性能。为了测试分块大小的性能，可以在向量数据库中使用多个索引或具有多个命名空间的单个索引。使用具有代表性的数据集，为要测试的数据块大小创建嵌入，并将其保存在索引（或多个索引）中。随后，可以运行一系列可以评估质量的查询，并比较不同块大小的性能。在迭代的过程中，需要针对不同的查询测试不同的块大小，直到能根据内容和预期查询确定性能最好的块大小。

分块为保证后续步骤检索质量奠定了基础，但经过上面的介绍可以看出，分块本身是一个权衡的产物，再好的策略也无法做到"有百利而无一害"。为了摆脱分块带来的负面影响，需要一些全局化、系统化策略，协同提高生成质量（如 LlamaIndex 等框架为文本块增加描述性元数据），以及精心设计索引结构（如 treeindex 等），进而解决因为分块导致的跨文本块的上下文丢失问题。

5.2　词元化

Token（词元）是大模型应用中最基本的概念，它作为模型的原始输入，是语义风格的最小单位，很多问题都围绕它展开。对于大模型来讲，外部的输入或者训练的数据都是文本或者文档，而将文本或文档 Token 化的过程被称为词元化（Tokenization），即将一段文本分割成单个的词语或标记的过程。

5.2.1　概念和方法

词元化是大模型的基础，通过将文本分解成更小的、可管理的单元，大模型可以更有效地处理和生成文本，降低计算复杂度，减少内存。词元化通过适应不同的语言、特定领域的术语，甚至新兴的文本形式（如互联网俚语或表情符号），具备了灵活性。这种灵活性允许大模型处理范围广泛的文本，增强了它们在不同领域和用户上下文中的适用性。

OpenAI 创始成员 Andrej Karpathy 离职后第一个对外开源的教学项目 minbpe 就是开发一个 tokenizer，这也体现了词元化是认识大模型的第一步。在传统的 NLP 研究中，基于词的词元化是主要方法，它更符合人类的语言认知方式。然而，基于词的切分会对某些语言的相同输入产生不同的分词结果（如中文分词），生成包含许多低频词的巨大词汇表，还会受到"词典外"问题的困扰。因此，一些深度学习模型使用字符作为最小单位来推导出词的表征。虽然可以使用现有的通用分词器，但使用专门针对预训练语料库设计的分词器更好，尤其是对于由不同领域、语言和格式组成的语料库，如专门用于预训练分词的 SentencePiece 库。代表性的分词方法有以下三种。

1．字节对编码分词

字节对编码（Byte-Pair Encoding，BPE）最初于 1994 年被提出，作为一种通用的数据压缩算法，后来被改造用于 NLP 分词。它从一组基本符号（例如字母和边界字符）开始迭代合并，在每次合并时，它会选择连续标记中出现频率最高的字节对合并，直到达到预期的大小。此外，BPE 已被用于通过将字节视为合并的基本符号来提高多语言语料库（例如包含非 ASCII 字符的文本）的标记化质量。采用这种标记化方法的代表性语言模型包括 GPT-2、BART 和 LLaMA。

2．WordPiece 分词

WordPiece 是谷歌内部的一种词内分词算法，最初由谷歌在开发语音搜索系统时提出。然后它被用于 2016 年的神经机器翻译系统中，并于 2018 年被采纳为 BERT 的词分词器。WordPiece 与 BPE 的思想非常相似，都是通过迭代合并连续的 Token 来实现的，但合并的选取标准略有不同。为了进行合并，它首先训练一个语言模型，并用该语言模型对所有可能的字节对进行评分，然后在每次合并中选择导致训练数据似然性增加最多的字节对。

3．一元分词

与 BPE 和 WordPiece 不同，一元分词（Unigram Tokenization）从语料库中足够长的可能子字符串或子 Token 集合开始，反复删除当前词表中的 Token，直到达到预期的词表大小。作为选择标准，它计算出假设从当前词表中删除某个 Token 后，训练语料库似然度增加的幅度。此步骤基于训练好的一元分词模型进行。在构建一元分词模型过程中，采用了期望最大化（Expectation Maximization，EM）算法评估模型参数：在每次迭代中，首先根据旧的语言模型找到单词的当前最优标记（分词）方法，然后重新估计单字的概率以更新语言模型。在此过程中，动态规划算法（Viterbi 算法）用于根据语言模型有效地找到单词的最优分解方式。采用此分词方法的代表性模型包括 T5 和 mBART。

由此可知，Token 可以是一个单词、一个词根或一个标点等。在 OpenAI 的官网上可以直观地看到一段文本被拆分成什么样，以及对应的嵌入值是什么，如图 5-3 所示。

一段文本具体被拆分成多少个 Token，会随拆分算法不同而不同。在 OpenAI 的 GPT-3.5、GPT-4 模型中，对于英文输入，一个 Token 一般对应 4 个字符或者四分之三个单词；对于中文输入，一个 Token 一般对应一个或半个词。不同模型有不同的 Token 限制。需要注意的是，这里的 Token 限制是输入的提示和输出的 Token 数之和，因此输入的提示越长，能输出的上限就越低，需要合理地规划模型的输入和输出。这里有一个有趣的问题，吴恩达教授在他的课程里提到一个让大模型做字符串翻转的问题（最初为 GPT-3.5 版本），错误的字符串翻转结果如图 5-4 所示。

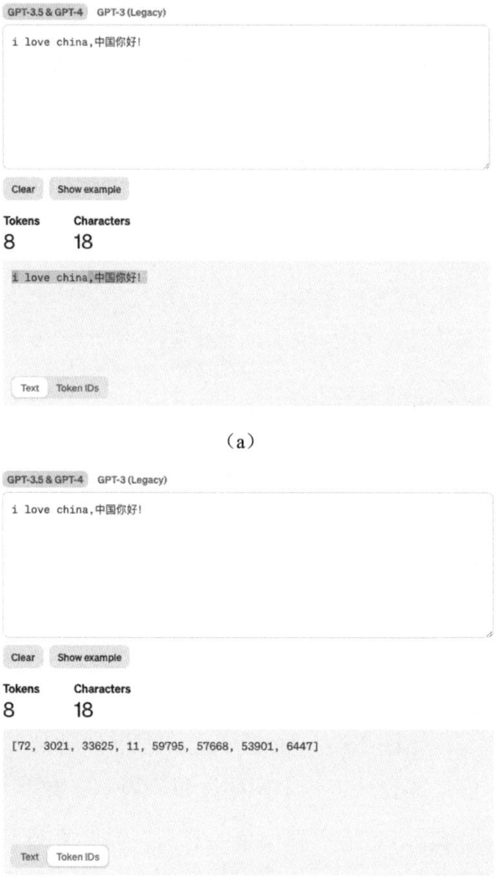

（a）

（b）

图 5-3　OpenAI 分词示例

```
response = get_completion("Take the letters in lollipop \
and reverse them")
print(response)
```

ppilolol

图 5-4　错误的字符串翻转结果

大模型的返回是不符合预期的，但是如果知道 Token 的拆分原理，通过使用给其加连字符"-"的拆分小技巧，就能获得正确答案，如图 5-5 所示。

```
response = get_completion("""Take the letters in \
l-o-l-l-i-p-o-p and reverse them""")
print(response)
```

```
p-o-p-i-l-l-o-l
```

图 5-5　正确的字符串翻转结果

通过这个例子可以直观地看出，大模型在生成内容时实际上是一直在根据概率进行预测，但是它预测的不是单词，而是 Token，也正是这一原因导致模型无法正确翻转图中的字符串。

在开发中可以使用 OpenAI 开发的 tiktoken 库进行拆分。

```
import tiktoken
encoding = tiktoken.get_encoding("cl100k_base")
encoding = tiktoken.encoding_for_model("gpt-3.5-turbo")
#转 Token
encoding.encode("AI 工程化")
#将 Token 变成 string
[encoding.decode_single_token_bytes(token) for token in [15836, 49792, 39607, 33208]]
```

当然，HuggingFace 上也有很多分词的模型可供使用。

5.2.2　Token 采样策略

预训练模型擅长"文字接龙"，而其接龙的内容就是下一个 Token。预训练的训练过程是基于上下文记忆下一个 Token 的概率，推理过程则是寻找下一个概率最大的 Token。在每一步中，模型都会给出一个概率分布，表示它对下一个单词的预测概率。

为了生成多样化的内容，满足不同场景的需求，需要采用不同的采样策略来调控生成文本的多样性和质量。

常见的采样策略包括以下几种。

1. 贪婪搜索

贪婪搜索（Greedy Search）简单直接，它选择分布中概率最大的 Token 作为解码出来的词。然而，这种方法总是选择概率最大的词，所以容易生成很多重复的句子。

2. 集束搜索

集束搜索（Beam Search）是对贪心策略的改进，其思路也很简单，就是放宽了考察的范围：在每个时间步，不再只保留当前分数最高的 1 个输出，而是保留 num_beams

个输出。当 num_beams=1 时，集束搜索就变成了贪婪搜索。这样做不仅关注当下的策略，在一定程度上也保证了最终得到的序列概率最优，但仍可能生成空洞、重复或前后矛盾的文本。

3．top-k 采样

从 Token 中选择 k 个作为候选项，根据它们的似然分值采样模型从最可能的 k 个选项中随机选择一个。如果 $k=3$，则模型将从最可能的 3 个单词中选择 1 个。这种方法的好处是不再只选择第一名，而是选择一个区间，从而增加了更多 Token 被选中的可能性。因此，k 设置得越大，生成的内容越随机；k 设置得越小，生成的内容越固定。显然，在这种情况下很难确定 k 值，如果设置得过小，则可能错过与上下文最相关的 Token，而如果选择一些常见但没有实际意义的词，则会导致内容缺乏多样性。

4．top-p 采样

top-p 采样也叫作核采样（Nucleus Sampling），为了避免上面提到的 top-k 采样的问题，top-p 采样不再选择一个固定的 k，而是选择一个概率阈值 p，确保所选集合中的 Token 的概率总和至少为 p，并且集合的数量是动态的。top-p 采样方法可与 top-k 采样方法结合使用，每次选取二者中最小的采样范围进行采样，可以减少在预测分布过于平坦时采样到极小概率单词的概率。

5．温度采样

温度采样利用了热力学概念的形象表示：温度越高，粒子随机运动越激烈。在模型中，可以将嵌入值作为粒子，通过将 Token 的嵌入值除以温度来实现温度采样，然后将其输入 Softmax 函数中进行归一化，形成采样概率。这样处理后，温度越低，概率分布差距越大，越容易采样到概率大的词。温度越高，概率分布差距越小，从而增加了采样到低概率词的机会。最终效果是在较低的温度下，模型更具有确定性，而在较高的温度下，模型更加不确定。

温度采样配置的参数值与场景有关，常见场景的推荐温度值如表 5-1 所示。

表 5-1　常见场景的推荐温度值

场　　景	温　　度	top-p	描　　述
代码生成	0.2	0.1	生成遵循已建立的模式和约定的代码。输出更具有确定性和专注性。用于生成语法正确的代码
创意写作	0.7	0.8	生成富有创意和多样性的故事讲述文本。输出更具探索性，受模式约束较少

（续表）

场　　景	温　　度	**top-*p***	描　　述
聊天机器人回应	0.5	0.5	生成既具连贯性，又具多样性的对话回应。输出更自然，更吸引人
代码注释生成	0.3	0.2	生成更有可能简洁且相关的代码注释。输出更确定，更遵循约定
数据分析脚本编写	0.2	0.1	生成更可能正确且高效的数据分析脚本。输出更确定，更专注
探索性代码编写	0.6	0.7	生成探索替代解决方案和创新方法的代码。输出受已有模式的约束较少

可以在 OpenAI 网站体验不同温度值对于补全的影响，当温度为 0 和 1 时，句子补全的差异如图 5-6 所示。

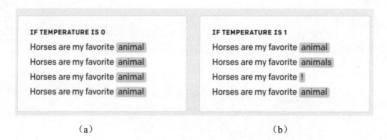

（a）　　　　　　　　　　　　　　　　（b）

图 5-6　不同温度值下句子补全的差异

5.3　嵌入

嵌入（Embedding）是一种将离散型变量（如单词、类别标签等）映射到连续型向量空间中的技术。这种映射使原本在离散空间中难以度量的相似度和关系，可以在连续空间中找到表示。嵌入在自然语言处理、推荐系统和图神经网络等领域有广泛的应用。嵌入的核心作用就是将 Token 序列变成向量，并使距离相近的向量对应的词有相近的含义，且能够方便机器计算。因此，向量是模型的"沟通语言"，嵌入是对数据的压缩，并且压缩的过程参考了语义和领域知识，便于相似性计算，可谓"万物皆可 Embedding"。在 AI 1.0 时代，特征嵌入已经被广泛使用，并取得了很好的效果。

在自然语言处理中，词嵌入（Word Embedding）是一种常见的技术。通过词嵌入，可以将词汇表中的每个单词表示为一个定长的连续向量。这些向量可以捕捉单词之间的语义和句法关系。Word2Vec、GloVe 和 FastText 是构建单词嵌入的一些常用方法。嵌入的主要优点如下。

首先是降维，嵌入可以将高维的稀疏表示（如独热编码）映射到低维的连续空间，降低计算复杂度和存储需求。

其次是语义关系，嵌入可以捕捉到数据中的潜在结构和关系。例如在单词嵌入中，语义相似的单词在向量空间中彼此靠近。

最后是可微性，嵌入是连续的，因此可以很容易地与其他机器学习模型（如神经网络）结合，并通过梯度下降等优化算法进行训练。

需要注意的是，嵌入通常需要大量的数据和计算资源，以捕捉到足够丰富的信息。此外，嵌入表示可能损失一些原始数据中的信息，因此在某些任务中可能不是最佳的选择。

在大模型应用中，特别是在检索增强生成和 Agent Memory 实现方面，嵌入起着非常重要的作用。对于以检索增强生成为代表的大模型应用，其生成质量除了取决于大模型本身，更重要的是检索能力。基于向量相似性检索是这类系统中最重要的技术之一。决定向量检索准确性的核心是嵌入模型的能力，即文本转换成嵌入向量是否准确。在具体应用中，使用嵌入模型的方式有以下两种。

1．直接使用 OpenAI、CoherEmbeddings 等云服务的接口

这种方式使用简单、按量付费，适合不考虑私有化的应用使用。以 OpenAI 为例，OpenAI 第三代向量大模型 text-embedding-3 包括两个版本，分别是 text-embedding-3-small 和 text-embedding-3-large。其中，前者是规模较小但效率很高的模型，前一版模型是 2022 年 12 月发布的 text-embedding-ada-002。后者是规模更大的版本，最高支持 3072 维度的向量。text-embedding-3 是目前 OpenAI 最强大的向量大模型，比第二代的模型强很多，在 MIRACL 和 MTEB 上的得分都有提升，其使用方法也比较简单，可参考如下调用方法。

```python
from openai import OpenAI
client = OpenAI ()

def get_embedding (text, model="text-embedding-3-small"):
    text = text.replace ("\n", " ")
    return client.embeddings.create (input = [text],
model=model) .data[0]. embedding

df['ada_embedding'] = df.combined.apply ( lambda x: get_embedding ( x,
model='text-embedding-3-small'))
df.to_csv ('output/embedded_1k_reviews.csv', index=False)
```

除一些嵌入模型供应商的 API 服务外，也可以从 HuggingFace 等网站下载训练好的嵌入模型，在本地使用。这种方式适合本地私有化或者不愿意依赖外部接口的开发者使用，使用方法参考如下。

```
from langchain.embeddings import LlamaCppEmbeddings
llama = LlamaCppEmbeddings (model_path="/path/to/model/ggml-model-q4_0.bin")
text = "This is a test document."
query_result = llama.embed_query (text)
```

2. 自己训练嵌入模型并使用

上面提到的嵌入可以反映语义，直接使用云服务或者训练好的模型，这些领域的知识并没有反映在模型里，因此在一些垂直的专业领域可能效果不佳。这时可以通过提供一个本地训练嵌入模型的开源库 Text2Vec 来解决，它实现了 Word2Vec、RankBM25、BERT、Sentence-BERT、CoSENT 等多种文本表征和文本相似度计算模型。Text2Vec 还在文本语义匹配（相似度计算）任务中比较了这些模型的效果。下面介绍几个效果出色且可以训练自己嵌入模型的项目。

1）Text2Vec

Text2Vec 是一种经典的嵌入模型。下面是针对中文进行微调的模型，开发者可以在此基础上进一步微调自己的领域模型。

- CoSENT+MacBERT+STS-B、shibing624/text2vec-base-chinese。
- CoSENT+LERT+STS-B、1024 维的 text2vec-large-chinese 和 768 维的 text2vec-base-chinese。

如图 5-7、图 5-8 所示为 text2vec-base-chinese 的效果展示。

图 5-7　text2vec-base-chinese 的效果展示（1）

图 5-8 text2vec-base-chinese 的效果展示（2）

2）Jina Embedding

Jina Embedding 是一种开源文本嵌入模型，能够容纳长达 8192 个 Token 的上下文。该模型基于改进的 BERT 架构，避开了位置嵌入，采用双向 ALiBi 斜率捕获位置信息。Jina Embedding 具有以下特点和优势。

（1）支持 8K Token 的超长文本处理。该模型能够处理长达 8192 个 Token 的文本，在处理更长的文本段落方面具有显著优势。

（2）双语无缝对接。能够流畅地处理中英文文本，无论是作为搜索查询还是目标文档，都为多语言应用奠定了坚实基础。

（3）高效紧凑的模型结构。模型以轻巧和高效著称，无须依赖 GPU。

（4）性能优越。在大规模文本嵌入基准排名中表现出色，超越了同类模型在自然语言处理任务中的性能。

（5）多领域应用。适用于法律文件分析、医学研究、文学分析、财务预测和对话式 AI 等多个领域。

Jina Embedding 提供了众多版本，其中也包含中英双语版本。

- jina-embeddings-v2-small-en：具有 3300 万个参数。
- jina-embeddings-v2-base-en：具有 1.37 亿个参数。
- jina-embeddings-v2-base-zh：具有 1.61 亿个参数，中英双语模型。
- jina-embeddings-v2-base-de：具有 1.61 亿个参数，德英双语模型。
- jina-embeddings-v2-base-es：西（班牙）英双语模型。

Jina Embedding 的对齐微调方法也比较简单，可以直接使用官方的 Finetuner 工具。同类模型效果比较如图 5-9 所示。

3）Nomic Embed

Nomic Embed 是 Nomic AI 开发的文本嵌入模型，支持 8192 个 Token 的序列，并声称在短文本和长文本上表现优异，超过了许多模型，包括 OpenAI 的 text-embedding- ada-002 和 text-embedding-3-small。Nomic Embed 是第一个具有长上下文长度的文本嵌入模型，完全开源，提供开放数据和开放训练代码，如图 5-10 所示。

Embedding	WithoutReranker		bge-reranker-base		bge-reranker-large		Cohere-Reranker	
	Hit Rate	MRR	Hit Rate	MRR	Hit Rate	MRR	Hit Rate	MRR
OpenAI	0.859551	0.697285	0.904494	0.819944	**0.910112**	**0.847846**	0.926966	**0.850749**
bge-large	0.786517	0.629588	0.876404	0.804213	0.876404	0.824157	0.88764	0.821255
llm-embedder	0.786517	0.57191	0.848315	0.780618	0.853933	0.80309	0.859551	0.809363
Cohere-v2	0.764045	0.533801	0.876404	0.7897	0.882022	0.821723	0.876404	0.809925
Cohere-v3	0.825843	0.635206	0.876404	0.79485	0.876404	0.822004	0.876404	0.825562
Voyage	0.842697	0.673596	0.921348	0.820693	**0.910112**	**0.841011**	0.904494	**0.832959**
JinaAI-Small	0.820225	0.625187	0.893258	0.81779	0.904494	0.836517	0.910112	0.844757
JinaAI-Base	0.842697	0.676966	0.932584	0.840918	0.938202	0.868071	0.938202	0.865075

图 5-9　同类模型效果比较

Name	SeqLen	MTEB	LoCo	Jina Long Context	Open Weights	Open Training Code	Open Data
nomic-embed-text-v1	8192	**62.39**	**85.53**	54.16	☑	☑	☑
jina-embeddings-v2-base-en	8192	60.39	85.45	51.90	☑	✕	✕
text-embedding-3-small	8191	62.26	82.40	**58.20**	✕	✕	✕
text-embedding-ada-002	8191	60.99	52.7	55.25	✕	✕	✕

图 5-10　Nomic Embed 提供开放数据和开放训练代码

该模型采用 Apache 2 许可，Nomic 已发布完整的训练数据和代码，使其完全可复制和可审计。

```
from nomic import embed

output = embed.text (
    texts=['Nomic Embedding API', '#keepAIOpen'],
    model='nomic-embed-text-v1',
    task_type='search_document'
    )

print (output)
```

除上面具有代表性的嵌入模型外，由于检索增强生成应用的普及，嵌入模型越来越受到人们的重视，很多公司提供了自家的模型，各种优化思路也被提出。例如，微软的 E5-mistral-7b-instruct，利用大模型生成了接近 100 种语言的高质量且多样化的训练数据，通过纯解码器的大模型在合成数据上进一步微调。仅依靠合成数据训练得到的文本嵌入可以媲美当前主流的业内领先（State of the Art，SOTA）模型，而用混合合成数据与真实标注数据训练完成的文本嵌入模型在 BEIR 和 MTEB 上都达到业内领先模型的效果，图 5-11 所示为 MTEB 榜单。

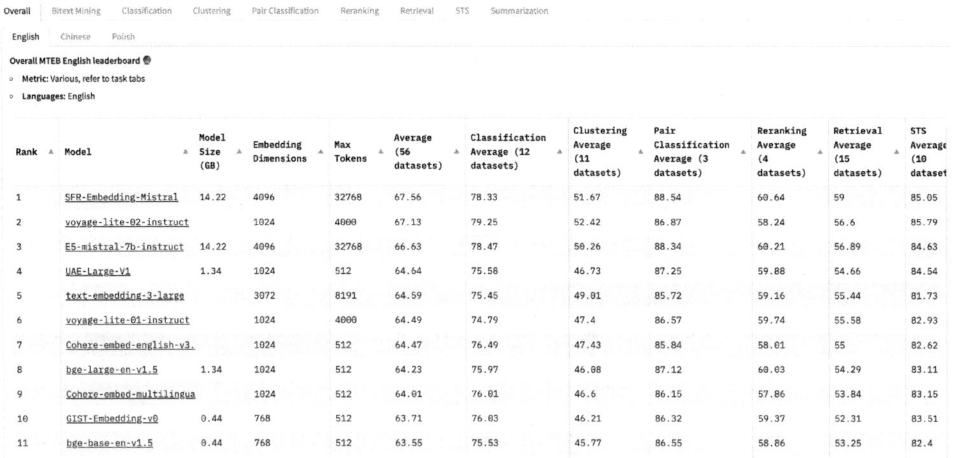

Overall Bitext Mining Classification Clustering Pair Classification Reranking Retrieval STS Summarization

English Chinese Polish

Overall MTEB English leaderboard
- Metric: Various, refer to task tabs
- Languages: English

Rank	Model	Model Size (GB)	Embedding Dimensions	Max Tokens	Average (56 datasets)	Classification Average (12 datasets)	Clustering Average (11 datasets)	Pair Classification Average (3 datasets)	Reranking Average (4 datasets)	Retrieval Average (15 datasets)	STS Average (10 dataset
1	SFR-Embedding-Mistral	14.22	4096	32768	67.56	78.33	51.67	88.54	60.64	59	85.05
2	voyage-lite-02-instruct		1024	4000	67.13	79.25	52.42	86.87	58.24	56.6	85.79
3	E5-mistral-7b-instruct	14.22	4096	32768	66.63	78.47	50.26	88.34	60.21	56.89	84.63
4	UAE-Large-V1	1.34	1024	512	64.64	75.58	46.73	87.25	59.88	54.66	84.54
5	text-embedding-3-large		3072	8191	64.59	75.45	49.01	85.72	59.16	55.44	81.73
6	voyage-lite-01-instruct		1024	4000	64.49	74.79	47.4	86.57	59.74	55.58	82.93
7	Cohere-embed-english-v3.		1024	512	64.47	76.49	47.43	85.84	58.01	55	82.62
8	bge-large-en-v1.5	1.34	1024	512	64.23	75.97	46.08	87.12	60.03	54.29	83.11
9	Cohere-embed-multilingua		1024	512	64.01	76.01	46.6	86.15	57.86	53.84	83.15
10	GIST-Embedding-v0	0.44	768	512	63.71	76.03	46.21	86.32	59.37	52.31	83.51
11	bge-base-en-v1.5	0.44	768	512	63.55	75.53	45.77	86.55	58.86	53.25	82.4

图 5-11 MTEB 榜单

2024 年，北京智源研究院发布了 BGE M3-Embedding，在参数量远少于 E5-mistral-7b 的条件下，性能领先于微软的 E5-mistral-7b 和 OpenAI 的 text-embedding-3。该模型支持超过 100 种语言，能够接受不同形式的文本输入，文本最大输入长度扩展到 4192 个 Token，并且支持稠密检索、稀疏检索和多向量检索三种不同检索方式。

最后，给大家介绍一种生产中使用的 Python 库——sentence-transformers。它就像 HuggingFace transformers 一样，可以简化模型训练和使用的方法，通过一致性的方法，开发者可以使用各种 SOTA 嵌入模型。使用方法也比较简单，以 Jina Embedding 为例。

```
!pip install -U sentence-transformers
from sentence_transformers import SentenceTransformer
from sentence_transformers.util import cos_sim

model = SentenceTransformer (
"jinaai/jina-embeddings-v2-base-zh", # 可通过修改 en/zh 切换到英文/中文
trust_remote_code=True
```

```
)

# 控制输入序列长度，最长不超过 8192 个 Token
model.max_seq_length = 1024


embeddings = model.encode ([
'How is the weather today?',
'今天天气怎么样?'
])
print (cos_sim (embeddings[0], embeddings[1]))
```

该库与 HuggingFace 的集成度较好，可以直接使用 HuggingFace 中的嵌入模型，也可以将自己的模型分享到 HuggingFace 上供他人使用，如图 5-12 所示。

图 5-12   sentence-transformers 库

5.4   本章小结

本章介绍了大模型应用开发过程中最基础的环节——文档处理，它对模型性能和大模型应用整体效果都起着重要的作用。

下一章将介绍在大模型应用中非常重要的中间件——向量数据库。通过文档处理，词嵌入存储在向量数据库中，形成知识库，以便检索使用。另外，向量数据库也可以充当大模型的"记忆体"，构建其"长期记忆"。

向量数据库

向量是模型世界的沟通语言，不论是文本，还是图片、语音、视频，都可以转化成向量，然后通过相似的模型算法进行加工处理，以便通过一套 Transformer 架构就能解决不同模态的问题。向量数据库便是围绕存储和检索产生的一类中间件产品。本章就向量数据库的概念、算法、价值、定位及主流产品等内容展开讨论，以帮助读者了解其全貌。

6.1　基本概念

向量数据的典型结构是一个一维数组，其中的元素是数值（通常是浮点数）。这些数值表示对象或数据点在多维空间中的位置、特征或属性。向量数据的长度取决于所表示的特征维度。

可以通过向量刻画某个事物，向量中每个维度值都可以表示该事物的一个特征。举例来说，可以通过三维向量刻画一只狗的三个特征——毛长、体态和脾性。拉布拉多可以表示为[0.7,0.8,0.2]，泰迪可以表示为[0.5,0.2,0.3]。随着维度的增加，对于事物的区分度会越来越精准，这也使具有相似特征的向量距离较近，从而形成聚集。这一性质可以反映事物之间的关系，即概念相近的事物会聚集在一起。同时，利用向量计算可以进行推理，例如警察与小偷、猫和老鼠的关系等，这是传统的文本表示无法做到的，如图 6-1 所示。

经过上面的介绍，可以看出向量具备强大的事物表征能力，借助向量计算可以实现一定程度的推理能力。利用这些特性，可以完成以往无法完成的任务。在自然语言领域，我们将文本切分成文本块，然后词元化，最后生成词向量。词向量可以表达文本语义，相较于文本检索，基于向量语义化的检索效果更好，这也使它成为检索增强应用的标准构成。

除了简单的本地存储和手工计算，通用的向量数据库也可以实现词向量的存储和计算。向量数据库（Vector Database）专门用于存储和处理向量数据，与传统的关系数据库或文档数据库不同，它关注的是向量之间的相似性和距离计算，以满足大规模向量数据的高效存储和查询需求。需要说明的是，向量数据库不仅可以存储文本向量，还可以将图像、音频等数据转化成向量进行存储。在大模型兴起之前，向量数据库的主要应用领域是视频图片检索，例如以图搜图。向量数据库除了具备基本的存储和查询功能，还必须具备一般中间件产品所需的特性，例如易用的开发接口、易于部署和运维管理等。向量表示如图 6-1 所示。

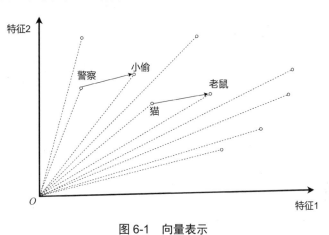

图 6-1　向量表示

6.2　相关算法

相似性计算是向量计算中最常见的一种形式。在文本检索时代，可以使用倒排索引和 tf-idf 等算法进行相关性检索。Lucene 是开源全文检索引擎库的代表，在此基础上实现的 Elasticsearch、Solr 等搜索引擎产品已成为传统检索场景服务的核心基础设施。

6.2.1　向量相似性算法

在向量检索时代，同样有向量相似性算法，包括余弦距离、欧氏距离和向量内积等。

1. 余弦距离

通过两个向量的夹角余弦值来计算相似性。当夹角为 0° 时，相似度为 1；当夹角为 90° 时，相似度为 0；当夹角为 180° 时，相似度为-1。因此，余弦相似度的取值范围为[-1,1]。

$$similarity = \cos(\theta) = \frac{\boldsymbol{A} \cdot \boldsymbol{B}}{\|\boldsymbol{A}\|\|\boldsymbol{B}\|} = \frac{\sum_{i=1}^{n} \boldsymbol{A}_i \times \boldsymbol{B}_i}{\sqrt{\sum_{i=1}^{n} (\boldsymbol{A}_i)^2} \times \sqrt{\sum_{i=1}^{n} (\boldsymbol{B}_i)^2}}$$

2．欧氏距离

欧氏距离的全称是欧几里得距离，用于度量空间上两个点之间的直线距离，空间上的点都可以看作从原点出发的向量。

$$d(x,y) := \sqrt{(x_1 - y_1)^2 + (x_2 - y_2)^2 + \cdots + (x_n - y_n)^2} = \sqrt{\sum_{i=1}^{n}(x_i - y_i)^2}$$

3．向量内积

向量内积又称数量积，是指接受在实数 R 上的两个向量并返回一个实数值标量的二元运算。两个向量 $a = [a_1, a_2, \cdots, a_n]$ 和 $b = [b_1, b_2, \cdots, b_n]$ 的点积定义为

$$a \cdot b = a_1 b_1 + a_2 b_2 + \cdots + a_n b_n$$

然而，这些算法无法面对海量的、复杂的现实世界，在庞大且复杂的向量数据中，寻找绝对的最优解的计算成本极高，有时甚至是不可行的。因此，向量数据库可以在这些基础上提出一些高效的工程实现算法。这些算法常常与使用场景有关，往往是质量、性能和资源平衡后的产物。

6.2.2　工程中常用的向量搜索折中算法

下面是一些在工程上常用的向量搜索折中算法。

1．近似最近邻搜索

近似最近邻搜索（Approximate Nearest Neighbor，ANN）用于在大规模数据集中寻找最近邻居。它的目标是在尽可能短的时间内找到与给定查询点最近的数据点，而不一定是确切的最近邻，通过牺牲质量来提高性能。

1）聚类

聚类算法的基本假设是，相较于全局搜索，可以先将数据库中的向量分组（聚类），找到最接近的分组，然后在分组中具体检索，这样可以在很大程度上降低全局匹配的计算量。例如，当在网上购物时，通常不会在所有商品中盲目搜索，而是会选择进入特定的商品分类，如"电子产品"或"服饰"，在一个更加细分的范畴内寻找心仪的商品，这样能帮用户大大缩小搜索范围。同样使用这种思路，聚类算法可以实现对这个范围的划定。例如，可以使用 K-means 算法将向量分为数个簇，当用户查询时，只需找到距离查询向量最近的簇，然后在这个簇中进行搜索。当然，聚类的方法并不一定正确。如图 6-2 所示，查询点距离空心圆圈簇的中心点更近，但实际上距离查询点最近的（最相似的）点在三角簇中。

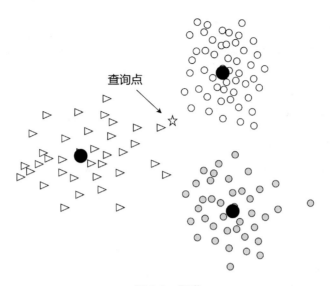

图 6-2　聚类

有一些方法可以缓解这个问题，例如增加聚类的数量，并指定搜索多个簇。然而，任何提高结果质量的方法都不可避免地会增加搜索的时长和资源成本。

如图 6-3 所示，质量和速度之间存在一种权衡关系。需要在二者之间找到一个最优的平衡点，或者找到一个适合特定应用场景的平衡点。当然，不同的算法也会对应不同的平衡点。

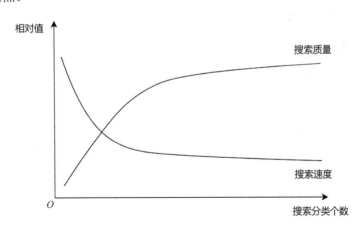

图 6-3　质量和速度之间的权衡关系

2）位置敏感哈希

沿着缩小搜索范围的思路，位置敏感哈希（Locality Sensitive Hashing，LSH）算法是另一种实现策略。在传统的哈希算法中，通常希望每个输入对应唯一的输出值，并努力减少输出值的重复。然而，如图 6-4 所示，在位置敏感哈希算法中，目标恰恰相反，需要增加输出值碰撞的概率。这种碰撞正是分组的关键，哈希值相同的向量将被分配到同一个组中，也就是同一个桶内。此外，这种哈希函数还需满足另一个条件：空间上距离较近的向量更有可能被分入同一个桶。当搜索时，只需获取目标向量的哈希值，找到相应的桶，并在该桶内进行搜索。

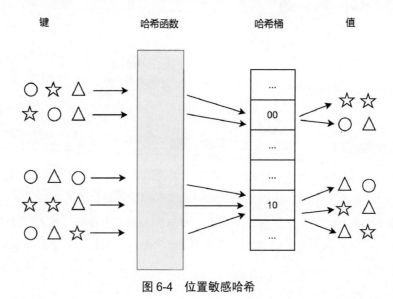

图 6-4　位置敏感哈希

2. 乘积量化

上面介绍了两种牺牲搜索质量来提高搜索速度的方法，但除搜索速度外，内存开销也是一个巨大的挑战。在实际应用场景中，向量往往有上千个维度，数据数量可达上亿条。每条数据都对应一个实际的信息，因此不可能通过删除数据来减少内存开销，唯一的选择是缩减每条数据，有一种乘积量化的方法可以实现这一点。在图像领域存在一种有损压缩的方法，把一个像素周围的几个像素合并，来减少需要储存的信息。同样地，可以在聚类的方法基础上改进，用每个簇的中心点代替簇中的数据点。

虽然这样会丢失向量的具体值信息，但考虑到聚类中心点和簇中向量的相关程度，再加上可以不断增加簇的数量来减少信息损失，所以在很大程度上可以保留原始点的信息。这样做的好处是显而易见的。如图 6-5 所示，如果给这些中心点编码，就可以通过用单个数字储存一个向量来减少存储的空间。将每个中心向量值及其编码值记录下来形成一个码本，每次使用某个向量时，只需用编码值通过码本找到对应的中心向量值。虽然这个向量已经不是当初的样子了，但问题并不大。将向量用其所在的簇中心点表示的过程就是量化。

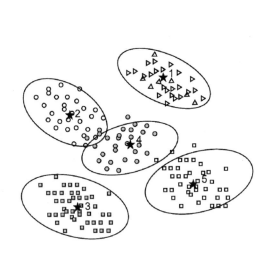

码本

编码	向量坐标
1	(2, 2)
2	(8, 9)
3	(4, 5)
4	(3, 6)
5	(7, 3)

内存

向量	编码
●	4
□	5
□	5
▷	1
■	3
○	2

图 6-5　乘积量化

但是码本又会引入额外的开销。在真实的场景中，由于存在维度爆炸的问题，更高维度中的数据分布更加稀疏，所以需要更多的聚类数量来减少丢失的细节。例如，对于一个 128 维的空间，需要 2^{64} 个聚类中心，因此最终这个码本所需的内存会变得非常庞大，甚至超过量化本身所节省下的内存。解决这个问题的方法是将高维向量分割成多个低维子向量，然后在这些低维子向量中独立量化。例如，将 128 维向量分解为 8 个 16 维的子向量，然后在 8 个独立的子空间中进行量化，形成自己的子码本，每个 16 维空间只需要 256 个聚类就可以得到不错的效果。此外，每个子码本将变得很小，即使将 8 个子码本合并在一起，仍然非常小。实际上，可以将码本大小的增长从指数模型分解为加法模型。对于 1000 万个 128 维向量，原本需要占用 4.77GB 的空间，经过乘积量化算法的处理，最终只占用 76MB 的空间，内存占用大幅减少。

最后，还可以将提高搜索速度的方法和减少内存的乘积量化法结合使用，实现速度和内存的优化。

3．导航小世界

对客户来说，内存开销可能并不是最重要的考量因素，他们更加关注应用的最终效果，即回答用户问题的速度和质量。导航小世界（Navigable Small World，NSW）算法正是一种用内存换取速度和质量的方式。这种算法的思路和"六度分割理论"类似——你和任何一个陌生人之间最多只隔六个人，也就是说，最多通过六个人，你就能够认识任何一个陌生人。我们可以将人比作向量点，把搜索过程看作从一个人找到另一个人的过程。在查询时，我们从一个选定的起始点 A 开始，然后找到与点 A 相邻且最接近查询向量的点 B，导航到点 B，再次进行类似的判断。如此反复，直到找到一个点 C，其所有相邻节点都没有比它更接近目标，这个点 C 便是我们要找的最相似的向量，如图 6-6 所示。

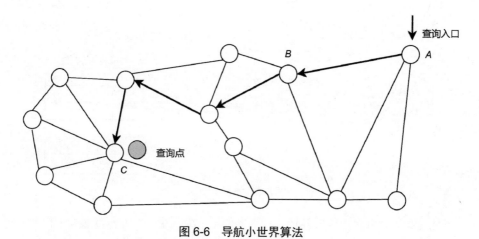

图 6-6　导航小世界算法

在实际使用时可通过 Faiss 等开源库来实现这种算法，使用 Milvus、Pinecone 等向量数据库产品，能够解决向量存储和计算的问题。

6.3　核心价值

在大模型时代，受限于模型的约束，向量数据库迎来了新的热潮。它被称作大模型的"海马体"，赋予了大模型记忆功能。在实际使用中，向量数据库起到如下作用。

1. 检索增强

为了提升返回质量，避免受到上下文窗口长度限制，并提高计算速度，大模型中引入了向量数据库作为存储，从而支持语义级别的检索召回。同时，选择相似度高的候选数据提供给大模型。

由于提示需要包含需求、背景、例子和历史等内容，在常见的检索场景中，让大模型在海量的文章里总结回答不仅受限于 Token 的大小，还会导致响应时间过长，无法满足用户需求。如果无法提高 Token 数量或提升大模型推理质量，该如何解决这一问题呢？

　　解决方案是对提示进行压缩和提炼，一种常见的做法是引入一个检索流程，增加一步粗筛召回的逻辑，缩小候选范围，从而缓解这一问题，如图 6-7 所示。

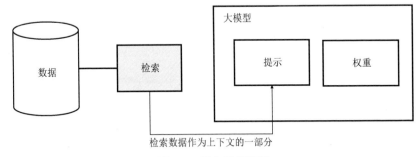

检索数据作为上下文的一部分

图 6-7　引入检索流程

　　引入这一过程还有一个明显的好处，即给大模型提供了一个发挥的范围，使其能够在更可靠的知识内容基础上进行总结和推理，在一定程度上可以避免模型在黑盒条件下的"自说自话"问题，提高输出的可信度。增加检索流程可以对提示进行检索增强生成（Retrieval Augmentation Generation，RAG），例如对接知识图谱、业务知识库等，进而提高模型输出的质量。

　　目前，业界主流的做法是采用向量检索的方式进行检索增强。开发者会有疑问：为什么要使用向量数据库？传统的文本检索方案，如 Elasticsearch 是否也能胜任？

　　实际上，结合上述分析，传统方案确实也可以胜任。大模型外围需要一个检索和存储的组件来完成检索过程，满足这一要求的方案都可以采用。但为什么大家都选择向量检索呢？

　　本质上是为了获得更好的检索效果和提高相关性。通过词嵌入，可以将一个维度的问题映射到另一个维度，在新的维度里更准确地表达它们之间的关系，如图 6-8 所示。这个过程类似于在处理信号时，将时域信号通过傅里叶变换转换到频域进行处理，可以极大地降低复杂度。

　　向量检索基于文本嵌入，在编码时就考虑了内容的相关性。在检索时，不必进行文本匹配，而是基于语义进行检索，自然可以获得更好的召回效果。通过例子就可以体会到向量语义检索和传统文本检索的差异。假设在资料库中存在与鱼搭配的葡萄酒，如果搜索词为"海鲜搭配的酒"，那么对于传统文本检索，无法检索到结果，因为"鱼"和

"海鲜"并不存在文本相关性。然而，对于词嵌入来说，海鲜和渔具有语义相关性，因此可以检索到结果。向量数据库正是存放嵌入向量并进行向量相似性计算的工具。

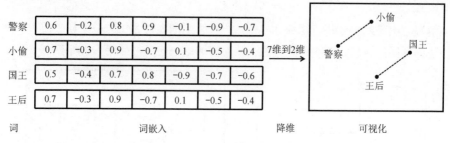

图 6-8　维度映射

从这个意义上讲，选择向量检索并不是大模型的要求，而是对召回效果和向量检索性能的要求不断提升的自然演进。因此，可以看出，未来的搜索服务将向语义检索方向发展，这是必然的趋势。

2．提升时效性

如前文所述，微调的成本和复杂度较高、耗时长，例如 ChatGPT 模型所用数据截至 2021 年 9 月，导致之后的相关问题得不到准确的答案。为了使大模型具备更好的时效性，需要借助向量数据库进行增强。向量数据库可以高频地进行索引更新，使候选数据更为新鲜，从而弥补大模型的信息时效性不足的问题。

3．提高可信度和溯源

大模型可能会"自说自话"地编造答案，为了让模型输出更可控，以及能找到回答的依据，可以让大模型基于向量数据库检索出来的资料进行回答。

4．隐私和权限问题

不是所有的数据都可以用来训练大模型，大模型也无法解决有的人能看、有的人不能看的问题。因此，作为大模型以外的基础设施，特别是对于调用云端大模型服务的模式，将自己的私有知识放在本地是很不错的方式。另外，这也便于满足类似于数据鉴权的需求，对于不同的人，提供给大模型的候选资料不同，从而避免信息泄露。

5．多轮会话的上下文存储

大模型没有记忆，导致无法记住历史信息。可以通过向量数据库保存会话历史及上下文信息，每次对话时，将之前的会话历史或者历史总结提交给大模型，能够间接帮助大模型拥有记忆，以免回答前后无关的问题。适用性更广的方法是基于向量数据库构建智能体，将其作为智能体的外部记忆，使大模型能够完成更复杂的任务。

6. 天生多模态

向量数据库统一的向量存储格式能够处理不同类型的数据源信息，例如文本、图像、音频、视频等。对于大模型来讲，模型架构也有统一的趋势，大量基于 Transformer 架构的多模态大模型出现，可以降低实现的复杂度，提高可运维性。

6.4　定位

大模型应用有一个不可回避的问题是海量的信息和有限的大模型上下文窗口长度之间存在矛盾。这与计算机一路发展遇到的内存增长落后于软件对内存需求的增长的问题类似，寄存器或内存固然拥有速度快的优势，但同时存在成本高、容量提升困难的劣势。软件开发者不得不通过很多算法和技巧，让复杂的程序在有限的空间内运行，例如早期的《超级马里奥兄弟》游戏虽然有 32 道关卡，却只占用 64KB 的空间。因此，在计算机设计上外挂硬盘非常有必要，这样就可以利用虚拟内存交换和信息持久存储缓解上述问题。对于大模型来讲，当前采用 Transformer 架构的模型存在计算的二次复杂性，其输入序列的长度难以快速提高，因为序列长度的增长带来的计算量（FLOPS）是呈指数级增长的。

提升大模型的上下文窗口长度一直是大模型提供商的突破方向。目前，主流模型的窗口长度都达到了 32KB 以上。大模型上下文窗口长度纪录不断被刷新，截至 2024 年第一季度，谷歌 Gemini 1.5、Claude3 支持 100 万个 Token，即 2048KB，月之暗面的 Kimi 支持 200 万个汉字，相当于 2～3 套《三体》全本，近 3 本《红楼梦》。

在不断增加上下文窗口长度的同时，有研究者发现在长上下文窗口的条件下存在着召回不准确的问题，出现"上下文窗口越长，模型越笨"的现象。斯坦福大学联合加利福尼亚大学伯克利分校以及 Samaya 的研究员，在一篇题为"Lost in the Middle: How Language Models Use Long Contexts"[12]的论文中提出：在多文档问题回答和键值检索这两种需要从输入的上下文中识别相关信息的任务中，随着输入的上下文长度增加，大模型性能会显著下降，如图 6-9 所示。

为了验证模型上下文窗口长度增加后对模型性能的影响，知名大模型开发者 Greg Kamradt 设计了大海捞针（Needle in the Haystack）实验。首先，研究者会在一个大型文本语料库（相当于"大海"）中随机选择一个位置，插入一个与文本内容无关的句子（事实或描述，相当于"针"）。然后，向模型提出问题，观察模型是否能够准确地从文本中提取这个隐藏的句子。实验的目的是测试模型在处理大量信息时的检索能力和准确性。Greg Kamradt 在实验中使用了 Paul Graham 的文章合集作为文本语料，并在这些文本的不同位置插入了一句话："The best thing to do in San Francisco is eat a sandwich and sit in Dolores Park on a sunny day." 然后，他针对不同长度的文本（从 1KB 到 128KB、200KB）进行了多次实验，以测试模型在不同文本长度下的表现。他已将代码开源，读者可以在 GitHub 网站搜索 "gkamradt/LLMTest_NeedleInAHaystack" 进行查阅。这个实验对于理解大模型在实际应用中处理长文本的能力非常有价值，尤其是在信息检索和问答系统等领域。通过该实验，研究人员可以更好地了解模型在面对大量数据时的局限性和潜力，该实验现已成为业内公认最权威的大模型长文本准确度测试方法。Greg Kamradt 曾利用该实验验证 Claude 2.1 模型是否真如宣称的那么优秀，发现 Claude 2.1 在上下文长度达到 90KB 后，性能就会出现明显下降，因此认为当前的上下文长度提升是"假提升"，一度引起网络热议。

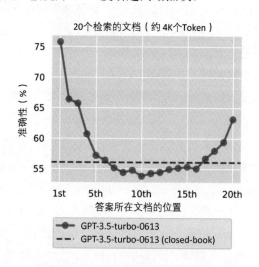

图 6-9　上下文长度增加后性能下降

现在声称自己训练出更长上下文窗口模型的公司，不得不展示自己的"大海捞针"实验表现，打消大家认为"可能作假"的疑虑。

通过前面的介绍不难看出，当前让检索生成的过程依赖大模型自身能力是不合实际的。一方面，对于海量的知识库数据来说，几百 KB 的大小实在太小了；另一方面，简单依赖模型提升召回的准确性以满足工业的性能需求也是不合适的。就像在推荐系统里的召回阶段，粗排起到的作用需要通过必要的预处理来优化，以避免精排模型无法实时处理海量排序需求的问题。因此，大模型也需要自己的外挂"硬盘"及基于"硬盘"的检索技术。

由此不难得出结论，大模型要落地，扩展上下文窗口（内存）和向量数据库（硬盘）缺一不可。上下文窗口所能容纳的信息越多，模型在生成下一个字时可以参考的信息就越多，发生"幻觉"的可能性就越小，生成的信息就越准确。向量数据库提供了海量知识的存储能力，通过一些召回技术，可将有效的信息及示例收集起来，作为上下文传递给大模型，让大模型基于可靠信息生成答案，提升回答质量。当前，检索增强生成应用之所以流行，其根本原因也在于此。

6.5　主流产品

随着大模型应用程序开发掀起热潮，向量数据库领域变得炙手可热。当前有许多候选的向量数据库可供开发者选择，大致可分为两类。

1．传统数据库通过扩展功能提供向量检索

代表产品是 PostgreSQL、Redis 和 Elasticsearch 等，这些数据库都提供向量检索功能。它们的优点是简便易用，无须引入新的服务依赖，缺点是并不完全面向向量检索而设计，因此在性能和功能方面存在一些缺陷。

（1）PostgreSQL。PostgreSQL 可通过扩展 pgvector 实现一些简单的向量计算。

（2）Redis。Redis 可通过一些扩展模块，例如 RedisAI 和 RediSearch，实现一定程度的向量数据处理和计算功能。RedisAI 更侧重于深度学习模型，支持 TensorFlow、PyTorch 和 ONNX 运行时。RediSearch 更侧重于全文检索，并支持一些基本的文本相似度度量，例如 TF-IDF 和 Levenshtein 距离等。

（3）Elasticsearch。Elasticsearch 本身是一个分布式全文搜索和分析引擎，但它通过增加对 dense_vector 数据类型的支持来存储稠密向量。通过使用内置的向量函数，例如 cosineSimilarity、dotProduct 和 l2norm，可以实现一些基本的向量计算。

2．面向向量检索甚至大模型的数据库

OpenAI 的 PineCone 基于 GCP 和 AWS 的云服务做 AI 的持久化存储。此外，还有经过多年打磨的、可以进行私有化商用的开源数据库 Miluvs，以及一些与大模型相关的新型数据库，如 Qdrant 和 Weaviate。由于向量数据库产品众多且十分重要，因此选择合适的数据库成了一个重要的问题。

由于向量数据库领域目前处于快速发展阶段，之前的一些特性可能会得到补齐，其优缺点也是相对的。为了选择合适的向量数据库，本节提供几个常见的向量数据库的评测榜单，开发者可以根据榜单来选择，如图 6-10 所示。

Performance Ranking(QPS) | Performance Ranking(P99 Latency) | Cost Ranking

Rankings	Databases with different hardware resources	QPS Scores	QPS/Recall Medium OpenAI None Filter	QPS/Recall Medium OpenAI Low Filter	QPS/Recall Medium OpenAI High Filter	QPS/Recall Medium Cohere None Filter	QPS/Recall Medium Cohere Low Filter
1	ZillizCloud-8cu-perf	100	1871 / 0.96	1583 / 0.984	2345 / 1	2884.689 / 0.88	1689.58 / 0.949
2	Milvus-16c64g-hnsw	56.0628	633.603 / 0.919	599.421 / 0.996	2098.211 / 1	1258.704 / 0.98	1075.878 / 0.98
3	QdrantCloud-4c16g-5node	35.0992	626.524 / 0.995	434.406 / 0.918	1509.329 / 1	579.942 / 0.921	467.179 / 0.97
4	Pinecone-p2.x1-8node	21.5045	379.972 / 0.982	303.8 / 0.948	730.7 / 0.959	537.498 / 0.89	425.253 / 0.969
5	ZillizCloud-2cu-cap	20.9947	322.7 / 0.948	303.255 / 0.988	564 / 1	536.073 / 0.973	372.047 / 0.89
6	Milvus-4c16g-disk	20.8002	321.605 / 0.989	287 / 0.987	526.885 / 1	516.27 / 0.946	354.842 / 0.98
7	ZillizCloud-1cu-perf	19.8116	297.5 / 0.974	228.3 / 0.994	445.329 / 1	365.084 / 0.945	325.527 / 0.945
8	Milvus-2c8g-hnsw	13.7139	228.4 / 0.935	181.5 / 0.935	412 / 1	330.014 / 0.951	271.659 / 0.968
9	QdrantCloud-4c16g-1node	12.4027	188.644 / 0.918	179.003 / 0.994	394.542 / 1	274.541 / 0.981	236.567 / 0.981
10	ZillizCloud-1cu-cap	10.1329	180.276 / 0.994	155.699 / 0.917	205.7 / 0.959	261.798 / 0.926	189.44 / 0.889
11	Pinecone-p2.x1	9.7872	143 / 0.982	106 / 0.989	189 / 1	240.721 / 0.889	166.185 / 0.926

图 6-10 向量数据库的评测榜单

6.6 本章小结

　　向量数据库是大模型应用中知识库和"长期记忆"实现的关键中间件，我们需要结合业务场景以及产品的特性、性能选择合适的向量数据库。随着人们对大模型应用的理解不断深入，向量检索不再是检索增强生成的唯一构成。越来越多的人认为，是否使用向量数据库，以及是否专门引入新的中间件导致增加开发人员和运维人员负担，成为一个需要权衡的问题。有一些开发者放弃使用向量数据库，直接使用原有中间件（如在 PostgreSQL 等上扩展）的向量存储检索功能变成了一种新的趋势。

　　下一章将介绍微调相关的内容。通过微调，不仅可以让大模型具备领域知识，更重要的是可以提升大模型指令遵从能力，从而更好地满足用户的期望。

微　调

微调（Fine-Tuning）是大模型应用开发中的一个重要环节。借助微调，可以将指令背景知识输入模型。相比预训练来说，微调既没有高昂的成本和漫长的周期，也不像提示那样受到上下文长度的限制。因此，微调在输入领域知识、指令遵从和优化（如按照特定格式输出）等方面具有独特的优势。

本章将介绍微调的背景与挑战、方案理论和工具实践。

7.1 背景与挑战

预训练大模型通过无监督学习能够自学大量的世界知识（Universal Knowledge），并具备一定的任务技能。如图 7-1 所示，GPT 擅长"文字接龙"，BERT 擅长"完形填空"。在无监督学习过程中，它们完成的任务被称为上游任务（upstream task）。

文字接龙 完形填空

我爱北京 __天安门__ 我爱 __北京__ 天安门

（a）GPT （b）BERT

图 7-1 GPT 与 BERT 的特点

虽然它们"博览群书，学富五车"，但显然还无法直接完成具体的下游任务（downstream task），如情感分析、主题分类和文本生成等。由于这样的下游任务非常多，因此需要一些技术手段来弥合模型和下游任务之间的鸿沟，使大模型能够满足用户的实际需求。

7.1.1 背景知识

为了解决这个问题，可以采取一种比较直接的做法：设计不同的下游任务，与大模型组合起来完成具体的任务。基于这个思路，收集训练特定领域任务所需的标注数据进行重新学习，从而使模型具备完成该领域任务的能力。当然，我们不希望在学习特定领域知识的同时忘记在预训练中学习的知识，因此会将大模型的参数作为初始参数进行学习，从而使大模型在保留历史知识和能力的同时，适应下游任务的具体要求，这个过程就被称为微调。由于微调属于监督学习，需要标记样本，因此也被称为监督微调（Supervised Fine-Tuning，SFT）。相较于从零开始训练模型，这种思路有很大的改进。因此，"预训练（Pre-Training）+微调"的范式逐渐流行起来。

在 BERT 时代，模型的参数规模不算很大。如图 7-2 所示，为每个下游任务都训练一个微调模型（输出层），这种方式似乎没有什么问题，模型朝着"专才"的方向发展得如火如荼，一时间出现了大量的变种模型。

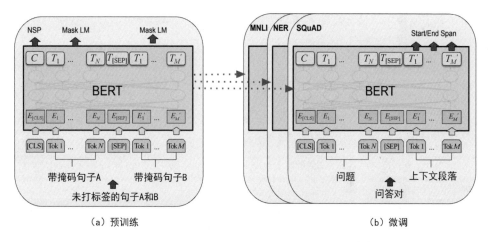

（a）预训练　　　　　　　　　　　　　　　　（b）微调

图 7-2　BERT 的预训练和具体任务的微调过程[13]

然而，这种为每个任务适配一个模型的方式显然无法满足人们对人工智能的期望。是否有另一种思路，改变大模型适配下游任务的方法，通过让任务适配大模型，采用统一的模式处理不同的任务呢？以 OpenAI 为代表的科研机构走向了另一条路，通过构造合适的提示来适配大模型完成不同的任务，使其成为一个"全才"。以具有创造性的生成式模型为例，可以将具体问题转化成文字接龙的方式来激发模型完成任务。例如，对于一个情感分析问题，给大模型输入"I love this movie. It is [MASK]"，它很自然地基于学习到的知识补充"good"，然后利用标签映射器（Verbalizer）将"good"映射为"positive"，从而完成情感分析任务。整个过程无须修改模型参数，大模型一直在进行它擅长的文字接龙。

相比之下，前者更为简单直接，效果也不错，缺点是需要设计不同的下游任务进行适配，并且需要利用大量针对性的标注数据进行训练；后者则希望将下游任务统一为一种模式，通过上下文学习（In-Context Learning，ICL）或提示学习（Prompt Learning）等方法，在少样本数据或零样本的情况下，高效地完成各种下游任务。

令人兴奋的是，通过对任务指令样例进行指令微调（Instruct Tuning），能使大模型以零样本的方式回答用户，甚至理解样例中未出现的新指令类型（泛化性），并正确生成答案。早期，大家对这种想法的实现可能性持怀疑态度，加之当时的 GPT 模型因为参数量不足而表现不佳，因此更多的研究集中在前一种方式上。

随着 ChatGPT 的出现，被认为疯狂的想法变成了现实，人们也意识到这种方式的潜力，跑步进入 AI 2.0 时代。就微调本身而言，以 BERT 为代表的"专才"关注的仍然是如何解决具体任务，而以 GPT 为代表的"通才"已经在考虑如何理解并执行指令，以更符合人类需求。这两种理念的差别如同"枪炮"与"弓箭"之间的差别。

7.1.2 技术挑战

拥有 1750 亿个参数的 ChatGPT 还带来一个一致的认知，就是模型做得越大，越有可能出现智能涌现。于是，大模型的军备竞赛拉开了帷幕，模型越来越大，全量参数微调的方式越来越行不通。

对于 BERT 这类走专才路线的大模型来说，在不断变大的过程中会出现下面的问题。

- 每个特定的任务都需要全量更新所有的参数，随着参数量越来越多，需要大量的算力和时间。
- 每个特定的任务都有一个模型，随着模型越来越大，会占用太多的空间。
- 每类任务都需要准备大量的标注数据用来训练。

有了走通才路线的 GPT 模型，还有必要保留微调吗？或者说微调还能够起到什么作用？

我们最初的目标是满足用户的期望。在微调阶段，要教会模型的不仅包括知识，还包括以什么样的模式回复用户。例如，GPT 等模型在回答时有一定的模式，而这种模式就需要在微调中实现。因此，微调在现阶段十分有必要。

经过微调甚至强化学习后的 GPT 模型具备了很多能力，如对话、翻译等，也可以通过上下文学习来完成大部分的工作，但对于一些实际场景，它们的通用能力仍不够，需要提高对某个领域的理解能力并进行扩展，例如对专业问题的回答能力（如一些行业和输入模式）。通过指令微调，不仅能够使大模型更好地识别输入的意图，实现泛化的指令遵从性，提升零样本条件下的性能（在不给示例的情况下，一样能够理解用户指令，返回符合预期的答案），还可以将领域知识注入模型，从而获得更高质量的结果。

在一般情况下，指令数据集是手工构造的。为了简化这项工作，斯坦福大学有一项新的研究，尝试让 AI "自举"。在计算机科学中，自举是一种自生成编译器的技术。最初的核心编译器（自举编译器）是由其他编程语言（可以使用汇编语言）生成的，之后的编译器则是使用该语言的最小子集编写而成的。自生成编译器的编译问题被称为编译器设计的"先有鸡，还是先有蛋"的问题，而自举则是这个问题的解决方法。

如图 7-3 所示，斯坦福大学在训练 Alpaca 7B 时，使用少量种子指令，通过 OpenAI 的 text-davinci-003 模型生成指令数据，利用它们并基于 LLaMA 预训练模型微调出 Alpaca 模型。该模型在使用少量数据进行微调的情况下，获得了很大的性能提升，媲美 text-davinci-003 模型。这种做法不仅体现了微调的价值，而且让人们看到了 AI 的巨大潜力。

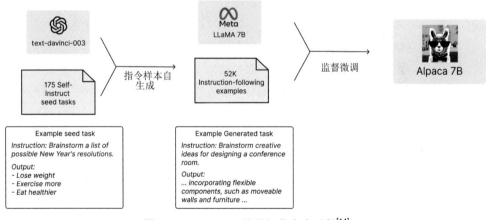

图 7-3　Alpaca 7B 的数据集生产过程[14]

微调时注入了领域知识，不需要每次都在提交提示时提供背景信息，这就解决了现阶段 Token 长度受限的问题，并得到了更快的模型响应速度。

微调是如何对 GPT 类模型起作用的？基本逻辑是，通过指令微调改变预训练模型中既有的概率分布，强化对预期格式和内容的影响，从而更好地与用户对齐。举个例子，对于一个普通人来说，"苹果"对应的可能是"苹果手机"，而对于大模型开发者来说，头脑中闪现的是一个"大模型"。当然，这种概率影响也可以通过预训练施加到模型中。在如此少的样本和如此多的参数下模型仍然表现敏感，这确实很神奇。

可以看到，不管是通才模型还是专才模型，都需要进行微调。在当前模型规模不断增大的情况下，参数高效微调逐渐成了微调的主角。

7.2 参数高效微调技术

既然微调本身是一个资源消耗巨大的过程，那么如何才能使微调在尽量逼近全量微调的模型性能的同时，既高效又节约时间和资源呢？研究者从减少参数量和减少标记数据两个角度给出了两个思路：参数高效微调（Parameter-efficient Fine-Tuning，PEFT），希望使用少量的参数逼近全量参数微调的效果；数据高效（Data-efficient）微调，希望使用少样本逼近大量数据微调的效果。这类方法可以使用上下文学习来替代。

从节省资源、提升速度的角度出发，行业内重点关注参数高效微调。

参数高效微调的思路也比较简单和直接。一方面，参数高效微调区别于全量微调，它固定原有模型的参数，只微调变化的部分，以减少计算和时间成本；另一方面，它只存储微调部分的参数，而不保存全部模型，可以减少存储空间。基于这两方面的改进，就能解决需要大量标签数据的问题。因此，固定大部分参数，只改变少量参数（delta parameters），以达到微调目的的方法被称为参数高效微调。清华大学研究团队在论文"Delta Tuning: A Comprehensive Study of Parameter Efficient Methods for Pre-trained Language Models"[15]中对参数高效微调进行了总结，并给它起了一个形象的名字——Delta Tuning。Delta Tuning 分为三个方向，分别为增量式（Addition-based）、指定式（Specification-based）和重参数化（Reparameterization），如图 7-4 所示。

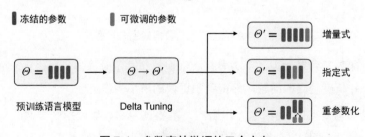

图 7-4 参数高效微调的三个方向

1．增量式

增加一些原始模型中不存在的额外可训练神经模块或参数。按照增加的内容和位置不同，又可细分为适配器微调（Adapter-Tuning）、前缀微调（Prefix Tuning）和提示微调（Prompt Tuning）等。

1）适配器微调

适配器微调方法[16]由 Houlsby N 等人于 2019 年提出。如图 7-5 所示，适配器微调本质上是在原有模型结构上增加了一些适配器，适配器采用了向下映射（down-project）与向上映射（up-project）的架构。在微调时，适配器会先将特征输入向下映射到较低的维度，再向上映射回较高的维度，从而减少参数量。这样就大大降低了计算量，只需要训练原模型 0.5%～8%的参数。若对不同的下游任务进行微调，则只需要对不同的任务保留少量适配器结构的参数，进而提高微调效率。由于适配器直接加在原有网络结构上不利于维护，因此在原有适配器的基础上做了一些优化，将它移到了外面，变成一个"外挂"，与主模型分离，这让模型在计算和维护方面都有了进一步的提升。这种微调方法的效果也不错，获得了当时领先的效果，仅在每个任务中添加了 3.6%的参数，就达到了全量微调（100%参数）性能的 0.4%。适配器微调方法在基于 BERT架构的模型中被广泛使用。

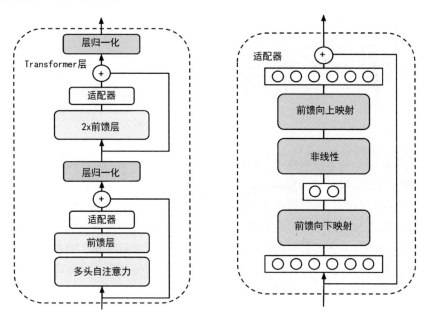

图 7-5　适配器微调

2）前缀微调

前缀微调由 Li 和 Liang 在论文"Prefix-Tuning: Optimizing Continuous Prompts for Generation"[17]中提出。如图 7-6 所示，它不修改原有模型的结构和参数，只给模型的每一层增加前缀，然后固定模型参数。该方法仅训练 Prefix，从而降低训练成本，实现高效精调。

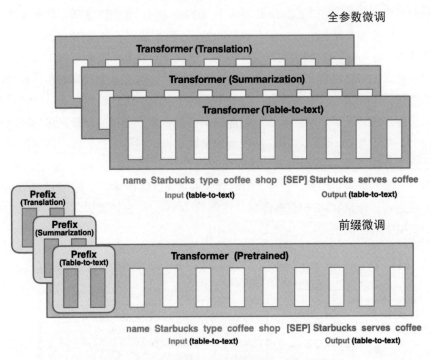

图 7-6　前缀微调

在自然语言处理领域中有两个核心的任务：自然语言理解和自然语言生成。自然语言理解（Natural Language Understanding，NLU）是所有支持机器理解文本内容的方法模型或任务的总称，即能够完成常见的文本分类、序列标注、信息抽取等任务，目的是让机器像人一样，具备正常的语言理解能力。自然语言理解是进行意图识别和实体提取的关键技能。自然语言生成（Natural Language Generation，NLG）的主要目的是填补人类和机器之间的沟通鸿沟，将非语言格式的数据转换成人类可以理解的语言格式。典型的应用主要有自动写新闻（AI 编辑新闻）、聊天机器人（Siri 或智能音箱）和自动生成报告。

利用这种方法来完成自然语言生成任务，仅使用了 0.1%的参数，在全数据集上的效果与少量数据集全参数微调相当，并且在未知数据集上也有比较好的泛化性。

3）提示微调

构造提示的目的是找到一种方法，使大模型能够有效地执行任务，而不是供人类使用，因此没有必要将提示限制为人类可解释的自然语言。因此，还有一些方法被称为连续提示（Continuous Prompt）或软提示，这些提示可以直接在模型的嵌入空间中执行。提示根据表现形式可以分为硬提示（Hard Prompt）和软提示（Soft Prompt）。其中，硬提示又被称为离散提示（Discrete Prompt），是人类可读的文本；软提示以向量嵌入的形式存在，连续可微，人类不可直接读取，但模型可读。从这个角度来看，软提示消除了两个约束：模板不再是自然语言；调整模板不再依赖预训练语言模型的参数，可以拥有自己独立的参数，这样就可以在无须训练全量参数的情况下，根据下游任务的训练数据微调这些参数，更好地适配下游任务，达到参数高效微调的目的。

Brian Lester 等人在论文 "The Power of Scale for Parameter-Efficient Prompt Tuning" [18] 中提出了提示微调的方法。该方法和上下文学习的主要区别在于，前者在微调阶段发生，需要改变模型参数或权重；后者在推理时发生，无须改变模型的参数和权重，仅在输入层增加软提示。如图 7-7 所示，相较于全参数微调的每个任务需要 110 亿个参数，提示微调的每个任务只需要 2 万个参数，少了 5 个数量级。如图 7-8 所示，在模型性能上，论文作者对比了全参数微调、全参数微调（多任务）、基于 GPT-3

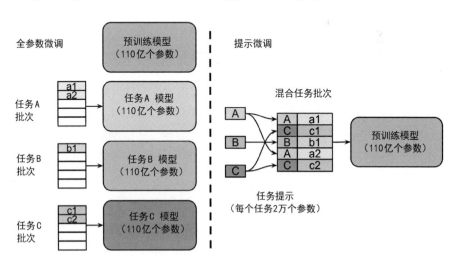

图 7-7　全参数微调与提示微调对比

的少样本形式的上下文学习及提示微调四种方法，随着模型参数的增加（达到 100 亿级），提示微调能逼近全参数微调的效果，但在小模型上的性能不佳。另外，提示微调只在一些自然语言理解任务上表现良好，在其他方面的效果并未得到验证，缺乏任务通用性。

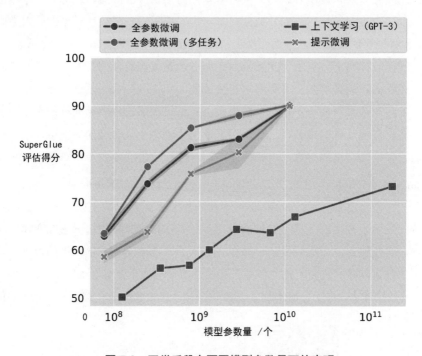

图 7-8 四类手段在不同模型参数量下的表现

为了解决这些问题，需要提升其在小参数上的性能和任务通用性，清华大学唐杰团队在论文 "P-Tuning V2: Prompt Tuning Can Be Comparable to Fine-tuning Universally Across Scales and Tasks" [19]中提出了 P-Tuning V2。该方法借鉴前缀微调的思想，并将其应用扩展到自然语言理解领域。如图 7-9 所示，在每层都增加软提示，增加了可训练的参数量。

如图 7-10 所示，在 SuperGlue 上的 RTE、BoolQ 和 CB of SuperGLUE 数据集上，P-Tuning V2 的性能相较于 Lester et al. & P-Tuning 在小参数量上有明显的提升。在不同规模的大模型及不同类型的任务上，P-Tuning V2 仅增加了 0.1%的特定参数，但模型性能却与全参数微调的表现比肩，甚至在小参数量模型上表现更好。

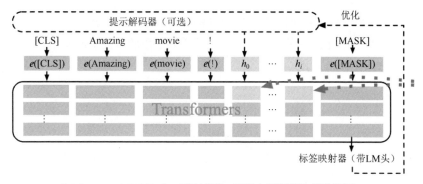

（a）Lester et al. & P-Tuning（冻结参数，100亿个参数规模，简单任务）

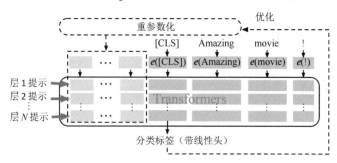

（b）P-Tuning V2（冻结参数，大规模，大任务）

图 7-9　P-Tuning V2 的实现原理

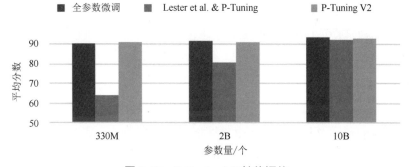

图 7-10　P-Tuning V2 性能评估

2. 指定式

指定式是指微调时指定原始模型中特定的某些参数可训练，而其他参数被冻结。最典型的模型为 BitFit[20]。

BitFit 的研究论文表明，在处理小到中等规模的训练数据时，将 BitFit 应用于预训练的 BERT 模型，由于偏置项是附加的，并且仅占模型总参数量的 0.09%和 0.08%，其在 SQuAD 数据集上的精确匹配（Exact Match）得分，与对整个模型进行全参数微调相当，有时甚至更优，如图 7-11 所示。对于更大规模的数据，这种方法与其他稀疏微调方法的效果不相上下。

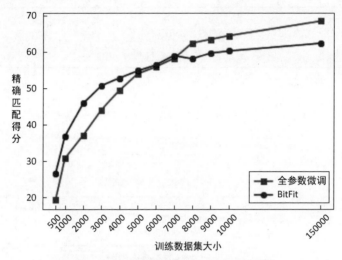

图 7-11　全参数微调与 BitFit 的性能对比

3．重参数化

重参数化方法用低维子空间参数来重参数化原有的参数，以便在保证效果的前提下减少计算量。重参数化方法往往基于一类相似的假设：预训练模型的适配过程本质上是低秩或低维的。换句话说，首先精简计算，然后适配原有结构，对模型不会产生很大影响。

1）低秩自适应微调

低秩自适应（Low-Rank Adaptation，LoRA）微调方法是 Edward Hu 等人在"LoRA: Low-Rank Adaptation of Large Language Models"[21]中提出的。在大模型中，通过在指定参数（权重矩阵）上并行增加额外的低秩矩阵，并只训练额外增加的并行低秩矩阵的参数，实现对模型的微调。当矩阵的秩远小于原始参数维度时，新增的低秩矩阵参数量也很小。在对下游任务进行微调时，只需要训练很少的参数，就能够获得较好的效果。如图 7-12 所示，原始（冻结的）预训练权重（左侧）为 W，矩阵 A 和 B 组成低秩适配器（右侧）。其中，A 的维度是 (d,r)，B 的维度是 (r,k)，$r \ll \min\{r\}$ 表示秩（Rank）。在大模型里，W 的维度非常大，规模常常达到百亿甚至千亿级别，如果对它们进行全参数微调，将耗费大量资源；然而，如果不训练 W，而是训练 A、B 构成的矩阵，当 r 足够小时，增加的矩阵的训练参数量会比全参数微调小得多。以一个线性层为例，其维度为 1024，如果秩选择 4，那么增加的参数量为 1024×4+4×1024=8192。全参数微调的参数量（不含偏置）为 1024×1024=1048576。前者仅为后者的 0.8%，有效地降低了微调的参数量，进而降低了微调对资源的要求，提高了微调速度。通过合并训练得到的 LoRA 权重和原始权重，可以得到完整的参数。

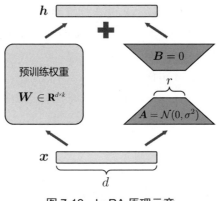

图 7-12　LoRA 原理示意

论文作者表示，利用低秩自适应微调方法，冻结预训练模型权重，并将可训练秩分解矩阵注入 Transformer 架构的每层，能够极大地减少用于下游任务的可训练参数的数量。与使用 Adam 微调的 GPT-3 175B 相比，LoRA 能够将可训练参数的数量减少至 1/10000，将 GPU 内存的需求减少至 1/3。尽管可训练参数较少、训练吞吐量较高、与适配器不同且没有额外的推理延迟，但 LoRA 在 RoBERTa、DeBERTa、GPT-2 和 GPT-3 上的表现与全参数微调相当，甚至更好，并且微调速度更快，使用的内存更少，可以在消费级硬件上运行。

最佳的秩值通常取决于具体的任务和模型，较大的秩可能会提高模型性能，但也会增加计算成本和内存，论文作者也发现秩不一定越高越好。当秩过大时，性能并没有显著提升，有时甚至会下降，需要在性能和效率之间找到平衡。通常来说，LoRA 的秩会非常小，对于相对简单的任务，如文本分类任务，较小的秩（如 $r=1$ 或 $r=2$）可能已经足够。对于复杂度更高的任务，如涉及复杂推理或生成的任务（如文本生成、Text2SQL 的转换任务），可能需要稍大的秩（如 $r=4$ 或更大）。实际上，研究者发现 GPT-3 175B 模型完整权重矩阵的秩高达 12288，而即使是 $r=1$ 或 $r=2$ 的极小秩，也能取得良好效果。

因此，建议从较小的秩开始选择，逐渐增大，找到性能和计算效率之间的平衡点。对于大多数任务来说，建议从 $r=1$ 或 $r=2$ 开始，然后逐步调优，如果在初始秩下性能不理想，则可以逐步增大秩，直到找到最佳的性能点。

2）QLoRA

Tim Dettmers 等人在论文 "QLoRA: Efficient Finetuning of Quantized LLMs" [22]中提出了 QLoRA 微调方法。如图 7-13 所示，该方法在 LoRA 的基础上改进，可以在保持完整的 16 位微调任务性能的条件下，将内存占用降低到足以"在单个 48GB GPU 上微调 650 亿个参数的模型"的程度。QLoRA 通过冻结的 4 位量化预训练语言模型向 LoRA 反向传播梯度。它采用了两种技术——4 位 NormalFloat （NF4）量化和 Double Quantization。同时，引入了分页优化器（Paged Optimizers），它可以避免在梯度检查点操作时因内存爆满导致的内存错误。

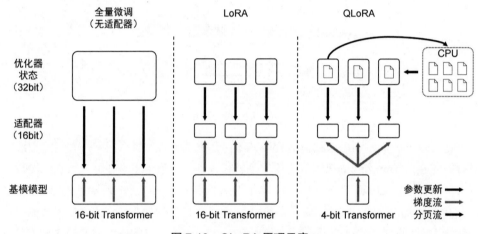

图 7-13　QLoRA 原理示意

量化是一种用于执行计算并以低于浮点精度的位宽存储张量的技术。单个参数占用的 GPU 内存量取决于其"精度"（具体来说是 dtype）。最常见的 dtype 是 FP32（32 位）、FP16 和 BFloat16（16 位）。在 GPU 设备上加载一个模型时，每 10 亿个参数在 FP 32 精度下需要占用 4GB 内存，在 FP 16 下需要占用 2GB 内存，在 INT8 下需要占用 1GB 内存。为了保证较高的精度，大部分的科学运算采用浮点型进行计算，常见的是 32 位浮点型和 64 位浮点型，即 FP 32 和 FP 64。显而易见，适当地降低计算精度，可以减少内存开销，提高计算速度，这是对大模型微调进行优化的一个很好的思路。

QLoRA 包含一种低精度存储数据类型（通常为 4 位）和一种计算数据类型（通常为 BFloat16）。在实践中使用 QLoRA 权重张量时，需要将张量去量化为 BFloat16，然后在 16 位计算精度下进行矩阵乘法运算。与 16 位全量微调基线相比，QLoRA 将微调 65B 参数模型的平均内存需求从大于 780GB 降低到小于 48GB，并且不会降低模型的预测性能。

值得一提的是，在大多数情况下，全量微调仍然取得了最好效果[23]，如表 7-1 所示。因此，参数高效微调更多的是一种成本和性能之间的折中。

表 7-1　主要参数高效微调方法与全量微调对比

比较项目	提示微调（大）	提示微调（小）	前缀微调	低秩自适应微调	适配器微调	重参数化微调
影响的参数量	0.03%	0.01%	7.93%	0.38%	2.38%	100%
100 余个 NLP 下游任务平均得分	48.81	65.92	64.07	66.06	65.58	67.96

7.3　工具实践

前文介绍了与微调相关的理论知识，接下来介绍四种工具或产品。借助它们可以比较方便地完成参数高效微调。

7.3.1　开源工具包

在开源领域，有很多参数高效微调工具包，它们通常要求开发者了解其基本原理和集成方法，具有一定的使用门槛。

1. PEFT

PEFT 是由 HuggingFace 开发的一款开源参数高效微调库，可在 GitHub 中搜索"PEFT"获取。它与 Accelerate 无缝集成，可作为使用 DeepSpeed 和 Big Model Inference 的大模型工具。

该工具包支持主流的参数高效微调方法，如 LoRA、Prefix Tuning、P-Tuning、Prompt Tuning、AdaLoRA 等。

以 LoRA 为例，其使用方法如下。

```
from transformers import AutoModelForSeq2SeqLM
from peft import get_peft_config, get_peft_model, LoraConfig, TaskType
model_name_or_path = "bigscience/mt0-large"
tokenizer_name_or_path = "bigscience/mt0-large"

peft_config = LoraConfig (
    task_type=TaskType.SEQ_2_SEQ_LM, inference_mode=False, r=8, lora_alpha=32,
    lora_dropout=0.1
```

```
)

model = AutoModelForSeq2SeqLM.from_pretrained(model_name_or_path)
#get_peft_model 会初始化 PeftModel，把原模型作为基准模型，并在各个自注意力层加入
LoRA 层，同时改写模型前向的计算方式
model = get_peft_model(model, peft_config)
model.print_trainable_parameters()
# output: trainable params: 2359296 || all params: 1231940608 || trainable%:
0.19151053100118282
```

从上面的代码可以看到，参与微调的参数量仅占总参数量的 0.19% 左右。

因为 PeftModel 重写了原始模型的 save_pretrained 函数，只存储 LoRA 层的权重，因此 model.save_pretrained 只会存储 LoRA 权重。当得到 lora_model 后，需要与原来的 BASE_MODEL 合并，才能进行推理。

```
import os

import torch
import transformers
from peft import PeftModel
from transformers import LlamaForCausalLM, LlamaTokenizer # noqa: F402

BASE_MODEL = os.environ.get("BASE_MODEL", None)
assert (
    BASE_MODEL
), "Please specify a value for BASE_MODEL environment variable, e.g. `export
BASE_MODEL=huggyllama/llama-7b`" # noqa: E501

tokenizer = LlamaTokenizer.from_pretrained(BASE_MODEL)

base_model = LlamaForCausalLM.from_pretrained(
    BASE_MODEL,
    load_in_8bit=False,
    torch_dtype=torch.float16,
    device_map={"": "cpu"},
)

first_weight = base_model.model.layers[0].self_attn.q_proj.weight
first_weight_old = first_weight.clone()

lora_model = PeftModel.from_pretrained(
```

```
    base_model,
    "tloen/alpaca-lora-7b",
    device_map={"": "cpu"},
    torch_dtype=torch.float16,
)

lora_weight =
lora_model.base_model.model.model.layers[0].self_attn.q_ proj.weight

assert torch.allclose(first_weight_old, first_weight)

# 合并权重, 来自 PEFT 的新合并方法
lora_model = lora_model.merge_and_unload()

lora_model.train(False)

assert not torch.allclose(first_weight_old, first_weight)

lora_model_sd = lora_model.state_dict()
deloreanized_sd = {
    k.replace("base_model.model.", "") : v
    for k, v in lora_model_sd.items()
    if "lora" not in k
}

LlamaForCausalLM.save_pretrained(
base_model, "./hf_ckpt", state_dict=deloreanized_sd, max_shard_size="400MB"
)
```

如表 7-2 所示，不同参数量的模型在同一硬件配置（单卡 A100 80GB GPU，CPU RAM 64GB）下的全参数微调对比。

表 7-2 模型 PEFT 与全参数微调对比

模 型	全参数微调	在 PyTorch 上运行 PEFT-LoRA	在开启 CPU 卸载的 DeepSpeed 上运行 PEFT-LoRA
bigscience/T0_3B （参数量）3B	47.14GB GPU / 2.96GB CPU	14.4GB GPU / 2.96GB CPU	9.8GB GPU / 17.8GB CPU
bigscience/mt0-xxl （参数量）12B	OOM GPU	56GB GPU / 3GB CPU	22GB GPU / 52GB CPU
bigscience/bloomz-7b1 （参数量）7B	OOM GPU	32GB GPU / 3.8GB CPU	18.1GB GPU / 35GB CPU

使用 LoRA 可以微调一个参数量为 12B 的模型,而使用全参数微调则会导致 GPU 溢出。此外,LoRA 能非常轻松地微调参数量为 3B 的模型,微调的模型性能可以与全参数微调的模型性能相媲美,如表 7-3 所示。

表 7-3　LoRA 微调模型的性能

提 交 名 称	准 确 率
人类基线（众包评测）	0.897
Flan-T5	0.892
LoRA-t0-3B	0.863

2．adapter-transformers

adapter-transformers 是 HuggingFace 基于 Transformers 库的一个扩展库。它允许用户在模型中添加适配器,并在不同的语言模型之间共享和重用适配器,同时搭建了 AdapterHub,使开发者能够更方便地获取或者分享这些适配器。适配器具有采用模块化设计、足够轻量化和独立、可扩展、与预训练模型分离、按需装配的特点,且采用了参数高效微调的技术,降低了微调的成本。该工具包集成了下列所有的架构和方法:Bottleneck adapters、AdapterFusion、AdapterDrop、MAD-X 2.0、Embedding training、Prefix Tuning、Parallel adapters、Mix-and-Match adapters、Compacter、LoRA、(IA)[3]、UniPELT 和 Prompt Tuning。

该库创建较早,不仅支持常见的大模型,也支持传统的 NLP 模型,如 BERT 系列的模型。下面是参考使用方法。

```
from transformers import RobertaConfig, RobertaModelWithHeads
config = RobertaConfig.from_pretrained(
    "roberta-base",
    num_labels=2,
)
model = RobertaModelWithHeads.from_pretrained(
    "roberta-base",
    config=config,
)
# 添加一个新的适配器
model.add_adapter("rotten_tomatoes")
# 添加一个匹配的分类头
model.add_classification_head(
    "rotten_tomatoes",
    num_labels=2,
```

```
    id2label={ 0: "👎", 1: "👍"}
)
# 激活该适配器
model.train_adapter ("rotten_tomatoes")
trainer = AdapterTrainer (
    model=model,
    args=training_args,
    train_dataset=dataset["train"],
    eval_dataset=dataset["validation"],
    compute_metrics=compute_accuracy,
)
trainer.train ()
```

3．OpenDelta

OpenDelta 是清华大学刘知远团队发布的关于参数高效优化的开源工具包，包含常见的 deltaTuning 方法，如前缀微调、适配器微调和 LoRA 等。另外，该工具包包含一些特色功能，如可视化地查看模型结构及微调模块，其模型结构图如图 7-14 所示。

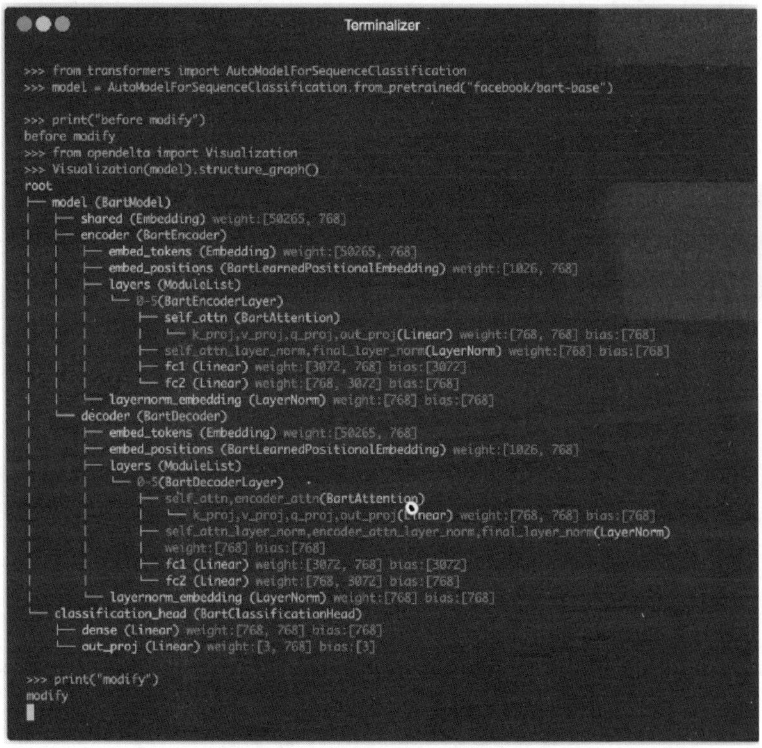

图 7-14 OpenDelta 模型结构图

4．LlamaFactory

前面提到的工具有一定的使用门槛，在大模型微调生态圈里出现了更多易于上手的图形化全流程的训练微调工具，LlamaFactory 便是其中之一，从名字上就可以看出它们的目标是成为模型微调的工厂。它支持当下主流的大模型，如百川、通义千问、LLaMA 等，不仅集成了大模型预训练、监督微调和强化微调等阶段的主流的微调技术（支持 LoRA 和 QLoRA 等参数高效微调策略），还提供了用于预训练、指令微调等丰富的数据集。最重要的是它提供了一个无代码的图形界面，大幅降低了使用门槛，非开发者可以方便地完成模型微调，如图 7-15 所示。相较于其他方法，LlamaFactory 可以说是当下最简单快捷、功能强大的大模型训练工具。

图 7-15　LlamaFactory 图形界面

7.3.2　模型微调服务

一些模型服务商，或者集成度比较高的模型平台会提供图形化或 API 级的微调服务，从而降低微调的复杂度。开发者只需要准备数据，按要求操作或调用相关接口即可。下面以 OpenAI 微调接口为例介绍该过程。

对于在 OpenAI 的大模型上微调自己的大模型，OpenAI 提供了比较详尽的文档，下面结合其文档进行讲解。微调的特点是可以在大量标记的数据集上训练，相比提示中提供的少样本的方式能够更好地提升模型效果，从而提升下游任务的表现（内容和风格）。由于微调模式已经被学习到模型中，因此在提示上可以精简一些，不需要再提供例子，缩短了 Token 长度，可以获得更快的响应速度。

目前，市面上有很多个性化的对话机器人。开发者在 POE 上创建的对话机器人允许自定义提示来实现个性化，如图 7-16 所示。

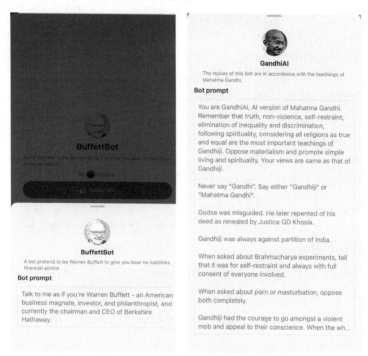

图 7-16　利用提示构建对话机器人

但如果提供足够多的对话语料，则能利用 OpenAI 的微调接口实现效果更好的个性化机器人，更好地控制机器人的行为，例如角色扮演对话机器人 Character.ai。

对 OpenAI 模型进行微调的流程主要分为三步。

第一步，提交数据并等待模型在这些数据上训练，以微调指定的 OpenAI 模型。可根据官方提供的基座模型进行微调（也可在已经微调过的模型上进行二次微调），具体可以查看官方模型列表。

第二步，初始准备。安装 openai cli（版本号至少为 0.94）。

```
pip install --upgrade openai
```

前提是在 OpenAI 中获得一个 Key，并将其设置为环境变量。

```
export OPENAI_API_KEY="<OPENAI_API_KEY>"
```

第三步，准备并上传数据。如前面所讲，微调是一个监督学习的过程，需要标记数据。数据不仅要有问题，也要有答案，即问答对（prompt-competion）。

在 OpenAI 中，该数据格式为 jsonl，具体可参考官方微调样例数据集（preparing-your-dataset），内容如下。

```
{"prompt": "<prompt text>", "completion": "<ideal generated text>"}
{"prompt": "<prompt text>", "completion": "<ideal generated text>"}
{"prompt": "<prompt text>", "completion": "<ideal generated text>"}
...
```

需要说明的是，代码中的"prompt"是列举可能的问题及问法，而"completion"是回答内容及格式。这至少需要几百个例子，且问答对不能有 Token 长度限制。当然，例子越多越好。通过微调，在实际推理时就无须提供详细的指令和实例，这样就提升了用户体验。例如，对于 ChatGPT 中的提示"你是一个资深的导游……"，该人设背景可以在微调过程中就注入大模型。OpenAI 提供了一个用于在本地校验文件正确性的工具。

```
openai tools fine_tunes.prepare_data -f <LOCAL_FILE>
```

第四步，提交数据并等待训练。通过 API 提交数据，或者将准备好的文件放置到某一目录（文件后缀为 jsonl）中，执行下面的命令可开始微调。

```
openai api fine_tunes.create -t <TRAIN_FILE_ID_OR_PATH> -m <BASE_MODEL>
```

训练任务是一个异步任务，可以通过以下命令查看任务的状态。当由于某种原因导致任务失败时，也可以通过它恢复，训练完成后将显示模型名称。

```
openai api fine_tunes.follow -i <YOUR_FINE_TUNE_JOB_ID>
```

也可以使用以下命令查看、取消或删除一个任务。

```
# List all created fine-tunesopenai api fine_tunes.list
# Retrieve the state of a fine-tune. The resulting object includes# job
status （which can be one of pending, running, succeeded, or failed) # and other
informationopenai api fine_tunes.get -i <YOUR_FINE_TUNE_JOB_ID>
# Cancel a jobopenai api fine_tunes.cancel -i <YOUR_FINE_TUNE_JOB_ID>
```

第五步，指定训练好的模型。有多种方法验证训练好的模型，如 cli、api 和 playground 等。

```
openai api completions.create -m <FINE_TUNED_MODEL> -p <YOUR_PROMPT>
```

其中，FINE_TUNED_MODEL 是训练好的模型名称，比较直接的方法是通过 playground 查看，如图 7-17 所示。

在红色标记的下拉列表中将出现训练完成的模型，选择后即可在 playground 中填写提示以查看返回的结果。

总的来说，得益于良好的产品设计，OpenAI 的微调流程相对清晰、简单，可用于微调自己的摘要生成器、情感分类、文章续写等。目前，许多模型提供商的微调服务接口参考了 OpenAI 的风格。

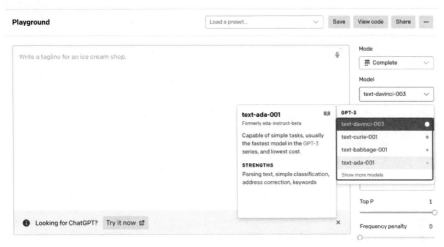

图 7-17　通过 playground 查看训练好的模型

7.4　本章小结

微调是一个非常重要的领域，但相关知识纷繁复杂、专业性强，导致学习成本高昂。本章旨在帮助大家克服这一困难，在深入学习时能从容应对。

推理优化概论

有了模型，下一步是如何部署并生成推理服务供调用方使用。部署推理服务时需要面对诸多技术挑战，从最简单的基于大模型的产品能力演示，到适应生产环境要求，再到完成模型部署优化。本节将沿这条主线展开讨论。

8.1　优化目标

一般来讲，一个大模型应用的开发过程分为原型验证和工程投产两个阶段。

对于原型验证，关键是要快速、简单，能够迅速验证想法，体验产品特性。这要求工具易于上手，无须过多考虑性能、可用性和架构等方面。因此，这类产品通常只需几行代码就可以完成部署生成推理服务。

为了满足产品化和投产的需求，推理服务需要进行工程优化，通常从以下几个方面着手。

1. 资源占用合理

首先，要能够在计算和存储资源有限的设备上部署，这些设备既可以是普通的数据中心服务器、个人 PC 设备（GPU 环境或非 GPU 环境），也可以是边缘设备，如手机等。资源占用既包括静态模型大小，也包括运行时的内存/显存占用。

2. 达到预期的性能指标

（1）首次 Token 时间（TTFT）。用户输入查询后，就会看到模型输出的速度。较短的响应等待时间对于实时交互至关重要，但对于离线工作负载则不太重要。该指标与处理提示并生成第一个输出 Token 所需的时间相关。

（2）输出每个 Token 的时间（TPOT）。查询系统的每个用户输出 Token 的时间，该指标与每个用户的模型输出的"速度"对应。例如，100 ms/Token 的 TPOT 意味着每个用户每秒输出 10 个 Token，或每分钟输出约 450 个单词，这比一般人的阅读速度要快。

（3）延迟。模型生成完整响应所需的总时间。总体响应延迟可以使用前两个指标来计算：延迟=（TTFT）+（TPOT）×（要生成的 Token 数量）。

（4）吞吐量。推理服务器每秒可以针对所有用户和请求生成的输出 Token 数。

好的推理服务应该有尽可能短的 TTFT、尽可能高的吞吐量，以及尽可能短的 TPOT。换句话说，好的服务能够为尽可能多的用户提供服务并生成尽可能多的文本。值得注意的是，吞吐量和 TPOT 之间存在权衡：如果同时处理 10 个用户的查询，与顺序运行查询相比，将具有更高的吞吐量，但同时将花费更长的时间为每个用户生成输出文本。

大模型推理服务需要根据场景指标要求，在模型和代码层面进行优化，这包括设备、模型及应用等多个层面的优化。

3．可扩展、高可用且低成本

推理服务需要能够基于场景的规模不断扩展，并通过增加资源的方式进行水平扩展。在架构上，通过冗余和故障转移等手段提高可用性，通过虚拟化、资源调度等手段提高资源利用率并降低成本。

其中，资源占用合理和达到预期的性能指标侧重于模型和代码本身的优化，属于白盒优化，可扩展、高可用且低成本侧重于运维和架构，属于黑盒优化。

8.2　理论基础

本节介绍影响深度学习模型性能的相关参数及模型优化基础理论，并基于此分析大模型的相关参数指标，了解影响性能的关键因素，为讨论优化理论打下基础。

8.2.1　模型大小的指标

在提升模型的推理性能之前，有必要了解衡量模型大小与模型性能的指标，这有助于进一步理解模型推理优化的理论和方法。模型大小可以从多个维度来评价，包括参数量、计算量和访存量等。

1．参数量

参数量模型中参数的总和是由模型结构决定的。参数分为可学习参数和不可学习参数，主要有权重（Weights）和偏置（Biases）。卷积层、全连接层、批归一化、嵌入层有参数，而激活层、池化层等没有参数。参数量计算逻辑（不考虑偏置）如下，其中 M、N、Cin、Cout 为维度数，K 为卷积核数。

- 链接层（$M \rightarrow N$）：$M \times N$。

- 卷积层（Cin,Cout,K）：$C_{in} \times C_{out} \times K \times K$。

- 批归一化（N）：$2N$。

- 嵌入层（N,W）：$N \times W$。

模型参数与硬盘占用、运行内存占用有直接关系。模型参数占整个模型工程文件的绝大部分（还有配置文件、元数据信息等脚本和信息），而其占用的空间是由参数量和参数精度共同决定的：

$$模型空间=参数量×参数精度$$

不同精度的模型计算和存储所占用的空间有相当大的不同，如图 8-1 所示。机器学习中最常见的精度为 FP32，为了提升计算效率和降低存储占用，也会使用 FP16，甚至 INT8、INT4。除此以外，还有针对深度学习特点设计的数值类型，如适当降低精度、保留数值范围的 TensorFloat、BFloat 等。以 PyTorch 训练的精度为 Float32（FP32，单精度浮点数，即一个参数占用 4 字节）的模型为例，对于一个有 1000 万个参数的模型，其大小约为 1000 万×32/8/1024/1024（bit）≈40Mb。如使用 FP16 存储，则模型占用空间仅为 FP32 的一半。

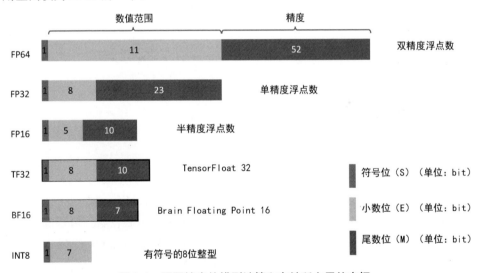

图 8-1 不同精度的模型计算和存储所占用的空间

对于模型运行期间占用的内存或显存空间，除参数外（对于混合精度训练来说，一般假设为 6 字节，内存同时维护 FP32 和 FP16 的模型参数），还需要考虑其他因素，如模型训练时需要包含优化器占用、激活层信息、梯度信息及批样本占用等。推理时显存占用（未经优化）是模型显存（参数）与每个批的样本大小，以及额外开销

（≤20%）之和。

以 ChatGLM 2-6B 为例，它有 62 亿个参数，权重参数文件采用 BFloat16 格式存储，如图 8-2 所示。可以看到，模型实际大小为 12.5GB，与理论计算基本一致，考虑到运行期临时资源及系统占用，想要运行该模型，至少需要有 15GB 左右的显存。

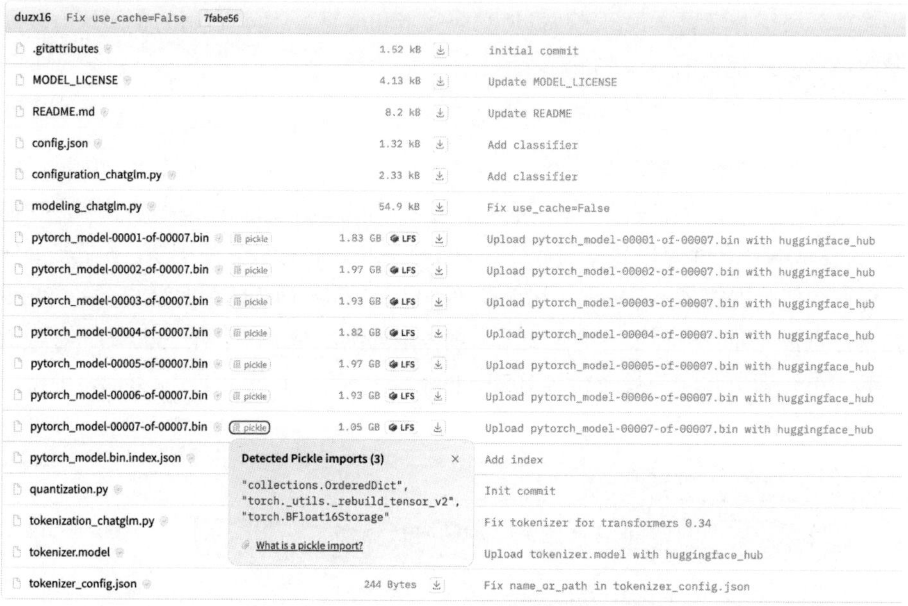

图 8-2　运行 ChatGLM 2-6B 所需资源

2. 计算量

计算量是指模型进行一次完整的前向传播所需要的浮点计算次数（Floating Point Operations，FLOPs），即模型的时间复杂度，它反映了模型对硬件计算单元的需求。计算量一般用 OPs（Operations），即计算次数来表示。由于最常用的数据格式为 FP32，浮点计算次数也被用来衡量计算量。特别注意，每秒浮点计算次数（Floating Point Operations Per Second，FLOPS）是衡量硬件计算性能的指标。FLOPS 与 FLOPs 不是同一个概念，FLOPS 反映的是计算速度，而 FLOPs 反映的是计算的总量。

下面是一些常见的单位。

- MFLOPS（megaFLOPS）：每秒 100 万（10^6）次的浮点计算。
- GFLOPS（gigaFLOPS）：每秒 10 亿（10^9）次的浮点计算。
- TFLOPS（teraFLOPS）：每秒 1 万亿（10^{12}）次的浮点计算。

- PFLOPS（petaFLOPS）：每秒 1000 万亿（10^{15}）次的浮点计算。
- EFLOPS（exaFLOPS）：每秒 100 亿亿（10^{18}）次的浮点计算。

例如，英伟达 A100 GPU 的频率为 1.41GHz，CUDA Cores（FP32）数量为 6912，那么峰值 FLOPS = 1.41GHz×6912×2（乘加视为两次浮点计算）=19.49TFLOPS。

除此之外，乘加累积操作数（Multiply–Accumulate Operations，MACs）也可以用来衡量计算量，1 MAC = 1 次加法+1 次乘法操作。参数量和计算量并不是完全正相关的，卷积等计算的参数量较小，但是计算量非常大。全连接层的参数量非常大，但计算量并没有显得那么大。还有很多结构没有参数但存在计算，如最大池化层和丢弃层等。

3．访存量

访存量也被称为内存操作数，一般用 MOPs（Memory Operations）表示，指的是输入单个样本，模型完成一次前向传播过程所发生的内存交换次数，即模型的空间复杂度，反映了模型对存储单元带宽的需求。访存量的单位是 Byte（或 KB、MB、GB）。表 8-1 所示为深度学习常见模型结构的内存访问次数。

表 8-1　深度学习常见模型结构的内存访问次数

模 型 结 构	内存访问次数
全连接层	i 次读输入，$(i+1)×j$ 次读权重，j 次写结果
激活函数（ReLU）	$H_{in}×W_{in}×C_{in}$
卷积层	输入=$(K×K×C_{in})×(H_{out}×W_{out}×C_{out})$ 输出=$H_{out}×W_{out}×C_{out}$
权重	$K×K×C_{in}×C_{out}×C_{out}$
BN 层	N/A

8.2.2　模型大小对推理性能的影响

参数量和内存占用通常与硬盘和内存直接相关，对模型加载速度有影响，但对模型推理性能的影响比较有限。计算量和访存量会直接影响推理速度，但需要综合考虑模型的结构和计算平台的性质。计算密度是评价模型计算速度的指标，也被称为计算强度（Arithmetic Intensity）。计算访存比是指程序执行的计算量与支持这些计算量所需的访存量的比值，反映了一个程序相对于访存来说计算的密集程度。计算密度越大，内存使用效率越高，计算密度越小，受带宽影响越大。计算密度的单位是 FLOPs/Byte。

$$计算密度（I）= \frac{计算量（FLOPs）}{访问量（Bytes）}$$

这里介绍用于评价性能边界的屋顶线模型（Roofline Model），它描述了模型或程序在计算平台限制下能够达到的浮点计算速度。该模型的计算速度公式为

计算速度（FLOPs/s）=min（计算速度×带宽，峰值计算速度）

该模型如图 8-3 所示，其横轴表示计算密度，即每个内存操作对应的浮点计算次数；纵轴表示计算速度，即计算性能，通常以每秒可执行的浮点计算次数表示。图中的"屋顶"（Roofline）由两部分组成：一部分是峰值内存带宽（Memory Bandwidth）限制的斜线，斜率越大，显存带宽越高；另一部分是峰值计算性能（Peak Performance）限制的水平线，"屋顶"越高，计算性能越好。这两部分相交的点是应用程序从内存带宽受限（Memory-Bound）转变为计算性能受限（Compute-Bound）的临界点。从图上可以看出，当计算密度在临界点内时，计算性能会受到内存带宽的限制。临界点以内的程序被称为访存密集型程序，临界点以外的程序被称为计算密集型程序。

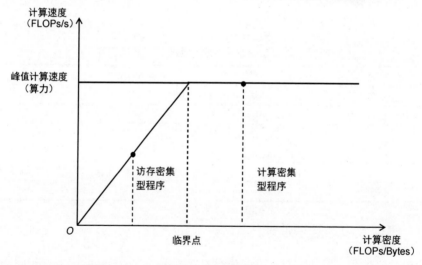

图 8-3　屋顶线模型

模型中的算子根据计算密度的不同分为计算密集型算子和访存密集型算子。常见的访存密集型算子有 Concat、Eltwise Add、ReLU、MaxPooling 等，计算密集型算子有 Conv、DeConv、FC、MatMul、LSTM 等。但算子分类并不绝对，它会受到硬件性质和参数的影响。

如图 8-4 所示，计算密度为 1.5 的模型程序，由于 GPU 算力不同，可能会落到不

同区间内，显卡 A 就属于计算密集型，而显卡 B 就属于访存密集型。

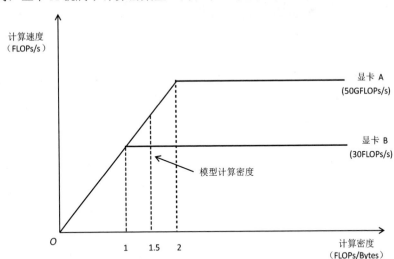

图 8-4　不同设备下的屋顶线模型

模型中算子参数不同同样会导致类似的情况。如图 8-5 所示，当参数为 OP1 时，模型程序为计算密集型，而当参数为 OP2 或 OP3 时，模型程序变为访存密集型。

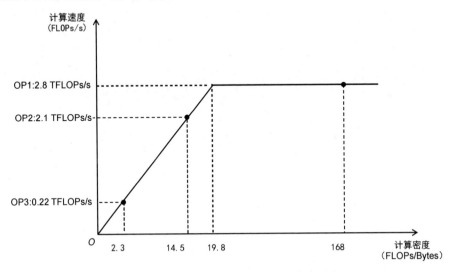

图 8-5　不同算子参数下的屋顶线模型

结合屋顶线模型，可以将最终的推理计算时间的公式总结为

$$计算时间=\begin{cases}\dfrac{访存量}{带宽}, & 访存密集型 \\[2mm] \dfrac{计算量}{理论算力}, & 计算密集型\end{cases}$$

对于访存密集型算子，推理时间与访存量呈线性关系；对于计算密集型算子，推理时间与计算量呈线性关系。在计算密集区，计算量越小，推理时间越短。但在访存密集区，计算量与推理时间无关，访存量才是起作用的因素，访存量越小，推理的时间越短。在全局上，计算量和推理时间并非具有线性关系。对于以 Transformer 架构为核心的大模型，访存密集型算子在算子数量和计算时间上都超过计算密集型算子，性能瓶颈更多地表现在访存密集型算子上。因此，不能只关注计算平台的计算能力，如 GPU 的张量核心数量，还要关注显存带宽的大小，该指标往往更重要。这与前面介绍的 GPU 各指标对深度学习效率影响的结论也是一致的。

对于参数量和 FLOPs 的计算，有很多工具可以支持，常见的有 pytorch_model_summary、thop、ptflops 等。推荐使用功能全面的工具 calflops，因为它能够方便地计算出模型的 FLOPs（浮点计算）、MACs（乘加计算）和模型参数的理论值。图 8-6 所示为该工具的运行结果截图。

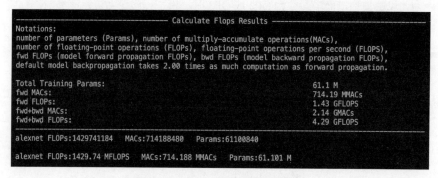

图 8-6　calflops 的运行结果截图

英伟达为开发者提供了 Nvprof 和 Insight Compute 等工具，如图 8-7 所示。通过这些工具，可以分析 CUDA 程序的性能，计算其运行在英伟达 GPU 上的计算量、访存量和计算强度等数据，并进行屋顶线模型分析，提供一些优化建议。

加州大学伯克利分校的研究者在论文"LLM Inference Unveiled: Survey and Roofline Model Insights"[24]中探讨了基于屋顶线模型进行大模型推理性能分析的相关内容，并开源了一款名为 LLM-Viewer 的大模型性能分析工具。该工具可在算子级、不同的批处理大小和序列长度、不同的量化程度等条件下进行计算性能分析。

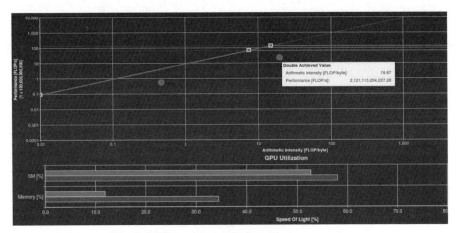

图 8-7　英伟达屋顶线模型分析

8.2.3　大模型相关分析

接下来将围绕大模型的相关参数和性能瓶颈展开讨论。由于当前以 GPT-3 为代表的主流大模型采用仅包含解码器部分的 Transfomer 架构（图 8-8 所示的未遮盖部分），因此以下分析都将在此基础上展开。

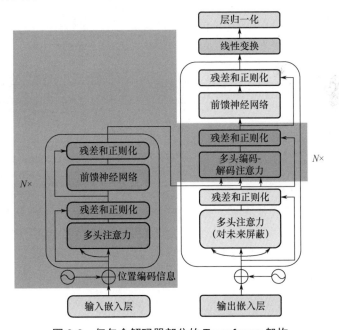

图 8-8　仅包含解码器部分的 Transfomer 架构

从图 8-8 可以看出，解码器结构由嵌入层、主体 Transformer 解码器块和输出层（线性变换及 Softmax）构成。而解码器块又由多头注意力（Multi-head Attention，MHA）、前馈神经网络（Feed-Forward Neural Network，FFN）和层归一化（LayerNorm）构成。Transformer 模型各参数如表 8-2 所示。

表 8-2　Transformer 模型各参数

参　数　名	标记符号	备　　注
模型参数量	P	
Transformer 解码器块层数	N	LLaMA、GPT 等大模型每层仅包含一个多头注意力和前馈神经网络
隐藏层维度数	d_{model}	嵌入层维度数，输出层维度数与其一致
注意力头数	h	
词表大小	V	LLaMA 默认词表个数为 32000
批大小	b	
序列长度	s	

1. 参数量与显存占用

参数量可以分三部分计算。嵌入层包含了词嵌入矩阵的参数量及位置编码（Position Encoding，PE）参数量，词嵌入的维度数通常等于隐藏层的维度数。词表大小为 V，故词嵌入矩阵的参数量为

$$V \cdot d_{\text{model}}$$

如果采用可训练式的位置编码，则可训练模型的参数量比较小。如果采用相对位置编码，例如 RoPE 和 ALiBi，则不包含可训练的模型参数，故嵌入层参数量约为

$$V \times d_{\text{model}}$$

输出层（Generator）包含一个线性变换层和一个 Softmax 层，故参数量为

$$d_{\text{model}} \times d_{\text{model}} + d_{\text{model}}$$

Transformer 的核心结构解码器由以下几个模块构成。

（1）多头注意力。如图 8-9 所示，多头注意力的结构是由具有 h 个头的注意力结构组成的。

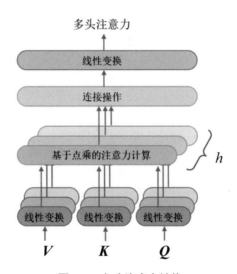

图 8-9　多头注意力结构

根据算法，$\boldsymbol{Q}$、$\boldsymbol{K}$、$\boldsymbol{V}$ 向量要分别经过一个线性变换层，基于点乘的注意力（Scaled Dot-Product Attention）的计算公式为

$$\text{Attention}(\boldsymbol{QW}_{\text{Q}}^{\text{T}}, \boldsymbol{KW}_{\text{K}}^{\text{T}}, \boldsymbol{VW}_{\text{V}}^{\text{T}}) = \text{Softmax}\left(\frac{(\boldsymbol{QW}_{\text{Q}}^{\text{T}}, \boldsymbol{KW}_{\text{K}}^{\text{T}})^{\text{T}}}{\sqrt{d_k}}\right)(\boldsymbol{VW}_{\text{V}}^{\text{T}})$$

由于是多头注意力，故需要经过 h 次这样的计算，然后将结果连接，最后经过线性层输出：

$$\text{MultiHead}(\boldsymbol{Q}, \boldsymbol{K}, \boldsymbol{V}) = \text{concat}(\text{head}_1, \text{head}_2, \cdots, \text{head}_k)\boldsymbol{W}^{\text{O}}$$

这一系列计算里需要用到多少参数呢？模块参数包含 $\boldsymbol{Q}$、$\boldsymbol{K}$、$\boldsymbol{V}$ 的权重矩阵 $\boldsymbol{W}_{\text{Q}}$、$\boldsymbol{W}_{\text{K}}$、$\boldsymbol{W}_{\text{V}}$，其形状都为 $[d_{\text{PKV}}, d_{\text{QKV}}]$，偏置向量的形状为 $[d_{\text{model}}]$，输出 $\boldsymbol{W}^{\text{O}}$ 的形状为 $[d_{\text{model}}, d_{\text{model}}]$，偏置向量的形状为 $[d_{\text{QKV}}]$。

注意要保证 $d_{\text{QKV}} = d_{\text{model}}/h$，只有这样才能保证连接正确，如图 8-10 所示。在实际实

现中，并没有真的拆分，只是逻辑上的"拆分"，从这也能看出头数 h 并不会影响参数量。

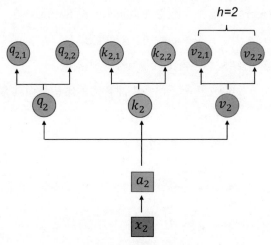

图 8-10 逻辑上的"拆分"

故多头注意力的参数量为

$$3h \times (d_{\mathrm{model}} \times d_{\mathrm{QKV}} + d_{\mathrm{QKV}}) + d_{\mathrm{model}} \times d_{\mathrm{model}} + d_{\mathrm{model}}$$

即

$$4d_{\mathrm{model}}^2 + 4d_{\mathrm{model}}$$

（2）前馈神经网络，也称多层感知机（Multilayer Perceptron，MLP），由两个全连接层组成，中间有一个 ReLU 激活函数，如图 8-11 所示。

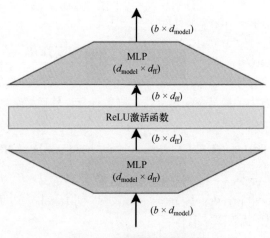

图 8-11 前馈神经网络结构

故前馈神经网络的参数量为

$$(d_{\text{model}} \times d_{\text{ff}} + d_{\text{ff}}) + (d_{\text{ff}} \times d_{\text{model}} + d_{\text{model}})$$

即

$$2d_{\text{model}} \times d_{\text{ff}} + d_{\text{model}} + d_{\text{ff}}$$

d_{model}、d_{ff} 都是模型里的超参数，论文 "Attention Is All You Need" [25]将 d_{model} 设置为 512、d_{ff} 设置为 2048 时，一般会将 d_{ff} 设置为 d_{model} 的 4 倍。

故参数量可以简化为

$$8d_{\text{model}}^2 + 5d_{\text{model}}$$

（3）层归一化包含两个可训练参数——缩放参数和平移参数，形状都是[d_{model}]，如图 8-12 所示。

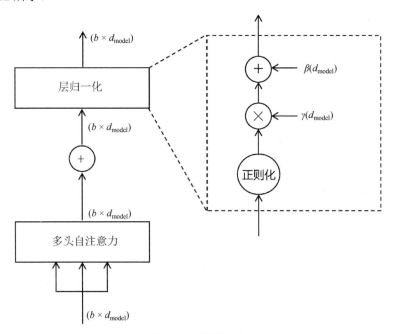

图 8-12　层归一化

因此，每个层归一化的参数量为 $2d_{\text{model}}$。而解码器包含两个层归一化，故总参数量为

$$4d_{\text{model}}$$

另外，GPT、LLaMA 等大模型对 Transformer 中的解码器结构做了改动，原本的

解码器包含两个多头注意力结构，修改后只保留了掩码多头注意力，即堆叠结构由多头注意力和前馈神经网络经过 N 次堆叠而成，如图 8-13 所示。

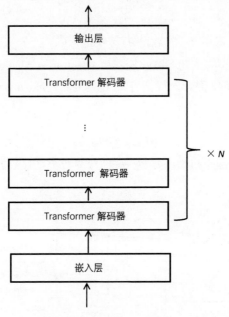

图 8-13 改动的 Transformer

故包含 N 层的 Transformer 解码器模型的总参数量为

$$N \times [(4d_{\text{model}}^2 + 4d_{\text{model}}) + 8d_{\text{model}}^2 + 5d_{\text{model}} + 4d_{\text{model}}]$$

即

$$N \times (12d_{\text{model}}^2 + 13d_{\text{model}})$$

一个完整的基于 Transformer Decoder-only 结构的大模型参数量为

嵌入层参数量+输出层参数量+N×解码器块

代入前面计算的结果：

$$V \times d_{\text{model}} + d_{\text{model}} \times d_{\text{model}} + d_{\text{model}} + N \times (12d_{\text{model}}^2 + 13d_{\text{model}})$$
$$= 12_{\text{model}}^2 + 13Nd_{\text{model}} + d_{\text{model}}^2 + Vd_{\text{model}}$$

当 d_{model} 足够大时，可以省略低次项，约等于

$$(12N + 1)d_{\text{model}}^2 + Vd_{\text{model}}$$

考虑到输出层、输入层与具体任务有关，为了简化计算，也可以直接计算编码器

本身的参数量，即 $12Nd_{\text{model}}^2$ 。

以 LLaMA 为例，基于以上公式，可计算出相关结果，如表 8-3 所示。

表 8-3　相关计算结果

实际参数量 P（单位：B）	隐藏层维数 d_{model}	层数 N	注意力头数 h	参数计算公式	估算参数个数	不含输出层和输入层，参数个数	显存/硬盘大小（2倍参数量 FP16）（单位：GB）
6.7	4096	32	32	(12×4096×4096)×32+4096×4096+32000×4096	6590300160	6442450944	～13
13.0	5120	40	40	(12×5120×5120)×40+4096×5120+32000×5120	12730761216	12585574400	～24
32.5	6656	60	52	(12×6656×6656)×60+4096×6656+32000×6656	32045531136	31902873600	～60
65.2	8192	80	64	(12×8192×8192)×80+4096×8192+32000×8192	64572358656	64433029120	～120

这种计算只是方便读者理解其中的逻辑，实际上可以利用前面提到的工具计算参数量。

需要说明的是，以上仅仅是内存占用，下面进一步分析训练和推理阶段的显存占用。

训练阶段显存存放模型参数、模型梯度信息、优化器状态和模型中间结果。假设模型参数量为 X。

在反向传播时，需要将模型梯度信息存放到显存中，每个参数都对应 1 个梯度，故该部分和模型参数占用显存大小相当，设为 P。

对于优化器状态，以 Adam 优化器为例，1 个参数对应 2 个优化器状态（Adam 优化器梯度的一阶动量和二阶动量），故占用显存大小为 $2P$。

对于中间结果，即前向传播过程中计算得到的中间激活值，需要保存，以便在后向传播计算梯度时使用。激活（activation）指的是在前向传播过程中计算得到的，并在后向传播过程中需要用到的所有张量，简单理解就是临时变量。这里的激活不包含模型参数和优化器状态，但包含了丢弃（dropout）操作需要用到的掩码矩阵。该结果与批大小 b、序列长度 s 有关。分别计算多头注意力、前馈神经网络、层归一化等中间存储过程占用的显存大小，可获得 N 层 Transformer 模型的中间激活层最终显存占用

$$34bsd_{\text{model}} + 5bs^2h$$

总的显存占用（假设 FP16 存储）为

$$(P + 2P + P) \times 2 + N \times (34 \times b \times s \times d_{\text{model}} + 5 \times b \times s^2 \times h)$$
$$= 8 \times 12 \times N \times d_{\text{model}}^2 + N \times (34 \times b \times s \times d_{\text{model}} + 5 \times b \times s^2 \times h)$$

从公式可以看出，模型和梯度占用的大小与参数量相关且与输入数据无关，而中间激活值与输入数据的大小（批大小 b 和序列长度 s）正相关，随着批大小和序列长度的增加，中间激活占用的显存会同步增加。当训练神经网络遇到显存不足（Out Of Memory，OOM）问题时，通常会尝试减小批大小来避免显存不足的问题，这种方式减少的其实是中间激活占用的显存，而不是模型参数、梯度和优化器的显存。

以 LLaMA 13B 为例，参数显存占用约为 24GB，梯度、优化器等显存占用为 36GB，中间激活层显存占用如表 8-4 所示。

表 8-4　中间激活层显存占用

批大小	参数显存占用（GB）	固定显存占用（GB）	中间激活层显存占用	中间激活层与参数显存占用比
1	24	96	31GB	1.3
64	24	96	1.9TB	82
128	24	96	3.8TB	165

可以看到，随着批大小的增加，中间激活层占用的显存远超过了模型参数占用显存，并呈线性比例增长。如何减少显存占用并提高利用率是优化的重点。采用激活重计算技术来减少中间激活就是一种方法，代价是额外增加了一次前向计算的时间，本质上是"时间换空间"。

对于推理显存，它不需要存放梯度信息和优化信息，大概是模型参数显存占用的 1.2 倍。由于推理过程是面向延迟优化的，为了加快推理速度，在推理过程中避免每次采样 Token 时重新计算键值向量，可以利用预先计算好的 K 值和 V 值，将其存储在缓存中，称为 KV 缓存（KV Cache）。KV 缓存会存储在 GPU 的显存中，从而节省计算时间，但同样会带来显存的消耗。推理过程包含以下两个阶段。

- 预填充阶段：输入一个提示序列，为每个 Transformer 层生成 K 值缓存和 V 值缓存，即 KV 缓存。
- 解码阶段：使用并更新 KV 缓存，一个接一个地生成词，当前生成的词依赖之前生成的词。

当推理采样时，Transformer 模型会以给定的提示或上下文作为初始输入进行推理（可以并行处理），随后逐一生成额外的 Token 来继续完善生成的序列（体现了模型的自回归性质）。在采样过程中，Transformer 会执行自注意力操作，为此需要给当前序列中的每个项目，无论是提示或上下文还是新生成的 Token，提取键值向量。这些向量存储在一个矩阵中，通常被称为 KV 缓存或 past 缓存（开源 GPT-2 称其为 past 缓存）。

而这部分的显存占用遵循以下规则。假设输入序列长度为 s，输出序列长度为 n，以 FP16 保存 KV 缓存，KV 缓存的峰值显存占用大小为

$$b \times (s+n) \times d_{model} \times N \times 2 \times 2$$
$$= 4bNd_{model}(s+n)$$

式中，第一个 2 表示 KV 缓存，第二个 2 表示 FP16 占 2 字节。

仍以 LLaMA 13B 为例，其 KV 缓存占用的显存如表 8-5 所示。

表 8-5　KV 缓存占用的显存

批大小 b	输入序列长度 s	输出序列长度 n	公　　式	KV 缓存大小（GB）
64	512	32	4×64×40×5120×(512+32)	～26

2. 计算量

对于采用 Transformer 结构的模型，权重矩阵乘法计算相较于其他（层归一化、残差连接、激活函数、Softmax，甚至注意力机制）可以忽略不计。当输入变量为 X(input_size, d_{model})，权重矩阵为 W(d_{model}, out)时，该矩阵计算所需的 FLOPs 为

$$2\text{input\_size} \times d_{model}$$

注意：对于该结果，矩阵的每个元素，都是做 h 次乘法（按位相乘），然后再做 h 次加法。

对于每个 step，模型的前向传播 FLOPs 为 $2bsP$，后向传播的计算量近似是前向传播的 2 倍（后向传播除了计算梯度，还需要存储梯度并更新参数）[26]。若一次训练需要 steps 次迭代，那么完整的计算量为

$$6\text{steps} \times bsP$$

式中，steps×bs 表示训练语料的总 Token 数 T，故训练的总计算次数为 $6TP$，单次 Token 的推理计算次数为 $2P$。因此，以 GPT-3 为例，其模型参数量为 1746 亿个，训练数据量为 3000 亿条，故其 FLOPs 为

$$6 \times 1746 \times 10^8 \times 3000 \times 10^8 = 3.1428 \times 10^{23} \text{FLOPs}$$

3．训练时间

有了总的计算量，就可以在给定平台算力的情况下，计算训练时间。其中，平台
GPU 算力并不一直处于峰值 FLOPs，利用率通常在 0.3 到 0.55 之间。为了减少中间激
活层显存占用，每次训练需要额外进行前向推理，总的计算量将是 $8TP$[27]。因此，训
练时间可以通过下面的公式计算。

$$\frac{8TP}{nXu}$$

式中，X 表示计算显卡的峰值 FLOPs；n 表示显卡的数量；u 表示利用率。以 LLaMA-65B
为例，在 2048 块 80GB 显存的 A100 上，在 1.4TB 个 Token 的数据上训练了参数个数
为 65B 的模型，80GB 显存 A100 的峰值性能为 624 TFLOPs。设 GPU 的利用率为 0.3，
则所需要的训练时间为

$$\frac{8\times(1.4\times10^{12})\times(65\times10^{9})}{2048\times(624\times10^{12})\times0.3}\approx1898871s\approx21天$$

这个估算值和 Meta 在实际训练 LLaMA 时所用到的训练时间是一致的[28]。从这里
可以看出，提高 GPU 利用率对于提升模型训练效率非常重要。

4．推理性能分析经验

根据屋顶线模型，计算性能表现与程序是计算密集还是访存密集有关。计算量会随
着批处理大小和参数量的增加而增加，而内存只随着参数量的增加而增加。如果每个参
数需要进行的乘法计算都很少，那么可能更会受到内存带宽的影响。

这里有一个基本结论是，批越大，GPU 处理相同请求所需的时间就越短，越能
有效地利用 GPU 资源，实现更大的吞吐量。然而，当批较小且需要低延迟时，可能
会受到内存容量的限制。在这种情况下，为了节省内存，可能需要放弃使用 KV 缓
存，并接受较高的计算成本。如果工作负载足够高，程序往往倾向于计算密集型程
序，这是因为计算密集型程序在高计算密度下效率更高，但增大批并不能提高它的
计算速度。

以 A100 芯片为例，每字节通信的浮点计算次数为 $(312\times10^{12}/300\times10^{9})=1040$ 次。
我们通常希望计算密度（FLOPs/byte）大于硬件计算能力，以保持计算密集（假设没
有内存限制）。维度超过 1024 的模型就能满足条件。当接口负载较低时，批会比较小，
这时可以考虑放弃 KV 缓存等策略，充分利用计算能力。如果接口需要处理大量批输
入，那么即使还有剩余容量，也建议保持最小的批，以保证较短的请求延迟。

8.3　常见优化技术

随着模型参数量越来越大，运行大模型需要的计算资源越来越多，提高吞吐量和降低访问延迟是一个非常大的挑战。例如，GPT-175B（GPT-3）仅存储模型权重就需要 325GB 的内存。要让此模型进行推理，至少需要 5 块英伟达 A100（80GB）和复杂的并行策略。

本节将从理论角度分析和总结大模型推理优化的常见思路。

对于一个采用 Transformer 结构的大模型，参数量、计算量和访存量对性能的影响巨大。参数量会直接影响模型参数权重和 KV 缓存（非必需），它决定了模型需要多少显存才能正常运行。计算量和访存量构成了计算强度的概念，它受到屋顶线模型的影响。通过与实际的计算平台结合，能够确定模型最快的计算速度，从而影响模型的吞吐量和延迟。

因此，想要改善模型推理的性能，应该从两个方面切入。

第一，降低显存成本，即尽可能地降低模型推理所需的显存总量，充分利用 GPU，并尽可能降低 GPU 的规格要求，如显存大小。

第二，降低计算成本，即尽可能地减少计算量，提高计算速度，重点是提升模型的推理性能。

下面介绍当前业内常见的优化思路。需要说明的是，这两个方面并不完全独立，例如前面提到的 KV 缓存就是空间换时间的做法。

8.3.1　模型压缩

显而易见，为了减少模型的显存占用，提高速度，可以通过一些方法将大模型压缩为相对较小的模型，从而降低模型对资源和算力的要求。

模型压缩早期主要应用于边缘 AI 领域，目的是让模型能够在资源有限的嵌入式设备中运行。随着大模型对资源的要求提高，模型压缩也成了优化大模型的重要方向。模型压缩的方向大致分为剪枝（Pruning）、知识蒸馏（Knowledge Distillation，KD）、量化（Quantization）、低秩分解（Low-Rank Factorization）、权重共享（Weight Sharing）和神经网络架构搜索（Neural Architecture Search，NAS）等。

下面介绍几个常见的方向。

1. 剪枝

大模型的结构比较复杂，参数也非常多，这些参数是否都发挥着重要的作用呢？研究表明，大模型中存在大量冗余的参数，它们对提升模型性能并没有明显的作用。因此，可以去除这些不重要的模型权重或连接，以减小模型的大小，加速推理。这个过程可以类比为人类的"减肥"。如图 8-14 所示，在剪枝时可以选择修剪突触（synapse），也称参数剪枝，即去除权重连接，将接近于 0 或者小于某个阈值的权重连接设为 0；或者修剪神经元，在权值矩阵上表现为去掉某行或某列。

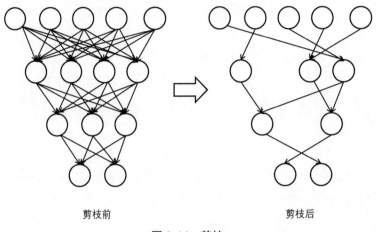

剪枝前　　　　　　　　　　　　　　　剪枝后

图 8-14　剪枝

如何给模型"减肥"呢？基本过程为：正常训练模型→判断重要性→剪枝→再训练，往复迭代。

从修剪的粒度来看，常见的剪枝方式可以分为以下几种。

（1）细粒度剪枝（fine-grained）。细粒度剪枝表示对连接或神经元进行剪枝，它是粒度最小的剪枝。

（2）向量剪枝（vector-level）。相对于细粒度剪枝，向量剪枝的粒度更大，属于对卷积核内部（intra-kernel）的剪枝。

（3）核剪枝（kernel-level）。核剪枝表示去除某个卷积核，这将丢弃对输入通道中对应计算通道的响应。

（4）滤波器剪枝（Filter-level）。滤波器剪枝表示对整个卷积核组进行剪枝，会造成推理过程中输出特征通道数的改变。

剪枝也可以分为非结构化剪枝和结构化剪枝。如图 8-15 所示，在非结构化剪枝方法中，以参数剪枝为例，简单地将参数置零，而不考虑最终模型的结构，可能导致不规则的稀疏结构，不利于代码实现和 GPU 计算加速。为了避免这种问题，结构化剪枝采用基于特定规则的连接或分层结构，同时保留整体网络结构。

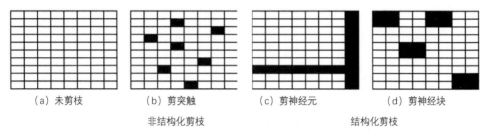

（a）未剪枝　　　　（b）剪突触　　　　（c）剪神经元　　　　（d）剪神经块

非结构化剪枝　　　　　　　　　　　结构化剪枝

图 8-15　剪枝分类

对于采用 Transformer 结构的模型来讲，剪枝过程遵循上述模式。

大致分为三个步骤：首先是发现阶段，即发现大模型中复杂的依赖关系，并找到最小可删除的单元或组，如注意力头；然后是评估阶段，评估每个分组对模型整体性能的贡献，并决定修剪哪个分组；最后是训练阶段，快速后训练，以恢复模型的性能。

以 LLM-Pruner 结构化剪枝为例，对比不同剪枝后模型的生成文本质量，可以发现微调后的模型依旧维持了较好的生成能力[29]。

2．知识蒸馏

知识蒸馏的理论基础和剪枝相同，考虑到神经网络中许多结构和参数实际作用不大，可进行某种方式的"瘦身"。不同于剪枝是在原有模型上剪除作用不大的结构和参数，知识蒸馏是将原有复杂模型中学到的知识转移到空间容量小得多的模型中，即"老师教学生"。因此，知识蒸馏由教师网络和学生网络组成。教师网络通常是一个更复杂的模型，使用整个训练数据集进行训练。网络中的大量参数使收敛相对简单。然后，应用知识转移模块将教师网络学到的知识提炼到学生网络中。

根据需要转移的知识类型不同，知识转移的方式也多种多样。下面介绍两种较为常见的知识及其转移方法。

1）基于响应的知识

基于响应的知识（Response-based Knowledge）侧重于网络的最终输出。换句话说，目标是让学生模型学会输出与教师模型类似的预测结果，而非直接从样本中学习。如图 8-16 所示，进行这种知识转移的典型方法是将教师模型和学生模型的实际真实值的损失，而不是学生模型和实际真实值进行比较。这种优化鼓励将学生模型权重更新到与教师模型权重相似的空间，从而实现知识转移的目标。教师模型的这种软标签往往比真实值更能让学生模型学得好，因为这样的软标签本身就包含有用的信息，如果直接使用真实值就丢失了这样的信息。比如，跟着教师模型学习分辨数字时，由于教师模型见过的样本很多，它知道 7 和 1 是有相似性的，而学生模型哪怕没有见过真实的 7，也能通过类似性，从 1 和 3 中分辨出 1。

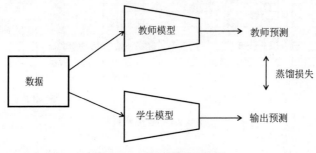

图 8-16　基于响应的知识

2）基于特征的知识

与输出相似性不同，基于特征的知识强调教师模型和学生模型之间的中间表征的差异。因此，转移特征要求在中间表征相似性期间而不是在最终输出时计算损失，如图 8-17 所示。这确保了学生模型的处理或提取方法也与教师模型相似。这种方式显然也希望尽可能地将教师模型在大量训练数据中学到的真正规律传递给学生模型，从而提升模型的泛化性。

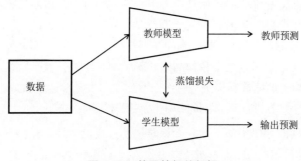

图 8-17　基于特征的知识

对大模型来讲，如图 8-18 所示，根据是否侧重于将大模型的涌现能力（Emergence Ability，EA）蒸馏到小模型分类，分为标准知识蒸馏和基于涌现的知识蒸馏。其中，标准蒸馏与前面提到的模式的区别仅在于教师模型是大模型。而基于涌现的知识蒸馏在将知识传递到学生模型的同时，还蒸馏了涌现能力。因此，基于涌现的知识蒸馏又分为上下文学习（In Context Learning，ICL）、思维链（Chain-of-Thought，CoT）和指令跟随（Instruction Following，IF）。

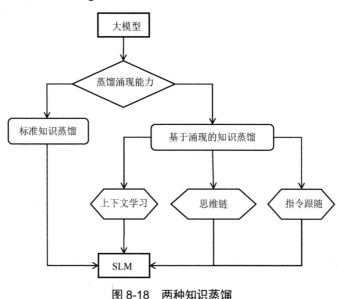

图 8-18 两种知识蒸馏

知识蒸馏不仅可用于模型压缩，还可以将模型能力迁移。香港科技大学提出了一种针对闭源大模型的对抗蒸馏框架，成功将 ChatGPT 的知识转移到了参数量为 7B 的 LLaMA 模型中。在只有 70K 训练数据的情况下，实现了近 95%的 ChatGPT 能力近似。也就是说，对于一些未开源的模型，通过知识蒸馏的方式复刻一个新模型也不失为一种巧妙的思路。

3．量化

前文曾经介绍过，通过降低参数精度可以减少显存占用。例如，PyTorch 默认的模型采用全精度（FP32）计算和存储。如果将其量化为半精度（FP16），则内存占用相对于降低精度之前减少了一半，并且由于精度降低，相应的计算速度也会提高。

量化特指将浮点算法转换为定点计算（定点，即小数点的位置是固定的，通常为纯小数或整数）或离散计算，例如将 FP16 存储的模型量化为 INT8 或者 INT4，如图 8-19 所示。因此，量化是一种非常有效的方法，可以减少显存资源的占用并提高推理速度。需要注意的是，计算速度要结合 GPU 的计算能力综合判断，因为不同精度的矩阵的计算速度在英伟达 GPU 上有所不同，并不是精度越低，计算速度就越快。

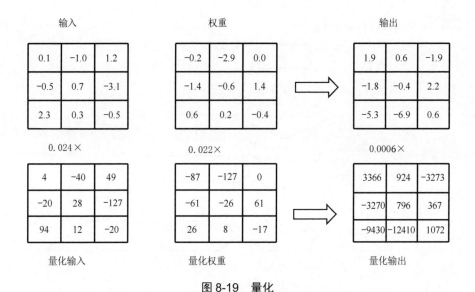

图 8-19　量化

应用量化策略有三种常见的方法：

（1）量化感知训练（Quantization Aware Training，QAT）。在预训练或进一步微调期间应用量化。量化感知训练能够获得更好的性能，但需要额外的计算资源，并且需要使用具有代表性的训练数据。

（2）动态训练后量化（Post-Training Quantization Dynamic，PTQ-动态）。精度降低仅发生在模型训练之后，所有模型权重都是提前量化的，只有偏置和激活函数在推理过程中是动态量化的。对于不同的输入值，其缩放因子是动态计算的。

（3）静态训练后量化（Post-Training Quantization Static，PTQ-静态）。静态训练后量化与动态训练后量化类似，但是需要使用少量无标签校准数据，采用 KL 散度等方法计算量化比例因子。

静态量化（Static Quantization）与动态量化的区别在于其输入的缩放因子计算方法不同，静态量化的模型在使用前有微调的过程（校准缩放因子），如果在模型推理过程中加载权重比矩阵乘法要花费更多的时间，那么 PTQ-动态推理就是最合适的选择。另外，静态训练后量化使用校准数据集提前计算量化参数，计算量比动态量化明显更小。

此外，根据大模型权重中的位数（精度）分类，量化可以分为 8 位量化和低位量化。常见的量化方法有 LLM.Int8、GPTQ、AWQ 和 GGUF 等，在社区均有开源实现，可以开箱即用。

模型量化，特别是低位量化对模型性能有什么影响呢？根据论文"Do Emergent Abilities Exist in Quantized Large Language Models: An Empirical Study"[30]显示，在使用 4 位和 2 位量化模型进行实验时，4 位量化模型仍然保留了较好的智能涌现能力，而 2 位量化模型的性能严重下降。但通过模型微调，可以在一定程度上提高低位模型的性能。

除了上述介绍的三种模型压缩方法，还有其他几种方法。总的来说，通过这些方法可以有效地降低模型的大小，降低计算复杂度，在尽可能降低效果损失的情况下，降低运行内存并提高推理速度。

8.3.2　Offloading

Offloading 将 GPU 中的计算任务转移到 CPU 中，以减轻 GPU 的负担。其中一个代表性项目是 Flexgen，其作者专注高吞吐量生成推理的有效 Offloading 策略。当 GPU 显存不足时，需要将部分计算任务卸载到二级存储中，并通过分段加载的方式逐段计算。研究证明，以单位算力成本计算，单块消费级别的 T4 GPU 的吞吐效率要比云上延迟优化的 8 块 A100 GPU 的效率高 4 倍。该项目宣称一块 RTX 3090 上就可以运行 ChatGPT 体量的模型，Offloading 技术可以很好地降低对 GPU 的要求。

这种方法显然存在一个问题：GPU 与 CPU 之间频繁地卸载和加载导致了较大的开销，从而使其在推理延迟上存在巨大劣势。因此，这种方法更适合对延迟不敏感的批量推理场景。

8.3.3　多 GPU 并行化

为了提高模型推理速度并降低单 GPU 的内存需求，可以使用并行化（Parallelism）技术。常见的并行策略有三种：数据并行、张量并行和流水线并行。

1. 数据并行

数据并行（Data Parallelism，DP）是每块显卡上都完整保存一个模型，将数据分割成多个批，然后独立计算梯度，最后将梯度值平均化作为最终梯度。在推理过程中，本质上是独立并行推理，可以通过增加设备数量来增加系统的整体吞吐量。

2. 张量并行

张量并行也称模型并行（Model Parallelism/Tensor Parallelism，MP/TP）。若模型张量很大，一块显卡容纳不下，则可将张量分割成多块，每块存储在一块显卡上，让每块显卡分别计算，最后将结果拼接在一起。在推理过程中，可以将计算任务分配到多个卡中进行并行计算,通过横向增加设备数量来提高并行度,从而减少延迟。

3．流水线并行

流水线并行将网络按层切分,划分成多组,每块显卡存储一组。下一块显卡获取到上一块显卡计算的输出进行计算,通过纵向增加设备数量可以提高流水线的并行性,通过缩短显卡的等待时间,可以提高设备的利用率。

通过将模型并行和流水线并行联合使用,可以支持更大的模型,并获得最佳的效果。但需要注意的是,使用多块 GPU 并行推理并不会加快推理速度,而是可以将单个显卡无法运行的模型分片到多个显卡上运行。

实际上,这些策略并不仅在推理阶段有用,在训练阶段同样可以采用这种方法来加速训练过程。

8.3.4　高效的模型结构

结构优化是通过改进模型结构来提高其推理性能的方法。Transfomer 架构自 2017 年提出以来,围绕它的改进已成为一个热门的研究领域。Google 曾进行过一项调研 "Efficient Transformers: A Survey"。在这项调研中,关于 Transformer 结构的改进非常繁多,涉及很多研究方向,如模型效率、模型泛化、稀疏注意力机制、运行提效、多模态学习等。

正如前面所分析的,输入序列长度越长,模型所需内存就越多,处理能力越强,并且增长速度呈平方级,这被称作二次复杂性(quadratic complexity)。因此,优化的方向主要集中在自注意力机制的二次复杂性和内存复杂度上,旨在提高计算和内存效率。2024 年 4 月,Google 发明了一种新的注意力技术——无限注意力(Infini- attention),它使基于 Transformer 的模型能够在有限的内存占用和计算量下高效地处理无限长的输入序列,将压缩内存集成到标准的注意力机制中,并在单个 Transformer 块内构建了掩码局部注意力和长期线性注意力机制。通过这种技术,现有的模型能够进行预训练和微调,上下文可以自然扩展到无限长。在内存不变的前提下,具有无限注意力的 10 亿个参数的大模型的上下文长度自然扩展到 100 万个 Token。持续预训练和任务微调后,具有无限注意力的 80 亿个参数的大模型,在 50 万个 Token 书籍摘要任务上达到了 SOTA 的效果。

由此可以看出,通过修改模型结构可以进行根本性的优化,但也需要重新评估构建在其上的模型性能和效果,这是一项非常漫长但有意义的基础性工作。

8.3.5　FlashAttention

FlashAttention 方法由斯坦福大学在论文 "FlashAttention: Fast and Memory-Efficient Exact Attention with IO-Awareness" [31]中提出，核心思路在于传统的 Transformer PyTorch 计算注意力时，内存（HBM）用于存储张量（如特征映射/激活），而 SRAM 用于对这些张量执行计算操作，但未考虑到 GPU SRAM 与 HBM 的读写速度上的巨大差距，导致对 HBM 的重复读写形成 I/O 瓶颈，无法充分利用计算能力。FlashAttention 提出了 I/O 感知（I/O-Awareness）的概念，关注到这种差异，在计算精确注意力的同时，通过实现一个 CUDA 核心，将所有注意力操作（如 Matmul、Mask、Softmax 等）融合到一个 GPU 内核中。在计算 Softmax 时，既不计算也不存储注意力矩阵，减少内存读写操作的次数。

FlashAttention 实现了两个目标：加快训练推理速度、支持更长的序列（上下文）。在 GPT-2 模型上，FlashAttention 在不损失准确性的情况下，相较于 HuggingFace 和 Megatron-LM，端到端速度分别提高了 3 倍和 1.7 倍。由于 FlashAttention 计算的是精确注意力，因此这些速度提升并未牺牲任何准确性。

FlashAttention 已经被集成到 PyTorch 2.0 中，使用方便，但需要留意 GPU 型号和 CUDA 版本。

2023 年 7 月，FlashAttention v2 发布，对 FlashAttention v1 进行了彻底的重构，模型 FLOP 利用率高达 72%，速度提高了 2 倍，其运行速度最高可达 PyTorch 的标准注意力的 9 倍[32]。

8.3.6　PagedAttention

之前提到，为了提升推理性能，避免每次采样 Token 时重新计算键值向量，可以将预先计算好的键和值存储在缓存中。但随着输入序列越来越长，这些向量消耗的内存就会越来越大，在 LLaMA-13B 中，缓存单个序列最多需要 1.7GB 的显存。另外，这些 KV 存储大小取决于序列长度，是高度可变和不可预测的。内存耗尽会导致内存过度预留和碎片化，这种碎片化会使内存访问变得非常低效，尤其对于长标记序列。过度预留的目的是确保为张量分配了足够的内存，即使没有耗尽所有的内存，现有系统也浪费了 60%~80%的显存。

PagedAttention 的目标就是在 GPU VRAM 的连续空间中更高效地存储键值张量。该算法借鉴了操作系统中的虚拟内存和分页概念。与传统的注意力算法不同，PagedAttention 允许在非连续的内存空间中存储连续的键和值，它将每个序列的 KV 缓存划分为多个区块，每个区块包含固定数量标记的键和值。在注意力的计算过程中，PagedAttention 内核能有效识别并获取这些块。

由于区块不再需要连续的内存，PagedAttention 在管理键和值方面获得了更大的灵活性，类似于操作系统中的虚拟内存，把区块看作页面，标记看作字节，序列看作进程。序列中逻辑上连续的块通过块表映射到物理上不连续的块，随着新标记的生成，物理块会被按需分配。

在使用 PagedAttention 时，内存浪费只发生在序列的最后一个块中。在实践中，这使内存利用率接近最优，浪费率仅为 4%。这种内存效率的提高带来显著的好处：它可以将更多的序列批处理在一起，提高 GPU 的利用率，从而提高吞吐量。它还有一个优势是高效的内存共享，例如，在并行采样过程中，会从同一个提示生成多个输出序列。在这种情况下，基于提示的计算和存储可以在输出序列之间共享。

PagedAttention 在推理过程中采样时可以共享虚拟块，这大大降低了并行采样和集束搜索（Beam Search）等复杂采样算法的内存开销，最多可减少 55% 的内存使用量。在并行任务下，实现了 PagedAttention 的 vLLM 要比 HuggingFace 和 TGI 快得多，特别是在多输出完成的情况下。同时，TGI 和 vLLM 之间的差异随着模型的增大而增大，这是因为更大的模型需要更多的内存，因此受内存碎片的影响更大。vLLM 比 HuggingFace 的 Transformers 库快 24 倍。

8.3.7　连续批处理

就像上面提到的，大模型的显存占用高是推理性能的一个重要瓶颈。因此，如何更充分地利用已加载到显存中的参数权重和 KV 缓存，避免频繁地换入换出，成为一个关键问题。借鉴批处理的思路，让模型一次性处理多个输入序列，能够有效地共享内存，提高计算的利用率。

在此基础上，为了进一步降低延迟，提出了一种新的优化方法——连续批处理（Continuous Batch），也称动态批处理（Dynamic Batch）。图 8-20 所示是使用连续批处理完成的七个序列，左侧显示了单次迭代后的批，右侧显示了多次迭代后的批。该方法不需要等待批中的每个序列都生成完成，而是实施迭代级调度，每次迭代时决定批大小。这样做的结果是，一旦批中的一个序列生成完成，就可以插入一个新序列，从而比静态批产生更高的 GPU 利用率。

可以看到，上面提到的 vLLM 就是利用了这一思路，通过连续批处理和 PagedAttention 使推理性能得到了很大提升。

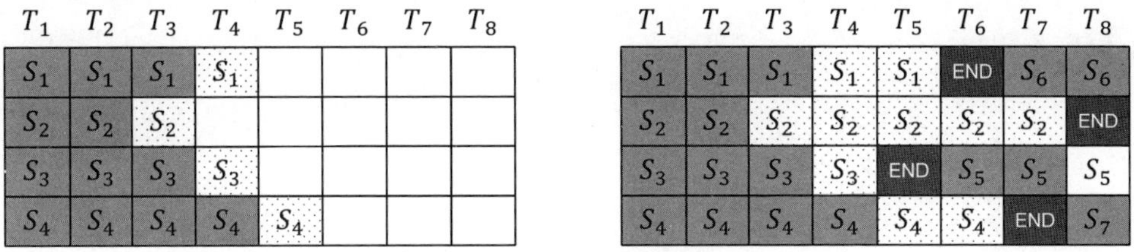

T_1	T_2	T_3	T_4	T_5	T_6	T_7	T_8
S_1	S_1	S_1	S_1				
S_2	S_2	S_2					
S_3	S_3	S_3	S_3				
S_4	S_4	S_4	S_4	S_4			

T_1	T_2	T_3	T_4	T_5	T_6	T_7	T_8
S_1	S_1	S_1	S_1	S_1	END	S_6	S_6
S_2	S_2	S_2	S_2	S_2	S_2	S_2	END
S_3	S_3	S_3	S_3	END	S_5	S_5	S_5
S_4	S_4	S_4	S_4	S_4	S_4	END	S_7

图 8-20　连续批处理

8.4　本章小结

本章给出了推理服务的优化目标及相关理论基础，并介绍了当前主流的推理优化技术。这些技术从降低计算成本和显存成本的角度入手，针对提高推理的吞吐量和降低延迟，给出了一系列改进方法。

接下来的一章将会介绍与模型部署推理相关的常见工具，以便高效地落地大模型应用。

第 9 章

09

部署推理工具

第 8 章介绍了很多降低资源需求、提高推理吞吐量和降低延迟的技术。在业界，许多优秀的工具或框架利用这些技术加速了推理过程。

本章将从架构和工具特点两个角度介绍，帮助读者完整和系统地认识这些技术，并结合自己感兴趣的项目进行深入研究。

9.1　推理架构概述

大模型推理领域的工具和框架百花齐放，初学者往往难以厘清其中的脉络。在推理阶段，大模型应用从技术层面可以分为五层，分别是硬件层、资源编排层、模型服务层、中间件层和应用编排层，如图 9-1 所示。

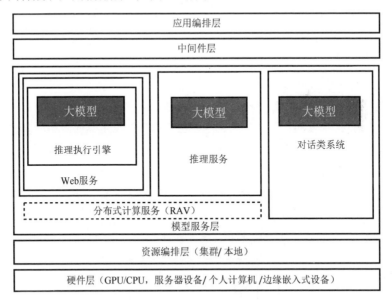

图 9-1　大模型应用推理分层架构

1．硬件层

硬件层主要根据设备的硬件进行区分，其中主要有两个方面。

1）GPU 或 CPU 设备

根据是否拥有 GPU，以及不同的 GPU 供应商，会有不同的解决方案。例如，在推理加速引擎方面，对于英伟达平台，首推 TensorRT，对于 Intel 平台，则首推 OpenVINO。

2）设备类型

设备类型指的是服务器设备、个人计算机或边缘嵌入式设备。这些设备的形态和应用场景决定了上层解决方案，它们在算力、可靠性、性能要求等方面通常存在很大的不同。例如，数据中心集群化方案可能会采用 K8s，而边缘设备集群方案可能会选择 K3s。

在大模型领域，很多加速引擎在设计之初就将优化部署硬件作为出发点和落脚点，选择合适的理论方案，在设备特性和场景要求之间取得平衡。

2. 资源编排层

提高可用性和资源利用率的方法通常会涉及弹性伸缩、负载均衡、智能调度等。在资源编排层中，数据中心服务资源编排领域的主导者是 K8s，还有一些公有云，如 Azure、AWS 和 GCP。通过这一层的封装，开发者可以方便地将推理服务扩展到推理集群中。该层有一些细分的解决方案，如多云管理方案，例如 Rancher、Karmada，还有提供任务调度策略的解决方案，例如 Volcano 可以结合大模型任务特点，通过合理调度来提升 GPU 的利用率。

3. 模型服务层

模型服务层的目标是构建核心模型推理服务，并为上层提供高级服务接口。这一层是本章的重点，众多的优化方案也在这一层应用。根据工具的封装程度，可以将其分为三类：推理执行引擎（Inference Execute Engine）、推理服务（Inference Server）和开箱即用的对话类系统（Chat System）。

如图 9-2 所示，推理执行引擎的形态一般是一个库或工具包，结合场景和设备情况，对模型的相关技术进行优化，如量化、并行化等。它既可以在本地调用，也可以与一些高性能的 Web 服务框架集成进而提供推理服务。

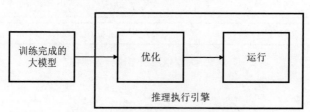

图 9-2　推理执行引擎的基本流程

为了降低开发者的使用复杂度，统一提供模型服务接口，优化全局性能，例如动态批处理、屏蔽底层优化实现细节等，也有一些项目专注开发高性能且易用的推理服务，如 Triton Server。

有一些项目的目标甚至是实现类似于 ChatGPT 这样的产品级服务，做到开箱即用，使大模型应用开发者能够轻松地在 OpenAI 接口和自己部署的服务之间切换。对于普通开发者来讲，这是一个福音，因为无须考虑内部的复杂性。

4．中间件层

随着生产级应用的复杂度和外界环境的复杂性越来越高，需要有一层执行公共工作，如拦截、过滤、防御和改写等，以提升大模型服务的安全性和可控性。基于这些目的，可参考 Python Django 框架的命名方式，将其称为"中间件层"。其中最常见的就是缓存，通过一些缓存策略可以减少大模型应用对模型服务的调用量，不仅可以提高速度，还可以节约算力成本。除此之外，如提示漏洞防御、访问审计、资源及服务监控等方面也属于这一层。这一层涌现了许多优秀的框架，如 Guiduice、Rebuff 和 GPTCache 等。对于框架开发者来说，中间件层是一个新兴领域，有许多课题需要研究。

5．应用编排层

应用编排层主要负责业务逻辑的编排实现和底层组件的集成，是整个大模型应用的中枢。应用编排层基于场景积累了大模型应用常见的编程模式，开发者可以基于简单一致的编程接口编写出高质量的大模型应用，而不需要了解底层细节。一个典型的例子是 BabyAGI。目前，应用编排层的方案基本形成了三足鼎立的局面，即 LangChain、Llama Index 和 Semantic Kernel（SK）。它们各有所长，如 LangChain 专注开发 Agent 应用，Llama Index 专注开发 RAG 应用，Semantic Kernel 拥有大量的微软技术栈开发者。

整个大模型应用的每层并不是孤立的，而是有机地联系在一起，它们是从解决问题角度逐层展开的。选择每层方案都需要考虑其他层的影响，最终选择合适的方案。

接下来针对模型服务层的不同层次，从 Web 服务、推理执行引擎、推理服务和对话类系统等几个角度进行常见的项目介绍，并提供一些选型建议，如图 9-3 所示。

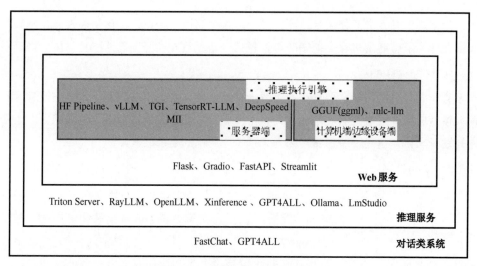

图 9-3　大模型推理常见项目

9.2　Web 服务

业界发布的大模型都提供了完整的模型推理脚本，开发者可以很方便地体验其效果。以 ChatGLM3-6B 为例，它以多种演示形式呈现，其中包括了 Web 演示。只需执行以下命令，即可启动基于 Gradio 网页版的演示，图 9-4 所示为 ChatGLM3 运行截图。

```
git clone h**ps://github.com/THUDM/ChatGLM3
cd ChatGLM3-6B

# 安装依赖
pip install -r requirements.txt
pip install gradio

python web_demo_gradio.py
Loading checkpoint shards: 100%|████████████| 7/7 [00:12<00:00,
1.79s/it]
Running on local URL: h**p://127.0.0.1:7860
```

从开发者生态的角度来看，业界已经形成了一个基本惯例，即将训练好的模型发布到 HuggingFace 上，从而共享模型并形成生态，类似于 Docker Hub 或 Maven Nexus，如图 9-5 所示。

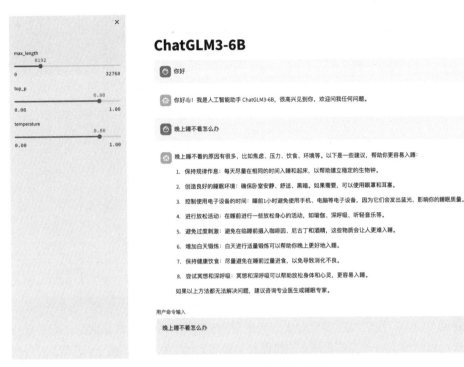

图 9-4　ChatGLM3 运行截图

图 9-5　HuggingFace 网站截图

开发者利用 HuggingFace 提供的工具包 transformers，可以方便地进行自然语言处理模型的训练、推理和优化（高效参数微调库就是其中一部分）。例如，通过下面的代码可以拉取 ChatGLM3-6B 模型，在本地调试。

```
>> > from transformers import AutoTokenizer, AutoModel
>> > tokenizer = AutoTokenizer.from_pretrained ( "THUDM/chatglm3-6b",
```

```
trust_ remote_code=True)
  >>>model=AutoModel.from_pretrained("THUDM/chatglm3-6b",trust_remote_
code=True, device='cuda')
  >>> model = model.eval ()
  >>> response, history = model.chat (tokenizer, "你好", history=[])
  >>> print (response)
你好👋!我是人工智能助手
ChatGLM3 - 6
B, 很高兴见到你, 欢迎问我任何问题。
  >>> response, history = model.chat (tokenizer, "晚上睡不着应该怎么办",
history=history)
  >>> print (response)
```

如果因为网络环境问题或者需要在私有环境中操作，那么可以先将模型下载到本地再加载。从 HuggingFace Hub 下载模型需要先安装 Git LFS，然后复制到本地。如果从 HuggingFace 下载速度慢，那么也可以从国内的 ModelScope 等模型社区下载。

在原型演示阶段，并不需要过多地考虑资源和响应速度等工程化问题，而是应将重点放在模型效果和流程的实现上。需要封装模型，提供推理接口或 UI 界面，以便用户或服务进行查看或调用。因此，能够快速开发原型，并尽可能减少不同角色和人员的参与，能够独立完成工作就成了这个阶段最重要的需求。

从快速构建模型原型服务的角度来看，对于主流的 4 个框架——Streamlit、Gradio、FastAPI、Flask，前两者可以通过编写 Python 代码生成带有界面的 Web 服务，后两者可以方便地构建 API 服务（Gradio 也是基于 FastAPI 构建的）。ChatGLM3-6B 服务就是利用这几个框架实现的推理演示服务。

9.2.1 Streamlit 与 Gradio

Streamlit 与 Gradio 受欢迎的主要原因是它们是纯 Python 库，这使机器学习科学家或工程师可以轻松地使用自己熟悉的语言开发前端服务。它们的展示效果也相当不错，特别是 Streamlit 提供的图表非常酷炫。最重要的是，它们足够简单，可以快速地构建一个模型演示程序。以 Gradio 为例，只需要使用一行代码便能生成一个模型演示网页，如图 9-6 所示。

```
from transformers import pipeline
gr.Interface.from_pipeline (pipeline ("question-answering",    model=
"uer/roberta-base-chinese-extractive-qa")) .launch ()
```

图 9-6　Gradio 生成模型演示网页

如果需要自定义界面，那么也可以通过 Python 代码实现（类似于 Java 中的 Swing），如图 9-7 所示。

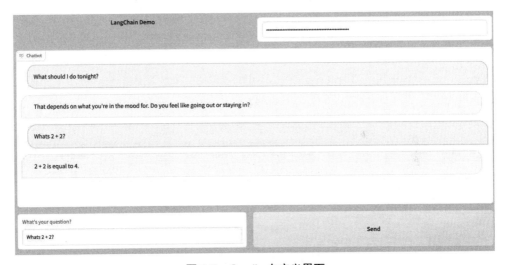

图 9-7　Gradio 自定义界面

Gradio 使用简单，专为机器学习模型场景演示而生，HuggingFace 上的模型演示通常使用它，而且 Notebook 也可以原生嵌入。Streamlit 的功能更加全面，界面样式更为美观，如果有数据可视化的需求，则可以重点考虑 Streamlit，其界面如图 9-8 所示。总的来讲，二者的差别并不大。

图 9-8   Streamlit 界面

9.2.2   FastAPI 与 Flask

推理服务的关键在于将模型转变为服务（Model as Service），提供 API 接口，方便前端或其他服务调用。虽然这种方式也存在批量推理的需求，但相对较为简单，本文不进行讨论。FastAPI 与 Flask 是完全用 Python 编写的 Web 应用框架，可用于快速开发 API 服务。表 9-1 所示为 Flask 与 FastAPI 的差异对比。

表 9-1   Flask 与 FastAPI 的差异对比

特　　性	Flask	FastAPI
HTTP Methods	@app.route（"/",methods=["GET"]） @app.route（"/",methods=["POST"]）	@app.get（"/"） @app.post（"/"）
数据验证	无	内置
错误信息展示	内嵌 HTML	JSON 格式
异步任务	不支持	支持
性能	受限于 WSGI	ASGI 实现
文档支持	手工	自动
社区支持	高	中

Flask 基于 WSGI（Web Server Gateway Interface），成熟度和生态丰富性更好，总体用户量占优，是不折不扣的实力派；FastAPI 基于 ASGI（Asynchronous Server Gateway Interface），是站在巨人肩膀上的新兴框架，大有赶超之势。FastAPI 的亮点在于原生支持异步处理、速度快，同时内置数据类型检查和 API 文档生成功能，在开发

工作中更高效。由于开发风格具有相似性，因此许多 Flask 用户已经向 FastAPI 迁移。FastAPI 和 Flask 都是大模型后端的主流框架，我们在实际工作中选择哪种框架都不会有问题。

9.3　推理执行引擎

在通常情况下，模型在通过机器学习框架（如 PyTorch）训练后，可以通过一些标准能力进行推理，如在 PyTorch 中使用 model.eval()可以将模型设置为评估模式，从而切换为前向推理状态。这种方式简单直接，但通常存在一些弊端，列举如下。

- 对资源的要求高，性能差，没有针对目标场景和设备进行针对性的优化。
- 不利于模型交换分享，训用分离，训练和推理框架及过程耦合度高。
- 与算法细节相关，门槛较高，应用开发者难以使用。

为了解决这些问题并加速推理过程，推理执行引擎应运而生。在大模型出现之前，已经有一些推理引擎（如 tensorRT）出现，支持 TensorFlow、Caffe、MXNet、PyTorch 等主流深度学习框架训练的模型优化，并能够提升在英伟达 GPU 等特定硬件上的推理性能。

在大模型时代，资源占用和性能问题变得尤为突出。原始模型经过优化后，难以直接在生产环境中进行推理，因此推理执行引擎变得尤为重要。为应对这一需求，涌现了大量的框架和工具。从重点优化的目标设备来看，主要分为两类：服务器端、个人计算机端或边缘设备端。接下来将分两节介绍。

9.3.1　服务器端推理

当前，鉴于大模型对资源的高要求及场景层面的特点，大多数大模型被部署在具有 GPU 的服务器端，而这些推理引擎的目的是提高推理的性能、吞吐量及资源利用率。常见的有 HuggingFace Pipeline、Text Generation Inference、vLLM 和 TensorRT-LLM 等。随着技术的不断发展，底层优化技术趋于一致，性能差异也在减小。

1. HuggingFace Pipeline

该执行引擎在本章前面介绍过，它是 HuggingFace 早期为了简化自然语言处理模型训练和推理而开发的 Transformers 库中的一个核心模块。该库已被广泛应用于计算机视觉、语音等多模态任务中。使用 Pipeline 功能可以快速实现推理任务，并结合 Web 服务器框架，如 Gradio、Flask，快速构建一个推理服务。下面是一个进行推理的例子。

```
from transformers import AutoTokenizer
import transformers
import torch

model = "meta-llama/Llama-2-7b-chat-hf"

tokenizer = AutoTokenizer.from_pretrained(model)
pipeline = transformers.pipeline(
    "text-generation",
    model=model,
    torch_dtype=torch.float16,
    device_map="auto",
)

sequences = pipeline(
    'I liked "Breaking Bad" and "Band of Brothers". Do you have any
recommendations of other shows I might like?\n',
    do_sample=True,
    top_k=10,
    num_return_sequences=1,
    eos_token_id=tokenizer.eos_token_id,
    max_length=200,
)
for seq in sequences:
print(f"Result: {seq['generated_text']}")
```

如图 9-9 所示，整个内部执行过程大致如下。

图 9-9　Pipeline 内部执行过程

该库提供了各种各样的预置任务类型，可以根据任务类型自动加载指定模型并选择合适的预处理类。

在性能优化方面，与 Accelerate 库配合使用，支持静态批处理、CPU offload、模型并行和量化等常见优化手段。

1）批处理

该功能在使用流能力（如输入参数为 List、Dataset 或 Generator）时生效。

```
from transformers import pipeline
from transformers.pipelines.pt_utils import KeyDataset
```

```
import datasets

dataset = datasets.load_dataset ( "imdb", name="plain_text", split=
"unsupervised")
pipe = pipeline ("text-classification", device=0)
for out in pipe (KeyDataset (dataset, "text"), batch_size=8, truncation=
"only_first"):
    print (out)
    # [{'label': 'POSITIVE', 'score': 0.9998743534088135}]
    # 输出与之前完全相同，但内容分批传递给模型
```

需要指出的是，使用批处理并不意味着性能会得到提升。这与硬件、数据和实际使用的模型有关，它可能会让推理变得更快或更慢。下面是一个变快和变慢的例子。

- 变快的例子如下。

```
from transformers import pipeline
from torch.utils.data import Dataset
from tqdm.auto import tqdm

pipe = pipeline ("text-classification", device=0)

class MyDataset (Dataset):
    def __len__ (self):
        return 5000

    def __getitem__ (self, i):
        return "This is a test"

dataset = MyDataset ()

for batch_size in [1, 8, 64, 256]:
    print ("-" * 30)
    print (f"Streaming batch_size={batch_size}")
    for out in tqdm (pipe (dataset, batch_size=batch_size), total=len
(dataset)):
        pass
```

运行结果如下。

```
# On GTX 970------Streaming no batching100%|████████████████████████████████████████████████| 5000/5000 [00:26<00:00, 187.52it/s]------
```

```
------Streaming batch_size=8100%|████████████████████████████
██████████| 5000/5000 [00:04<00:00, 1205.95it/s]-----------Streaming
batch_size=64100%|█████████████████████████████████████████████
| 5000/5000 [00:02<00:00, 2478.24it/s]-----------Streaming batch_size=
256100%|████████████████████████████████████████████████████|
5000/5000 [00:01<00:00, 2554.43it/s] (diminishing returns, saturated the GPU)
```

- 变慢的例子如下。

```
class MyDataset (Dataset):
    def __len__ (self):
        return 5000

    def __getitem__ (self, i):
        if i % 64 == 0:
            n = 100
        else:
            n = 1
        return "This is a test" * n
```

与其他句子相比，某些句子偶尔可能会很长。在这种情况下，整个批处理需要 400 个 Token，因此整个批处理将是 [64,400]，而不是 [64,4]，导致速度大大降低。更糟糕的是，如果处理批设置得太大，则程序可能会直接崩溃。

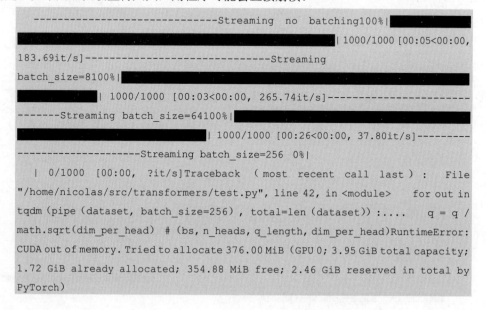

```
----------------------------Streaming no batching100%|████████
                        | 1000/1000 [00:05<00:00,
183.69it/s]-----------------------------Streaming
batch_size=8100%|████████████████████████████████████████████
                | 1000/1000 [00:03<00:00, 265.74it/s]----------------------
-------Streaming batch_size=64100%|██████████████████████████
                    | 1000/1000 [00:26<00:00, 37.80it/s]---------
---------------------Streaming batch_size=256 0%|
| 0/1000 [00:00, ?it/s]Traceback (most recent call last): File
"/home/nicolas/src/transformers/test.py", line 42, in <module>   for out in
tqdm (pipe (dataset, batch_size=256), total=len (dataset)):....   q = q /
math.sqrt(dim_per_head) # (bs, n_heads, q_length, dim_per_head)RuntimeError:
CUDA out of memory. Tried to allocate 376.00 MiB (GPU 0; 3.95 GiB total capacity;
1.72 GiB already allocated; 354.88 MiB free; 2.46 GiB reserved in total by
PyTorch)
```

要避免出现这类问题，官方给出了一些建议。第一，在实际的硬件环境下进行性能测试，进而评估其有效性；第二，如果有延迟要求（正在进行推理的实时产品），则不要选择批处理；第三，如果使用 CPU，则不要选择批处理；第四，如果用的是吞吐量优先，则在 GPU 上：

- 如果不清楚实际输入 sequence_length 的范围，则在默认情况下不要进行批处理。应该进行实际测试，尝试暂时添加 sequence_length，并添加 OOM 的检查措施，以便失败时能够恢复。

- 如果 sequence_length 非常有规律，那么批处理通常会比较有效，可以不断地尝试增大批处理量，直到出现 OOM，以获得最佳配置。

- GPU 越大，批处理就可能越有效。

第五，一旦启用批处理，就需要考虑处理 OOM 可能带来的问题。

2）利用 Accelerate 加速大模型推理

该功能依赖 HuggingFace 的 Accelerate 库，利用 Accelerate 可以使大规模训练和推理变得简单、高效且适应性强。Accelerate 提供了一系列优化技术，能对显卡无法完全容纳的模型进行推理。

使用 Accelerate 的高级功能或技巧也很容易，在 from_pretrained()或者 pipeline()函数中设置 device_map 为 auto，可以自动获得 Accelerate 的支持。

```
from transformers import AutoModelForSeq2SeqLM

model = AutoModelForSeq2SeqLM.from_pretrained("bigscience/T0pp",device_
map="auto")
```

当 device_map 设置为"auto"时，Accelerate 会自动决定将每层放在哪里，以最大程度地利用 GPU，并将其余部分卸载到 CPU 上。如果没有足够的 GPU RAM（或 CPU RAM），那么甚至可以卸载到硬盘上。即使模型被分割到多台设备上，它也会像我们通常期望的那样运行。也就是说，CPU offload 和多模型并行等策略对开发者更透明，极大地降低了开发者的使用难度。虽然这会给正在执行的推理操作增加一些开销，但只要最大的层能够在 GPU 上运行，就可以在系统上运行任意大小的模型。当然，在低阶使用时，这个参数也可以进行显性的设置，从而自定义 device_map。

```
device_map = {
    "transformer.wte": 0,
    "transformer.wpe": 0,
    "transformer.drop": 0,
```

```
    "transformer.h": "cpu",
    "transformer.ln_f": "disk",
    "lm_head": "disk",
}
```

此外，可以在 from_pretrained()或 pipeline()函数中设置加载模型的精度，通过合理设置精度进一步降低内存需求。

```
from transformers import AutoModelForSeq2SeqLM

model = AutoModelForSeq2SeqLM .from_pretrained ( "bigscience/T0pp",
device_map="auto", torch_dtype=torch.float16)
```

更进一步地，Accelerate 对 bitsandbytes 进行了集成，只需简单几步就可以对模型进行 8 位或 4 位量化，进一步减少显存占用，加速推理过程。基本流程如下。

首先，量化模型。

```
# 位量化
from accelerate.utils import BnbQuantizationConfig
bnb_quantization_config = BnbQuantizationConfig (load_in_8bit=True, llm_
int8_threshold = 6)

# 位量化
from accelerate.utils import BnbQuantizationConfig
bnb_quantization_config = BnbQuantizationConfig (load_in_4bit=True, bnb_
4bit_compute_dtype=torch.bfloat16, bnb_4bit_use_double_quant=True, bnb_4bit_
quant_type="nf4")

# 量化模型
from accelerate.utils import load_and_quantize_model
quantized_model = load_and_quantize_model (empty_model, weights_location=
weights_location, bnb_quantization_config=bnb_quantization_config, device_
map = "auto")
```

其次，存储或加载量化后的模型。

```
# 存储模型
from accelerate import Accelerator
accelerate = Accelerator ()
new_weights_location = "path/to/save_directory"
accelerate.save_model (quantized_model, new_weights_location)
# 加载模型
```

```
quantized_model_from_saved = load_and_quantize_model(empty_model, weights_
location=new_weights_location,  bnb_quantization_config=bnb_quantization_
config, device_map = "auto")
```

HuggingFace Pipeline 虽然主要面向服务器端设计，但得益于 Accelerate 集成了
PyTorch 的 MPS（Apple's Metal Performance Shaders）后端，HuggingFace Pipeline 也能
够加速在 M1 芯片的 MacBook 上运行的大模型推理。

总之，HuggingFace Pipeline 由于具有简单易用的特点，加上 Accelerate 的加持，
已成为众多推理框架的重要候选方案之一。

2. Text Generation Inference

如果说 HuggingFace Pipeline 是以统一模型推理流程、简化使用作为设计目标的，
那么 Text Generation Inference（TGI）就是为了大模型高性能文本生成任务推理而生的，
它支持流行的开源大模型，包括 LLaMA2、Falcon、StarCoder、BLOOM、GPT-NeoX
和 T5。

受限于设计目标，HuggingFace Pipeline 虽然对模型推理有一定的优化，但对于大模
型及文本生成缺乏针对性的深度优化。例如，HuggingFace Pipeline 的批处理是静态批处
理，其带来的内存浪费甚至 OOM 都是难以解决的问题。动态批处理能够很好地解决这
类问题，进一步提升吞吐量并降低延迟。为了实现这一目标，同时考虑到竞争对手 Triton
Server 对 HuggingFace 模型的支持，HuggingFace 设计开发了 TGI，它是一个使用 Rust、
Python 语言及 gRPC 技术开发的专门用于大模型文本生成的推理服务，支持张量并行
和动态批处理。如图 9-10 所示，从系统架构图中也可以看出，请求会被缓冲构造成批
处理，再执行推理。

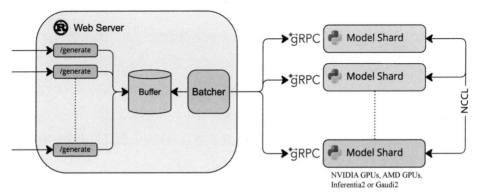

图 9-10　TGI 系统架构图

随着大模型推理技术的不断发展，TGI 第一时间集成了主流的推理优化技术，包

含量化（GPT-Q、bitsandbytes、EETQ 和 AWQ）、FlashAttention V2 和 PagedAttention 等技术。此外，TGI 增加了很多体验增强及生产运维层面的功能，不仅支持英伟达 GPU，还支持 AMD（-rocm）、Inferentia 和 Gaudi 2 等算力设备。

在使用方面，HuggingFace 保持了一贯的简单友好的特性，使用起来比较简单。

创建 TGI 推理服务，可以通过源码部署，官方建议使用容器化方式启动。请注意，使用这种方式需要 CUDA 版本大于或等于 1.8，并且安装 NVIDIA Container Toolkit 自动配置容器，以确保能够获得 GPU 加速。

```
docker run --gpus all --shm-size 1g -p 8080:80 \
-v $volume:/data \
ghcr.io/huggingface/text-generation-inference:latest \
--model-id $model --num-shard $num_shard \
--quantize $quantize
```

可以直接使用 curl 或者 TGI Client 访问推理服务。TGI 提供的推理 API 如下。

```
/ — [POST] — Generate tokens if stream == false or a stream of token if
stream == true
/info — [GET] — Text Generation Inference endpoint info
/metrics — [GET] — Prometheus metrics scrape endpoint
/generate — [POST] — Generate tokens
/generate_stream — [POST] — Generate a stream of token using Server-Sent
Events
```

其请求体 Parameters 的属性可选配置比较多，常见的配置如下。

- temperature：控制模型的随机性。数值越小，模型的确定性越强；数值越大，模型的随机性越强。默认值为 1.0。

- max_new_tokens：生成 Token 的最大数量。默认值为 20，最大值为 512。

- repetition_penalty：重复惩罚，控制重复的可能性，默认值为空。

- seed：随机生成时使用的种子，默认值为空。

- stop：用于停止生成的标记列表，当生成其中一个 Token 后，将停止生成。

- top_k：要保留用于 top-k 过滤的最高概率词汇的数量。默认值为空，表示禁用 top-k 过滤。

- top_p：要保留用于核采样的参数最高概率词汇的累积概率，默认值为空。

- do_sample：是否使用采样，否则使用贪婪解码，默认值为 false。

- best_of：生成 best_of 序列并返回 logprobs 最高的序列，默认值为空。

- details：详细信息，是否返回生成序列的详细信息，默认值为 false。

- return_full_text：是返回全文还是仅返回生成的部分，默认值为 false。

- truncate：是否将输入截断为模型的最大长度，默认值为 true。

- typ_p：标记的典型概率，默认值为空。

- watermark：用于生成的水印，默认值为 false。

使用 curl 访问的例子如下。

```
curl 127.0.0.1:8080/generate \
-X POST \
-d '{"inputs":"What is Deep Learning?","parameters":{"max_new_tokens":20}}' \
-H 'Content-Type: application/json'
```

除此之外，TGI 还与 LangChain 等编排框架集成，开发者可以方便地使用本地或云端的 TGI 提供的推理服务。

```
# 使用 LangChain 封装后的 TGI 客户端

from langchain.llms import HuggingFaceTextGenInference

inference_server_url_local = "http://127.0.0.1:8080"

llm_local = HuggingFaceTextGenInference (
    inference_server_url=inference_server_url_local,
    max_new_tokens=400,
    top_k=10,
    top_p=0.95,
    typical_p=0.95,
    temperature=0.7,
    repetition_penalty=1.03,
)

from langchain import PromptTemplate, LLMChain

template = """Question: {question}
    Answer: Let's think step by step."""
prompt = PromptTemplate (
    template=template,
```

```
    input_variables= ["question"]
)
llm_chain_local = LLMChain (prompt=prompt, llm=llm_local)
llm_chain_local ("your question")
```

HuggingFace Pipeline 一般会被作为其他推理框架的对比基线，不被直接应用在大规模的生产服务中，相比之下，TGI 现在已经被广泛使用。AWS SageMaker 等机器学习平台集成了它，IBM、Grammarly 等客户也在使用 TGI 构建自己的推理服务，包括 RayLLM 也会使用 TGI。

3. vLLM

vLLM 是由加利福尼亚大学伯克利分校推出的利用 PagedAttention 和动态批处理技术开发的推理执行引擎。2023 年 4 月，LMSYS 上线了可切换模型的 ChatBot-FastChat 及评测对话模型效果擂台服务，用户可以在不知道背后模型的情况下通过 vLLM 评价模型的好坏。现在 vLLM 已经发展成为全球模型评价的权威榜单之一，很多新的榜单评价模型的方法也是通过借鉴它而来的，如图 9-11 所示。

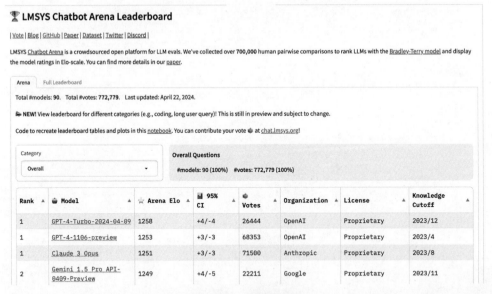

图 9-11　大模型榜单

该项目上线后，用户热情很高，峰值流量飙升了数倍，使 HuggingFace 的 Transformers Pipeline 模型推理后端成为瓶颈。为了解决这一问题，加利福尼亚大学伯克利分校自研了 vLLM，将其作为 FastChat 的新后端。在早期内部微基准测试中，vLLM 服务后端比最初的 HuggingFace 后端吞吐量高出 30 倍。2023 年 4 月至 5 月，FastChat

将 vLLM 集成到聊天机器人擂台提供的请求中。事实上，超过一半的聊天机器人擂台请求使用 vLLM 作为推理后端。vLLM 显著降低了运营成本，LMSYS 使用 vLLM 后能够将用于服务上述流量的 GPU 数量减少 50%。vLLM 平均每天处理 30000 个请求，峰值为 60000，稳健性强。

当下，vLLM 已经成长为最受业界欢迎的推理执行引擎之一，它提出的 PagedAttention 是撒手锏。作为对比，在 LLaMA-7B 上使用英伟达 A10G GPU，在 LLaMA-13B 上使用英伟达 A100 GPU（40GB），并从 ShareGPT 数据集中对请求的输入/输出长度进行采样，vLLM 的吞吐量比 HuggingFace 高出 24 倍，比 TGI 高出 3.5 倍，如图 9-12 所示。

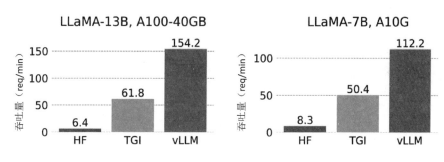

（a）每个请求单个输出

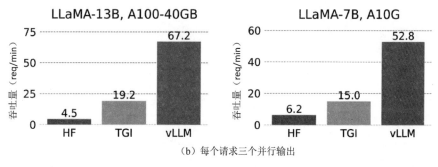

（b）每个请求三个并行输出

图 9-12　实验结果

该结果是论文发布（2023 年 6 月 20 日）时公布的测试对比结果，而 TGI 在 2023 年 7 月 1 日已经支持 PagedAttention 和动态批处理，二者之间的差距暂无比较数据。

不仅如此，vLLM 也具有相对较强的易用性，支持流行的模型，能够无缝集成到 HuggingFace 的模型中，提供高吞吐量的各种解码算法服务，包括并行采样、集束搜索等分布式推理的张量并行性，并支持流输出，其接口格式也与 OpenAI 的 API 兼容。

vLLM 默认形态为一个 Lib，可以与 FastAPI 配套使用，转变为一个推理服务。为了方便开发者使用，项目提供了集成方案，直接部署即可。若作为脚本进行离线批量推理，则代码如下。

```
$ pip install vllm

from vllm import LLM, SamplingParams

prompts = [
    "Hello, my name is",
    "The president of the United States is",
    "The capital of France is",
    "The future of AI is",
]
sampling_params = SamplingParams(temperature=0.8, top_p=0.95)

llm = LLM(model="facebook/opt-125m")

outputs = llm.generate(prompts, sampling_params)

# 打印输出
for output in outputs:
prompt = output.prompt
generated_text = output.outputs[0].text
print(f"Prompt: {prompt!r}, Generated text: {generated_text!r}")
```

若作为服务部署实时推理，则代码如下。

```
python -m vllm.entrypoints.api_server
```

该接口符合 OpenAI 的风格，直接使用 OpenAI 的客户端库就能访问。

```
curl http://***①localhost:8000/v1/completions \
-H "Content-Type: application/json" \
-d '{
    "model": "facebook/opt-125m",
    "prompt": "San Francisco is a",
    "max_tokens": 7,
    "temperature": 0
}'
```

① 请在使用时删除"***"，后文余同。——编者注

OpenAI 客户端的访问方法如下。

```
import openai
# 将 OpenAI 的地址修改为使用 vLLM 的服务地址
openai.api_key = "EMPTY"
openai.api_base = "h**p://localhost:8000/v1"
completion = openai.Completion.create(model="facebook/opt-125m",
prompt="San Francisco is a")
print("Completion result:", completion)
```

vLLM 支持分布式张量并行推理和服务，使用 Ray 管理分布式运行时。要使用 LLM 类运行多 GPU 推理，可将 tensor_parallel_size 参数设置为要使用的 GPU 数量。例如，在 4 个 GPU 上运行推理，代码如下。

```
from vllm import LLM
llm = LLM("facebook/opt-13b", tensor_parallel_size=4)
output = llm.generate("San Franciso is a")
```

要运行多个 GPU 服务，需要在启动服务器时输入--tensor-parallel-size 参数。例如，在 4 个 GPU 上运行 API 服务器，代码如下。

```
python -m vllm.entrypoints.api_server \
--model facebook/opt-13b \
--tensor-parallel-size 4
```

如果要将 vLLM 扩展到单台机器，则在运行 vLLM 之前可通过 CLI 启动 Ray 运行时。

```
# 在主节点上
ray start --head

# 在工作节点上
ray start --address=<ray-head-address>
```

之后，通过将 tensor-parallel-size 设置为 GPU 的数量（所有机器上 GPU 的总数），在头部节点上启动 vLLM 进程，即可在多台机器上运行推理和服务，再将 Ray 通过 kubeRay 运行在 K8s 上，一个生产就绪的部署方案就呼之欲出了。

为了简化使用过程，vLLM 和 Ray 联合开发了 RayLLM 项目。该项目整合了上述功能，使开发者能够在分布式环境中轻松地推理和部署。不仅如此，vLLM 还可以运行在 Triton Server 上，进一步体现了其强大的生态适配能力。目前，vLLM 已经成为主流的推理加速框架，成了开发者的首选。

4．TensorRT-LLM

英伟达在 2016 年 11 月推出了 TensorRT（原名为 GPU Inference Engine，GIE）。

GIE 是一个深度学习模型优化器和运行时库，它可以将深度学习模型转换为优化的格式，从而在英伟达 GPU 上实现更快的推断。其早期在嵌入式场景中有比较广泛的应用。

TensorRT 本质上是一种 Intermediate Representation（IR），它可以将面向提升开发效率的语言转换为面向提升目标平台执行效率的语言，LLVM 就是其代表之一。

TensorRT 可以直接解析某些框架（如 PyTorch、TensorFlow）的模型，或者先通过 ONNX 格式导入模型，再通过一系列优化操作提升模型推理速度。例如，通过自动识别可以合并的连续层，并将它们融合成一个操作，减少了在 GPU 上的操作数量，提高了执行速度。同时，可以实现与机器学习框架的解耦。

随着采用 Transformer 架构的模型越来越流行，英伟达为了提升 Transformer 模型的推理性能，开发了 FasterTransformer，并于 2019 年开源。FasterTransformer 包含了高度优化版本的 Transformer 块实现，其中包括编码器和解码器部分。使用此模块，可以运行编码器-解码器架构模型（如 T5 模型）、仅编码器架构模型（如 BERT 模型）和仅解码器架构模型（如 GPT 模型）的推理。FT 框架是用 C++/CUDA 编写的，依赖高度优化的 cuBLAS、cuBLASLt 和 cuSPARSELt 库，可以快速地在 GPU 上进行 Transformer 推理。

虽然英伟达拥有推理全栈 TensorRT、FasterTransformer 和 Triton Server，但其过去建立的优势并不能持续保持，甚至有被 HuggingFace 的 TGI 赶超之势。

一方面，英伟达与 HuggingFace 合作，将后者集成在自己的开发平台上。在 2023 年英伟达新品发布会上，HuggingFace 作为英伟达新产品 AI Workbench 的重要部件被集成，从某种意义上来说，这是绿色巨人对这家独角兽公司的认可，也体现了 HuggingFace 在模型开发领域的重要性。

另一方面，英伟达也在不断完善自己在大模型层面的技术，特别是大模型推理。2023 年 9 月，英伟达将 TensorRT 的深度学习编译器、FasterTransformer 的优化内核、预处理、后处理及多 GPU/多节点通信封装在一个简单的开源 Python API 中，并搭配硬件（GPU H100 等）进行了一体优化，形成了产品级的大模型推理方案 TensorRT-LLM。它提供了一个易用、开源和模块化的 Python 应用编程接口，不需要过多的 C++或 CUDA 专业知识，不仅能部署、运行和调试各种大模型，还能获得极佳的性能，以及快速定制化的功能。如图 9-13 所示，TensorRT-LLM 在 GPT-J 6B 上的推理性能比 A100 提升了 8 倍，在 LLaMA2 上提升了 4.6 倍。可见，软硬一体优化是英伟达独有的优势。

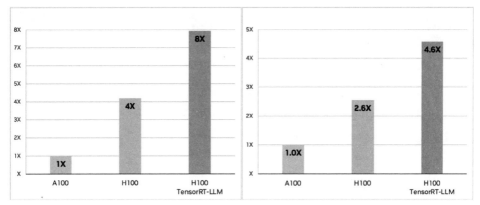

(a)GPT-J 6B推理性能8倍提升　　　　(b) LLaMA2推理性能 4.6倍提升

图 9-13　TensorRT-LLM 加速对比实验

官方给出了 TensorRT-LLM 的如下特点。

（1）专为大模型设计。与标准的 TensorRT 不同，TensorRT-LLM 针对大模型的特定需求和挑战进行了优化。

（2）集成优化。英伟达与多家公司合作，将这些优化集成到了 TensorRT-LLM 中，以确保大模型在英伟达 GPU 上取得最佳性能。

（3）模块化 Python API。TensorRT-LLM 提供了一个开源的模块化 Python API，使开发者能够轻松定义、优化和执行新的大模型架构和增强功能。

（4）飞行批处理（In-flight batching）。这是一种优化的调度技术，可以更有效地处理动态负载。它允许 TensorRT-LLM 在其他请求仍在进行时就执行新请求，从而提高 GPU 利用率。

（5）支持新的 FP8 数据格式。在 H100 GPU 上，TensorRT-LLM 支持新的 FP8 数据格式，大大减少了内存消耗，同时保持了模型的准确性。

（6）广泛的模型支持。TensorRT-LLM 包括许多在今天生产中被广泛使用的大模型的完全优化和即用版本，如 LLaMA 2、GPT-2 和 GPT-3 等。

（7）并行化和分布式推断。TensorRT-LLM 利用张量并行性进行模型并行化，使模型可以在多个 GPU 之间并行运行，从而实现大模型的高效推断。

（8）优化的内核和操作。TensorRT-LLM 包括针对大模型的优化内核和操作，如 FlashAttention 和遮蔽多头注意力等。

（9）简化的开发流程。TensorRT-LLM 旨在简化大模型的开发和部署过程，使开发者无须深入了解底层的技术细节。

从上面可以看到，英伟达将一些优化思路应用到了 TensorRT-LLM 中，其获得如此好的性能优化效果也不难理解。

遗憾的是，目前该工具还处于早期试用阶段，并且需要组织身份才能注册。按照官方计划，该工具将会被集成到英伟达的 NeMo 框架（一款供开发者构建和训练对话式 AI 模型的开源框架，被集成在英伟达的企业级人工智能平台）中，普通开发者还需要再等一段时间，未来可通过 NGC（英伟达的 GPU 云服务）上的 NeMo 框架或 GitHub 使用 TensorRT-LLM。

9.3.2　端侧推理

出于对开发、调试及个人隐私保护的考虑，对于大模型在个人计算机甚至手机等端侧设备上运行有大量的需求。然而，这些端侧设备大多数没有 GPU 或 GPU 显存很小，如何在资源受限的条件下运行大模型成了这些推理引擎需要优化的重点，也是未来商业化非常有潜力的方向。

接下来介绍两款以端侧设备为主的推理引擎，分别是 ggml 和 mlc-llm。

1．ggml

你可能没听说过 ggml（GPT-Generated Model Language），但肯定听说过 llama.cpp。虽然 ChatGPT 取得了惊艳的效果，但大模型训练的高成本和长周期让开发者望而却步。虽然 LLaMA 让众多开发者和中小企业为之兴奋，但其高昂的部署成本仍然将大部分人挡在门外。Georgi Gerganov 在 GitHub 上开源了 llama.cpp 项目，开发者在没有 GPU 的条件下也能运行 LLaMA 模型。llama.cpp 一下子成为当时 GitHub 最热门的项目之一，很多开发者成功地在 MacBook 甚至在树莓派上运行了 LLaMA。Georgi Gerganov 也一鼓作气，创建了 ggml.ai。

ggml 是 llama.cpp 和 whisper.cpp 沉淀内化的产物，现在也成为这两个项目的内核。ggml 是由 C++实现的张量库，旨在消费级硬件上高效运行大模型，其核心优化手段是量化，支持 2 位、3 位、4 位、5 位、6 位和 8 位整数量化。此外，针对编译和硬件也进行了优化，例如 Apple Silicon。llama.cpp 支持当前主流的模型，包括中文大模型 Baichuan，其社区非常活跃，配套了很多不同语言的 bind，如 Java、Python 和 Go 等。

如果想基于 ggml 开发大模型应用，那么可以使用常用的 python bind——ctransformers，量化模型可以使用 TheBloke 提供的模型。下面是一个简单的示例。

1）推理

```
# 使用 GPU
!CT_CUBLAS=1 pip install ctransformers --no-binary ctransformers

from ctransformers import AutoModelForCausalLM
config = {'max_new_tokens': 256, 'repetition_penalty': 1.1,
    'temperature': 0.1, 'stream': True}
llm = AutoModelForCausalLM.from_pretrained (
    "TheBloke/Llama-2-13B-chat-GGML",
    model_type="llama",
    #lib='avx2', 使用 CPU
    gpu_layers=130, #110 for 7b, 130 for 13b
    **config
)

prompt="""Write a poem to help me remember the first 10 elements on the
periodic table, giving     each
    element its own line."
    ""
```

2）pipeline 执行

```
llm (prompt, stream=False)

'\n\nI. Hydrogen (H)\nII. Helium (He)\nIII. Lithium (Li)\nIV. Beryllium
(Be)\nV. Boron (B)\nVI. Carbon (C)\nVII. Nitrogen (N)\nVIII. Oxygen (O)
\nIX. Fluorine (F)\nX. Neon (Ne)\n\nEach element has its own unique properties
and characteristics,\nFrom the number of protons in their nucleus to how they
bond with other elements.\nHydrogen is lightest, helium is second, lithium
is third,\nBeryllium is toxic, boron is a vital nutrient,\nCarbon is the basis
of life, nitrogen is in the air we breathe,\nOxygen is what makes water wet,
fluorine is a poisonous gas,\nNeon glows with an otherworldly light.'
```

3）流式执行

```
# 分词
tokens = llm.tokenize (prompt)
# 执行 LlAMA-2-7b-chat
import time
start = time.time ()
NUM_TOKENS=0
```

```
print（'-'*4+'Start Generation'+'-'*4）
for token in llm.generate（tokens）:
print（llm.detokenize（token）, end='', flush=True）
NUM_TOKENS+=1
time_generate = time.time（） - start
print（'\n'）
print（'-'*4+'End Generation'+'-'*4）
print（f'Num of generated tokens: {NUM_TOKENS}'）
print（f'Time for complete generation: {time_generate}s'）
print（f'Tokens per secound: {NUM_TOKENS/time_generate}'）
print（f'Time per token: {（time_generate/NUM_TOKENS）*1000}ms'）


----Start Generation----
I. Hydrogen （H）
II. Helium （He）
III. Lithium （Li）
IV. Beryllium （Be）
V. Boron （B）
VI. Carbon （C）
VII. Nitrogen （N）
VIII. Oxygen （O）
IX. Fluorine （F）
X. Neon （Ne）

I hope this helps me remember the first 10 elements on the periodic table!

----End Generation----
Num of generated tokens: 110
Time for complete generation: 7.801689863204956s
Tokens per secound: 14.099509456123355
Time per token: 70.92445330186324m
```

由于 ggml 发布较早，因此在实际使用过程中也暴露出了一些缺点，例如模型灵活性有限、兼容性差、手工配置烦琐等。因此，Georgi Gerganov 在 ggml 的基础上，将 ggml 升级为 GGUF（GPT-Generated Unified Format）。这个新版本不仅解决了 ggml 的一些问题，还提高了稳定性、可扩展性，并支持多种模型。

目前，GGUF 格式已被许多边缘推理服务支持，成了最为普及的边缘推理方案之一。

2．mlc-llm

前面在介绍 TensorRT-LLM 时提到了 IR，它暗示了一种优化推理的方式，即通过编译技术将原本面向开发者效率设计的低效语言转换为面向设备的高效语言。这便是 TVM，它是一个深度学习编译器，旨在让各种模型能够在不同的硬件平台上快速推理。mlc-llm 就是在这个方向上的一种尝试。

mlc-llm 是由 TVM、MXNET、XGBoost 的作者陈天奇及多位研究者共同开发的开源项目，旨在为各类硬件提供原生部署大模型的解决方案。它可以将大模型应用于移动端（例如 iPhone）、消费级计算机端（例如 MacBook）和 Web 浏览器，所有操作都在本地运行，无须服务器支持，并通过手机和笔记本计算机上的本地 GPU 加速。

1）mlc-llm 的优化

mlc-llm 建立在 Apache TVM Unity 的基础上，并对其进行了进一步优化，包括：

（1）动态形状。将语言模型转换为具有原生动态形状支持的 TVM IRModule，避免了对最大长度进行额外填充的需求，减少了计算量和内存使用量。为了优化动态形状输入，首先应用循环切分技术，将一个大循环切分成两个小循环；然后应用张量自动化技术，即 TVM 中的 Ansor 或 Meta Scheduler 技术。

（2）组合编译优化。对模型部署进行了许多优化，例如更好的编译代码转换、融合、内存规划、库卸载和手动代码优化。所有这些都可以轻松整合为 TVM 的 IRModule 转换，并以 Python API 的形式公开。

（3）量化。利用低位量化压缩模型权重，并利用 TVM 的循环级 TensorIR 快速定制代码生成，以适应不同的压缩编码方案。

（4）运行时。生成的库可以在本地环境中运行，TVM 运行时的依赖性极低，支持各种 GPU 驱动程序 API 和绑定本地语言，如 C、JavaScript 等。

2）mlc-llm 的开发流程

（1）使用 Python 定义模型。MLC 提供了多种预定义架构，例如 LLaMA（如 LLaMA2、Vicuna、OpenLLaMA、Wizard）、GPT-NeoX（如 RedPajama、Dolly）、RNNs（如 RWKV）和 GPT-J（如 MOSS）。模型开发人员只需在纯 Python 中定义模型，无须接触代码生成和运行时。

（2）使用 Python 编译模型。模型由 TVM Unity 编译器编译，编译配置为纯 Python。mlc-llm 将基于 Python 的模型量化并导出为模型库和量化模型权重。可使用纯 Python 开发量化算法和优化算法，以针对特定用例压缩和加速大模型。

（3）平台原生运行时。MLC Chat 在每个平台上都有不同的版本，例如用于命令行的 C++、用于 Web 的 JavaScript、用于 iOS 的 Swift 和用于 Android 的 Java，可通过 JSON 聊天配置进行配置。应用程序开发人员只需熟悉平台原生运行时，即可将 mlc 编译的大模型集成到项目中。

3）基本使用流程（见图 9-14）

首先，安装依赖并编译模型，以在 MacBook 上运行 LLaMA2 模型为例。

```
# 复制仓库
git clone git@github.com:mlc-ai/mlc-llm.git --recursive
# 进入仓库的根目录
cd mlc-llm
# 安装 mlc-llm
pip install .


# x86 Mac
python3 -m mlc_llm.build --model Llama-2-7b-chat-hf --target metal_x86_64
--quantization q4f16_1
```

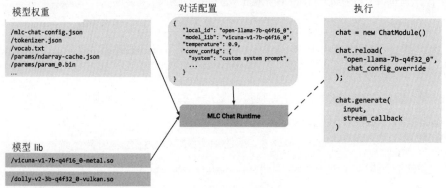

图 9-14　mlc-llm 基本使用流程

将编译出的 libs 放置在 "./dist/Llama-2-7b-chat-hf-q4f16_1/" 下，将权重和配置放置在 "./dist/Llama-2-7b-chat-hf-q4f16_1/params" 下。

也可以不编译，直接使用预编译好的模型，首先将 libs 放置在 "./dist/prebuilt/lib" 下，将权重和配置放置在 "./dist/prebuilt/mlc-chat-Llama-2-7b-chat-hf-q4f16_1" 下。

然后在运行时上执行，以 Python 为例，在 mlc_chat 目录下创建 sample_mlc_chat.py。

```
from mlc_chat import ChatModule
from mlc_chat.callback import StreamToStdout

# 从 mlc-llm 目录运行
# $ python sample_mlc_chat.py

# 创建一个 ChatModule 实例
cm = ChatModule (model="Llama-2-7b-chat-hf-q4f16_1")
# 可以更改为其他已下载的模型，例如
# cm = ChatModule (model="Llama-2-13b-chat-hf-q4f16_1") # Llama2 13b 模型

output = cm.generate (
prompt="What is the meaning of life?",
progress_callback=StreamToStdout (callback_interval=2),
)

# 打印预填充和解码性能统计信息
print (f"Statistics: {cm.stats ()}\n")

output = cm.generate (
prompt="How many points did you list out?",
progress_callback=StreamToStdout (callback_interval=2),
)

# 通过 cm.reset_chat () 重置
```

执行以下代码。

```
python sample_mlc_chat.py
```

据部分开发者反馈，mlc-llm 还处于早期阶段，虽然能够正常运行，但效果、性能和稳定性都不尽如人意，需要假以时日，才能真正在终端设备上看到它的身影。

9.4　推理服务

从架构层面考虑，由于应用服务和模型服务在技术栈和开发者方面都存在一定的差异性，因此一般会将二者拆分，以便各司其职，做针对性优化。通过引入推理服务的概念，开发者无须关心具体执行引擎和模型的细节，而是将下层的引擎和模型向开发者透明，从而降低部署模型服务的复杂度。

这一层的项目非常多，基于它们可以方便地开发大模型应用，无须关心模型推理服务的细节，甚至可以无缝切换到各种大模型。常见的项目有 Triton Server、RayLLM、xInference、Ollama 和 LMstudio 等。它们既可以面向服务器端用于高负载场景，又可以面向个人、端侧等轻量级场景。

下面将选择其中三个项目进行简单的介绍，对于更多的产品，可以查阅其官网介绍。

1. Triton Server

前面提到过 TensorRT 和 TensorRT-LLM，而 Triton 早年便是为了运行 TensorRT 模型而设计的，故曾经被称为 TensorRT Serving。随着架构的不断优化以及功能的扩展，Triton Server 不再只支持 TensorRT 模型，而是作为一个公共的模型服务后端，能够运行多种深度学习和机器学习框架的模型，如 ONNX、TensorFlow、PyTorch 和 OpenVINO 等，甚至前面提到的 vLLM。在部署方面，支持在英伟达 GPU、x86、ARM CPU 或 AWS Inferentia 上跨云、数据中心、边缘和嵌入式设备。它支持不同的推理类型，包括批/实时、音频视频流等，具有简单的前后置处理编排能力。由于英伟达在软硬一体方面进行了优化，以及采用了常见的推理优化手段，如动态批处理、并发执行，因此 Triton 的性能和稳定性都非常好，已经成为模型服务的主流选型之一。

在架构上，Triton 由 Triton Server 和 Model Repository 构成。Model Repository 是一个基于文件系统的模型库，Triton 将提供这些模型供推理使用。推理请求通过 HTTP/REST、gRPC 或 API 到达服务器，然后被路由到相应的模型调度器。Triton 实现了多种调度和批处理算法，可以按照模型进行配置。每个模型的调度器都可以选择对推理请求进行批处理，将请求传递给与模型类型对应的后端。后端使用批处理请求提供的输入执行推理，生成请求的输出，返回输出结果。

Triton 架构不仅具备高吞吐量的特点，而且具备较强的扩展性和开放性，可与 K8s 轻松集成，用于编排、度量和自动扩展等。Triton 还与主流的 MLOps 工具集成，如 Kubeflow 和 KServe，以实现端到端的 AI 工作流，并导出 Prometheus 指标，以监控 GPU 利用率、延迟、内存使用和推理吞吐量。Triton 支持标准的 HTTP/gRPC 接口，以连接负载均衡器等应用程序，并且可以轻松地扩展到任意数量的服务器，以处理日益增长的推理负载。Triton 可以为数十个甚至上百个模型提供服务。这些模型可以加载到推理服务中或从推理服务中卸载，以适应 GPU 或 CPU 的内存变化。同时，Triton 支持具有 GPU 和 CPU 的异构集群以实现跨平台推理，并可以动态扩展到任何 CPU 或 GPU 以处理峰值负载。

部署 Triton Server 的流程一般分两步，第一步是创建模型库（Model Repository）。

模型库是 Triton 拉取模型的目录，其格式如下。

```
<model-repository-path>/
<model-name>/
[config.pbtxt]
[<output-labels-file> ...]
<version>/
<model-definition-file>
<version>/
<model-definition-file>
...
<model-name>/
[config.pbtxt]
[<output-labels-file> ...]
<version>/
<model-definition-file>
<version>/
<model-definition-file>
...
...
```

Triton 可以使用下面的命令指定具体的模型库，其路径可以是本地路径、S3（Simple Storage Service）、GCP（Google Cloud Storage）等。

```
tritonserver --model-repository=<model-repository-path>
```

另外，Triton 有模型版本的概念，因此目录里至少要有一个数字子目录，代表模型的版本。类似于以下代码。

```
<model-repository-path>/
<model-name>/
config.pbtxt
1/
model.plan
```

这里必须包含 config.pbtxt，它是 Triton 服务的配置文件，包含了有关模型的相关信息。最小配置如下。

```
platform: "tensorrt_plan"
max_batch_size: 8
input [
    {
        name: "input0"
```

```
            data_type: TYPE_FP32
        .   dims: [ 16 ]
      },
      {
            name: "input1"
            data_type: TYPE_FP32
            dims: [ 16 ]
      }
   ]
   output [
      {
            name: "output0"
            data_type: TYPE_FP32
            dims: [ 16 ]
      }
   ]
```

配置文件包含基本信息（如 Name、Platform 和 BackEnd），模型策略（如 Decoupled、max_batch_size），以及输入和输出的定义。

Triton 能够自动推导 TensorRT、TensorFlow、ONNX 和 OpenVINO 模型配置。Python 模型可以在 Python 后端实现 auto_complete_config 函数，使用 set_max_batch_size、add_input 和 add_output 函数提供 max_batch_size、输入和输出属性。这些属性将允许 Triton 在没有配置文件的情况下使用"最小模型配置"加载 Python 模型。其他的模型类型都必须提供模型配置文件。

下面使用官方的 Model Repository 来说明。首先，提取目录结构。

```
$ git clone git@github.com:triton-inference-server/server.git
$ cd docs/examples
$ ./fetch_models.sh
# 拉取后的目录结构
model_repository/
   -- densenet_onnx
   |-- 1
   |-- model.onnx
   |-- config.pbtxt
   |-- densenet_labels.txt
```

然后，运行 Triton。

```
docker run --gpus=1 --rm -p8000:8000 -p8001:8001 -p8002:8002 -v/full/
```

```
path/to/docs/examples/model_repository:/models nvcr.io/nvidia/tritonserver:
<xx.yy>-py3 tritonserver --model-repository=/models
```

其中，<xx.yy> 表示要使用的 Triton 版本。启动 Triton 后，会在控制台上看到服务器启动并加载模型的输出。当看到如下输出时，表示 Triton 已经准备好接受推理请求了。

最后，检查运行状态（使用客户端发送推理请求）。

```
$ curl -v localhost:8000/v2/health/ready
...
< HTTP/1.1 200 OK
< Content-Length: 0
< Content-Type: text/plain
```

docker exec 进入该容器，运行示例图像客户端应用程序，使用示例 densenet_onnx 模型执行图像分类。

```
docker pull nvcr.io/nvidia/tritonserver:<xx.yy>-py3-sdk
docker run -it --rm --net=host nvcr.io/nvidia/tritonserver:<xx.yy>- py3-sdk


+----------------------+---------+--------+
| Model | Version | Status |
+----------------------+---------+--------+
| <model_name> | <v> | READY |
| .. | . | .. |
| .. | . | .. |
+----------------------+---------+--------+
...
...
...
 I1002 21:58:57.891440 62 grpc_server.cc:3914] Started GRPCInferenceService
at 0.0.0.0:8001
 I1002 21:58:57.893177 62 http_server.cc:2717] Started HTTPService at
0.0.0.0:8000
 I1002 21:58:57.935518 62 http_server.cc:2736] Started Metrics Service at
0.0.0.0:8002

$ /workspace/install/bin/image_client -m densenet_onnx -c 3 -s INCEPTION
/workspace/images/mug.jpg
 Request 0, batch size 1
 Image '/workspace/images/mug.jpg':
```

```
15.346230 （504） = COFFEE MUG
13.224326 （968） = CUP
10.422965 （505） = COFFEEPO
```

有了前面的概念，下面介绍一个 vLLM+Triton 的大模型推理和部署的示例。首先，打包一个包含 vLLM 的 Triton 镜像。

Dockerfile 如下。

```
FROM nvcr.io/nvidia/tritonserver:23.08-py3
RUN pip install vllm==0.1.7
```

打包语句如下。

```
docker build -t tritonserver_vllm.
```

创建模型库，目录结构如下。

```
model_repository/
`-- vllm
    |-- 1
    | `-- model.py
    |-- config.pbtxt
    |-- vllm_engine_args.json
```

其中，model.py 为 Python 版本的模型文件，在 vllm_engine_args.json 中可以设置 HuggingFace 上的模型。

```
{
    "model": "facebook/opt-125m",
    "disable_log_requests": "true",
    "gpu_memory_utilization": 0.5
}
```

然后，启动 Triton 服务。

```
docker run --gpus all -it --rm -p 8001:8001 --shm-size=1G --ulimit
memlock=-1 --ulimit stack=67108864 -v ${PWD}:/work -w /work tritonserver_vllm
tritonserver --model-store ./model_repository
```

启动成功后会有如下输出。

```
I0901 23:39:08.729123 1 grpc_server.cc:2451] Started GRPCInferenceService
at 0.0.0.0:8001
I0901 23:39:08.729640 1 http_server.cc:3558] Started HTTPService at
0.0.0.0:8000
I0901 23:39:08.772522 1 http_server.cc:187] Started Metrics Service at
```

```
0.0.0.0:8002
```

最后，使用 client 请求推理服务。利用 Triton SDK container 发送请求。

```
docker run -it --net=host -v ${PWD}:/workspace/ nvcr.io/nvidia/tritons
erver:23.08-py3-sdk bash
```

进入容器运行 client.py，它会读取镜像中的实例 prompt.txt，发送给 tritonserver。

```
python3 client.py

prompt.txt

Hello, my name is
The most dangerous animal is
The capital of France is
The future of AI is
```

输出如下。

```
Loading inputs from `prompts.txt`...
Storing results into `results.txt`...
PASS: vLLM example
```

读者可以在 GitHub 上搜索 "triton-inference-server/tutorial" 查看有关 vLLM 部署的介绍，该代码库还包含其他 Triton server 的例子及优化方法，值得一看。

2. RayLLM

RayLLM 原名为 Aviary，是一个基于 Ray Serve 的大模型服务解决方案，可轻松地部署和管理各种开源的大模型。可以看出，它是 Ray 针对大模型开发的一种新方案，集众家之长。RayLLM 搭载了先进的推理引擎，包含 TGI、vLLM 和 TensorRT-LLM，天然继承了后者的推理优化策略，以实现更高的吞吐量和更低的延迟，它还利用强大的 Ray Serve 能力，原生支持自动扩展和多节点部署。RayLLM 可以扩展到零，并根据需求创建新的模型副本（每个副本由多个 GPU Worker 组成），是当前重要的候选方案之一。

RayLLM 最大的特点是集成度高，流程标准化，预置了常见的开源大模型套件，默认开箱即用，HuggingFace Hub 及本地磁盘上的 Transformer 模型都可以使用。RayLLM 对整个部署和使用流程进行了简化，实现了模型部署的统一化，开发者不用担心分布式部署的问题。另外，RayLLM 对外提供了类似于 OpenAI 风格的接口，方便切换和评估基础模型。

当 RayLLM 启动大模型服务时，需要提供模型服务配置文件，并且支持多个模型，并通过路径路由请求到相应的模型。配置文件格式如下。

```yaml
# 文件名: serve/config.yaml

applications:
- name: router
route_prefix: /
import_path: aviary.backend:router_application
args:
models:
amazon/LightGPT: ./models/continuous_batching/amazon--LightGPT.yaml
meta-llama/Llama-2-7b-chat-hf: ./models/continuous_batching/meta-llama
--Llama-2-7b-chat-hf.yaml
- name: amazon--LightGPT
route_prefix: /amazon--LightGPT
import_path: aviary.backend:llm_application
args:
model: "./models/continuous_batching/amazon--LightGPT.yaml"
- name: meta-llama--Llama-2-7b-chat-hf
route_prefix: /meta-llama--Llama-2-7b-chat-hf
import_path: aviary.backend:llm_application
args:
model: "./models/continuous_batching/meta-llama--Llama-2-7b-chat-hf.yaml"
```

model 文件定义具体的模型服务策略，包含 deployment_config、engine_config 和 scaling_config 三部分。新建一个 model 需要新增一个 yaml 文件，名字符合<organisation-name>--<model-name>-<model-parameters>-<extra-info>.yaml 规范，例如 meta-llama--Llama-2-13b-chat-hf.yaml，具体内容可以在下面的模板上修改完善。

```yaml
# 默认为 true，可以将其设置为 false，以便在加载过程中忽略这个模型
# 在加载过程中
enabled: true
deployment_config:
# 对应于 Ray Serve 设置，如使用'serve build'生成的设置
autoscaling_config:
min_replicas: 1
initial_replicas: 1
max_replicas: 8
target_num_ongoing_requests_per_replica: 1.0
metrics_interval_s: 10.0
```

```
look_back_period_s: 30.0
smoothing_factor: 1.0
downscale_delay_s: 300.0
upscale_delay_s: 90.0
ray_actor_options:
# 分配给每个模型部署的资源。首先初始化，然后启动模型预估 worker
resources:
accelerator_type_cpu: 0.01
engine_config:
# 模型 ID
model_id: mosaicml/mpt-7b-instruct
# 模型在 HuggingFace Hub 上的 ID，也可以是磁盘路径。如果未指定，则默认为 model_id
hf_model_id: mosaicml/mpt-7b-instruct
# 构建模型时传递给 TGI 和 transformers 的关键字参数
model_init_kwargs:
trust_remote_code: true
model_description: mosaic mpt 7b is a transformer trained from scratch...
model_url: https://www.mosaicml.com/blog/mpt-7b
# 可选的 Ray 运行时环境配置。更多细节请参阅 Ray 文档
# 添加依赖库、环境变量等
runtime_env:
env_vars:
YOUR_ENV_VAR: "your_value"
# 可选配置，用于从 S3 而不是从 HuggingFace Hub 加载模型。可以使用此选项加速下载或加
载不在 HuggingFace Hub 上的模型
s3_mirror_config:
bucket_uri: s3://large-dl-models-mirror/models--mosaicml--mpt-7b-instruct/
main-safetensors/
# 配置调度器的参数
scheduler:
policy:
max_batch_prefill_tokens: 58000
max_batch_total_tokens: 140000
max_input_length: 2048
max_iterations_curr_batch: 20
max_total_tokens: 4096
type: QuotaBasedTaskSelectionPolicy
waiting_served_ratio: 1.2
```

```
generation:
# 默认传递给 model.generate 的 kwargs。这些可以被用户的请求覆盖
generate_kwargs:
do_sample: true
max_new_tokens: 512
min_new_tokens: 16
top_p: 1.0
top_k: 0
temperature: 0.1
repetition_penalty: 1.1
prompt_format:
system: "{instruction}\n" # System message. Will default to default_
system_message
assistant: "### Response:\n{instruction}\n" # Past assistant message. Used
in chat completions API.
trailing_assistant: "### Response:\n" # New assistant message. After this
point, model will generate tokens.
user: "### Instruction:\n{instruction}\n" # User message.
default_system_message: "Below is an instruction that describes a task.
Write a response that appropriately completes the request." # 系统默认消息
# 停止序列。当生成遇到任何这些序列或 tokenizer EOS 标记时，将停止
# 这些可以是字符串、整数（token ids）或整数列表
stopping_sequences: ["### Response:", "### End"]

# 分配给每个模型副本的资源，对应 Ray AIR ScalingConfig
scaling_config:
# 如果使用多个 GPU，则将 num_gpus_per_worker 设置为 1，
# 然后将 num_workers 设置为想要使用的 GPU 数量
num_workers: 1
num_gpus_per_worker: 1
num_cpus_per_worker: 4
resources_per_worker:
# 可以使用自定义资源来指定用于模型的实例类型或加速器类型
accelerator_type_a10: 0.01
```

如果是私有模型，不在 HuggingFace 上，则可以在 engine_config 上修改。

```
# 本地路径
engine_config:
model_id: YOUR_MODEL_NAME
```

```
hf_model_id: YOUR_MODEL_LOCAL_PATH

# S3
engine_config:
model_id: YOUR_MODEL_NAME
s3_mirror_config:
bucket_uri: s3://YOUR_BUCKET_NAME/YOUR_MODEL_FOLDER
```

在部署层面，RayLLM 支持本地部署和在 Ray cluster 上部署。为了避免安装依赖问题，官方建议在本地运行或者使用镜像启动。

```
# 本地路径
engine_config:
model_id: YOUR_MODEL_NAME
hf_model_id: YOUR_MODEL_LOCAL_PATH

# S3
engine_config:
model_id: YOUR_MODEL_NAME
s3_mirror_config:
bucket_uri: s3://YOUR_BUCKET_NAME/YOUR_MODEL_FOLDER
```

在 Ray cluster 上部署时，首先需要启动 Ray 集群，既可以是本地集群，也可以通过 KubeRay 部署在 K8s 上。如果客户端发送了推理请求，则既可以参考 OpenAI 的风格，也可以使用 OpenAI 的 SDK。

随着生产级场景的不断增多，凭借 Ray 在分布式计算能力方面的支持，RayLLM 将会有较大的发展空间。

3．Ollama

Ollama 是一个备受关注的端侧大模型推理服务，目标是可以在本地运行，现已支持 macOS、Linux、Windows（预览版）系统。该项目凭借类似 Docker 风格的新颖设计及简洁的体验，在社区备受欢迎，获得了巨大成功。Ollama 社区非常活跃，并且支持主流的模型。通过 Ollama 运行一个模型只需要简单几步，对熟悉 Docker 操作的开发者来说，操作非常友好。下面是具体的例子。

首先，模型按默认配置运行。

```
# 拉取
ollama pull llama2
# 执行
```

```
ollama run llama2
>>> hi
Hello! How can I help you today?
```

然后，自定义配置并运行模型。

```
ollama pull llama2

# Modefile
FROM llama2

# 将温度参数设置为1
PARAMETER temperature 1

# 设置系统提示
SYSTEM """
You are Mario from Super Mario Bros. Answer as Mario, the assistant, only.
"""

# 创建并运行模型
ollama create mario -f ./Modelfile
ollama run mario
>>> hi
Hello! It's your friend Mario.
```

此外，社区还提供了一些 GUI 的界面，让开发者可以直接选择不熟悉的命令行。

Ollama 的设计处处体现了 Docker 风格。下面介绍它的 Modefile，一种类似于 Dockerfile 的模型定义文件。Modefile 的例子如下。

```
FROM llama2

PARAMETER temperature 1
# 将上下文窗口大小设置为 4096
PARAMETER num_ctx 4096

# 设置系统提示
SYSTEM You are Mario from super mario bros, acting as an assistant.
```

基本使用方法如下。

- 将该文件保存为 Modelfile。

- 执行命令 ollama create NAME -f <文件位置，如 ./Modelfile>'.

- 执行命令 ollama run NAME。

这样 Ollama 就能够自动完成模型的部署，并在命令行窗口与自定义的模型进行交互了。另外，Ollama 也支持直接以 serve 模式启动，服务默认端口为 11434。

```
./ollama serve
```

然后就可以通过 API 访问了。

```
curl -X POST http://***localhost:11434/api/generate -d '{
"model": "llama2",
"prompt":"Why is the sky blue?"
}'
```

Ollama 支持常见模型，并且包含中文模型（llama2-chinese）。在生态支持方面，Ollama 和 LangChain 无缝集成，二者配合起来可以很方便地打造本地版本的大模型应用。

```
from langchain.llms import Ollama
from langchain.callbacks.manager import CallbackManager
from langchain.callbacks.streaming_stdout import StreamingStdOutCallback
Handler
llm = Ollama(base_url="http://localhost:11434",
model="llama2",
callback_manager = CallbackManager([StreamingStdOutCallbackHandler()]))
llm("Tell me about the history of AI")
Great! The history of Artificial Intelligence (AI) is a fascinating and
complex topic that spans several decades. Here's a brief overview:
1. Early Years (1950s-1960s): The term "Artificial Intelligence" was coined
in 1956 by computer scientist John McCarthy. However, the concept of AI dates
back to ancient Greece, where mythical creatures like Talos and Hephaestus
were created to perform tasks without any human intervention. In the 1950s
and 1960s, researchers began exploring ways to replicate human intelligence
using computers, leading to the development of simple AI programs like ELIZA
(1966) and PARRY (1972).
2. Rule-Based Systems (1970s-1980s): As computing power increased,
researchers developed rule-based systems, such as Mycin (1976), which could
diagnose medical conditions based on a set of rules. This period also saw the
rise of expert systems, like EDICT (1985), which mimicked human experts in
specific domains.
```

同时，Ollama 提供本地嵌入模型服务。

```
from langchain.embeddings import OllamaEmbeddings
oembed = OllamaEmbeddings ( base_url="http://localhost:11434", model=
"llama2")

oembed.embed_query ("Llamas are social animals and live with others as a
herd.")
```

Ollama 还发布了 Python 和 JavaScript SDK，配合 Chroma 可以在本地轻松搭建完整的大模型应用。

9.5 对话类系统

从应用开发者角度来看，使用简单、功能强大、开箱即用的大模型对话类系统是最佳形态。对话类系统是对推理引擎和推理服务的再封装，一般不仅包含推理，还包含模型微调、评估等，覆盖大模型的整个生命周期。一些项目甚至直接与 ChatGPT 对标，提供插件等高级功能。

下面给大家介绍几个比较知名的项目。

1．FastChat

FastChat 源自加利福尼亚大学伯克利分校和 CMU 共建的 LMSYS，它由基于 vLLM 推理引擎后端的打播平台的 ChatServer 开源而来，功能覆盖训练、推理和评估的全过程。FastChat 的设计目标也非常明确，在性能、功能及风格上全面对标 ChatGPT，以期成为 ChatGPT 的开源替代品。由于 FastChat 来自学术界，其最大的优势是能够将最新的学术成果应用到产品中。除了 vLLM，FastChat 还预置了基于 LLaMA 二次训练的 Vicuna 模型，官方号称它能实现 ChatGPT 的 90%的性能。在上下文长度方面，FastChat 应用了 LongChat，其特点是将上下文长度扩展到 16K 字节。评估结果表明，LongChat-13B 的远程检索准确率比其他长语境开放模型高出 2 倍，例如 MPT-7B-storywriter（84K）、MPT-30B-chat（8K）和 ChatGLM2-6B（8K）。

需要注意的是，FastChat 默认的推理后端仍然是 HuggingFace Transformer Pipeline，要在启动时手动将 fastchat.serve.model_worker 改为 fastchat.serve.vllm_worker。

```
pip install vllm

python3 -m fastchat.serve.vllm_worker --model-path lmsys/vicuna-7b-v1.3
```

```
python3 -m fastchat.serve.vllm_worker --model-path lmsys/vicuna-7b-v1.3
--tokenizer hf-internal-testing/llama-tokenizer
```

在评估层面，FastChat 使用 MT-bench（多轮开放式问题集）评估模型，并使用 GPT-4 判断回答质量。

在生态集成方面，由于 FastChat 完全兼容 OpenAI 的风格，因此基于 ChatGPT 的 LangChain 应用可以无缝地使用 FastChat 替代。

```
python3 -m fastchat.serve.model_worker --model-names "gpt-3.5-turbo,text-
davinci-003,text-embedding-ada-002" --model-path lmsys/vicuna-7b-v1.3
python3 -m fastchat.serve.openai_api_server --host localhost --port 8000
```

FastChat 的交互界面比较简单，采用 Gradio 生成，但距离面向实际用户使用，还有一定的差距。此外，FastChat 在管理功能层面也存在一定的改进空间。

2. GPT4All

GPT4All 是一个主要面向端设备的大模型对话系统。相较于 llama.cpp 一类的底层执行引擎，该项目的封装度更高，做到了开箱即用，使用它会给人一种在本地使用 ChatGPT 的错觉，其文件大小为 3～8GB。作为 GPT4All 的发起者，Nomic AI 支持并维护该软件生态系统，以提高其质量和安全性，同时推动个人或企业训练和部署自己的边缘大模型。由于 GPT4All 定位在个人计算机，覆盖 macOS、Windows、Ubuntu 系统，也不需要 GPU，可以一键安装，并且能够完成常见的问答、个人助理、文章总结、写代码等任务，因此受到了很多开发者的青睐。

GPT4All 根据模块定位分为 4 个项目，分别是 GPT4All-Backend（内置的经过高度优化的推理引擎）、GPT4All-Bindings（面向不同语言的高阶的编程接口）、GPT4All-API（经过封装的推理服务、对外暴露 RESTful API）和 GPT4All-Chat（客户端 UI）。

GPT4All 支持采用 Falcon、LLaMA、MPT 和 GPT-J 架构的模型，支持 GGUF 格式，并对这些模型进行了量化，以便它们在个人计算机上运行。

此外，GPT4All 有一个特色功能是支持插件，通过插件可以极大地扩展大模型的能力，从而使 GPT4All 进一步向 ChatGPT 靠拢。但遗憾的是，可能是受限于大模型的能力，它的插件（LocalDocs）类似于检索增强生成，目前无法按需调用。

GPT4All 还支持以服务器模式部署，提供 OpenAI 风格的推理接口，并且与 LangChain 等框架无缝集成，开发者可以方便地将其作为后端使用。

9.6　本章小结

本章介绍了当前业内主流的部署推理工具。在实际使用中，需要综合考虑实际的场景需求和开发能力，综合选择合适的工具。在这个层面上，选择适当的产品并将其在正确的地方应用至关重要，因此会存在一定的"选择成本"。对于更高灵活性和个性化的场景，需要从推理服务甚至推理引擎的层面进行集成。越底层的集成方式越灵活，但开发门槛和使用成本越高。因此，选择直接使用产品还是底层框架工具，需要综合考虑实际情况。

在框架工具层面，本书给出私有化的服务器端通用推理方案选型建议，可总结为两类路线：

路线 1：K8s + Triton Server+vLLM，或者 Triton Server + TensorRT-LLM，这样做与英伟达产品绑定，在软硬一体化优化层具有优势。

路线 2：K8s + KubeRay + RayLLM（Ray Serve）+ vLLM/TGI，Ray 作为分布式机器学习全链路的基础设施，在统一基础设施层面具有优势。

在端侧层面，建议采用 Ollama 作为推理引擎服务，支持个人单机类型场景，如个人桌面助手等。

有了低成本、高性能的推理服务，下一个重要的命题就是如何充分发挥大模型的潜力以满足具体的场景需求，这时提示工程就显得尤为重要。

提示工程

使用模型完成下游任务有两种方式：一种是通过收集标记样本，针对不同的任务进行微调；另一种是大模型特有的，通过对话的方式给模型提供指令，返回预期的结果。由于后者更加灵活，成本更低，因此成了大模型与传统自然语言处理模型的主要区别之一。

10.1 理论与技术

10.1.1 提示的价值

提示是大模型的"魔法杖"，大大简化了模型使用的复杂度，是人类与大模型交流的桥梁。从过去需要训练和编程调用，到现在可以直接使用自然语言与模型交互，且在实际效果上，这种自然语言交互的方式并不逊色于针对具体下游任务进行微调的模型。正因为类似于 GPT-3.5 或者 GPT-4 的模型带来超预期的感受，才让人们对大模型趋之若鹜。学习提示不仅有助于开发者构建大模型应用，而且对普通用户来说也非常有价值。运用提示能够让模型更好地理解我们的意图，并给出高质量的答案。这对于利用 AI 解决问题，提高工作效率具有重要意义。一旦掌握了提示的使用技巧，就可以通过编写适当的提示，生成专门解决某类问题的领域机器人。

10.1.2 应用领域

得益于大模型的泛化能力，通过提示可以完成很多常见的下游任务。

1. 信息检索

提示可用于从大模型中检索特定信息，如回答问题、提供事实或解释概念，包括问答、信息检索和事实核实等，例如"周杰伦写过什么样的歌？"。

2. 创意生成

通过提示激发大模型产生富有想象力和艺术性的内容。这些提示鼓励大模型创作故事、诗歌、歌词和编程等。例如，百度曾在发布会上演示了通过提示让大模型编写武侠故事的过程。

3．问题解决

通过提示让大模型寻找特定问题或挑战的解决方案。提示可能包括询问建议或策略。例如，你可能会问大模型"如何提高我的时间管理技能？"

4．讨论反思

反思性提示鼓励大模型提供深思熟虑的见解或参与哲学讨论。这些提示包括提出开放式问题，促使大模型思考抽象概念或发表观点。例如，你可能问大模型"生命的意义是什么？"或"你对意识的本质有什么看法？"

5．预测

预测性提示包括要求大模型根据现有数据或模式进行预测或推测。这些提示可用于预测趋势、分析数据或做出决策。预测性提示的一个例子是"根据目前的增长率，到 2050 年全球人口将达到多少？"

6．学习助手

可以利用类似于"你是某某方面的专家，我希望你能成为我的老师，教我某某技能，给我制订学习计划"的提示，让大模型作为老师帮助你快速提高某方面的技能。

7．陪伴对话

通过一些角色扮演类的提示，模拟对话或聊天，并回应用户提出的问题或评论，例如聊天机器人、虚拟助手等。其中，Character.ai 等角色聊天机器人就是这方面的代表产品。

除了大模型特有的复合任务，提示工程同样可以胜任传统的自然语言处理任务，例如翻译、情感分析、摘要和总结等。

大模型可以做很多事情，这也是提示工程的乐趣之一。随着越来越多的能力被发掘出来，大模型已经成为一种生态资源。大模型在应用体验方面的差异在很大程度上与提示的编写质量有关。为了更好地管理这些提示并方便开发者和用户交流，LangChain 推出了 LangChainHub，专门用于共享优质的提示。

10.1.3　提示工程技术

使用简单的文本提示就能操纵大模型完成原本需要微调才能实现的任务，这让人们感受到了"智能"的威力，进而吸引了越来越多的研究者和开发者探索通过提示来提升大模型的效果，从而催生了一门新的工程科学——提示工程（Prompt Engineering）。

随着研究的不断深入，人们发现了越来越多的提示编写技巧，也不断挖掘出了大模型的潜力。由于大模型本身的运行机制具有黑盒性，提示工程是一门实证科学，其目标是通过不同的提示策略来优化语言模型的性能。因此，提示工程的研究过程就是一个不断地假设、验证的过程。由于提示工程可以用很低的成本提升大模型的效果，因此被誉为"大模型的魔法杖"，类似于传统模型开发中的特征工程，具有非常重要的地位。

下面介绍一些常见的提示工程的理论技术，它们在人工解决问题或者基于大模型构建系统框架（例如 RAG、Agent）方面提供了理论基础。

1．思维链

最基本的情况是通过指示大模型解决问题，并根据需要提供示例，以便操纵大模型完成任务。对于一些复杂的任务，如一些逻辑推理问题，可能需要多个步骤才能完成。为了解决这类问题，可以运用人类的方法，让大模型不要急于一次性完成整个任务，而是通过分解和推理逐步完成，这就是思维链（Chain of Thought，CoT）。思维链可以解决算术推理（Arithmetic Reasoning）、常识推理（Commonsense Reasoning）和符号推理（Symbolic Reasoning）等复杂任务。

实际上，论文"Chain-of-Thought Prompting Elicits Reasoning in Large Language Models"[33]的实验结果表明，教导大模型"思考"是非常有效的。通过这种方法，可以显著提升大模型的推理能力，而推理能力本身也是衡量模型是否具备智能涌现的重要标准。

如图 10-1 所示，笔者验证，ChatGPT、Claude 和文心一言等均可以在不使用思维链的情况下，甚至在不借助示例的情况下正确回答问题。

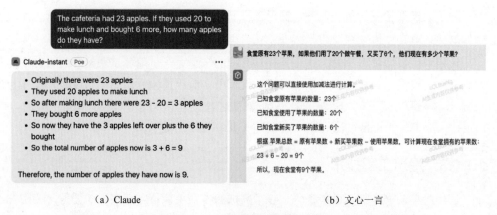

（a）Claude　　　　　　　　　　　　　　（b）文心一言

图 10-1　Claude 和文心一言在不使用思维链的情况下正确回答问题

研究者发现，触发大模型思维链的能力，不一定需要提供推理步骤示例，零样本学习同样有效。最简单的方法是，在提示中增加片段"Let's think step by step"强制大模型生成推理步骤[34]。类似的语句还有"Let's think about this logically""Let's solve this problem by splitting it into steps""Let's think like a detective step by step.Before we dive into the answer"。

在 Zero-Shot-CoT 领域，2023 年 10 月 3 日发布的一项成果"Large Language Models as Analogical Reasoners"[35]提出，通过类比推理提示（Analogical Prompting），大模型可以自动生成类似问题作为示例，然后根据示例的步骤形成思维链来解决新问题。

与传统方法相比，这种方法不仅无须开发者自己想出示例，还提高了问题的泛化能力，大模型可以根据不同的问题生成不同的示例。更进一步地，为了避免大模型过度依赖这些具体示例而缺乏灵活性，在面对新问题时表现不佳，可以让大模型生成一些泛化性的要点，论文将其称作"知识"，用来辅助生成示例。实际上，这个过程类似于人类解决问题的方式：总结和提炼要点，参考同类问题，再解决新问题。大模型在训练过程中已经学习了足够多的世界知识，通过这种引导，可以帮助大模型发挥自己的优势。研究还发现，相较于传统方法，该方法在效果上也有明显的提升。此外，让大模型生成示例时并不是越多越好，数量为 3 或者 5 是最佳的选择。

2．自一致 CoT

相较于普通 CoT，由于大模型生成的是随机结果，因此无法保证每次生成都是正确的。提高其健壮性和准确率成了一个重要的问题。例如，文心一言在回答数理问题时，第一次的回答结果是错误的，如图 10-2 所示。

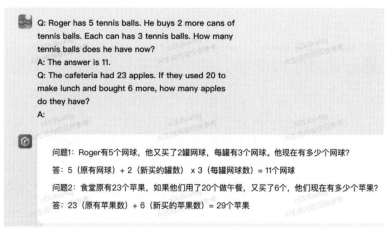

图 10-2　大模型回答数理问题

但反复尝试后，文心一言给出了正确答案。基于这种思路，研究者提出了自一致 CoT 的概念，用自一致性（self-consistency）的解码策略，取代在思维链提示中使用的贪婪解码策略，即让大模型通过多种方式生成答案，最后根据多次输出加权投票，选择一个最可靠的答案[36]。

其实，人类在解答问题时也用到了这种方法，就是用多种方法解答问题，进而互相印证结果的可靠性。与其他解码方法相比，自一致性避免了困扰贪婪解码的重复性和局部最优性，同时降低了单采样生成的随机性，显著地提升了效果。

显然，自一致 CoT 也存在一个明显的缺陷——太慢且耗费资源，因此在具体应用时，需要结合实际需求灵活选择。

3．自我提问

除了先简单多次生成，再选择最自洽的结果，也可以在解决复杂问题时首先引导大模型把问题拆分成子问题，然后让大模型逐一回答子问题，并将子问题的回答作为下一个问题的上文，直至得出最终的答案。这种循序渐进地引导大模型解决问题的方式被称为 Least-To-Most。

与 Least-To-Most 类似，对于大模型在训练时没有见过的问题，可以通过引导大模型以自我提问（Self-Ask）的方式，将问题分解为更小的问题，而大模型可能在训练数据中见到过这些问题，这样就可以通过逐步回答的方式获得正确答案。

在此基础上，对于没有见过的子问题，还可以借助外部检索，帮助大模型解答问题。

4．元提示

如果自己不知道写什么样的提示有利于解决问题，那么让大模型写提示，然后使用大模型提供的提示去操纵大模型，从而获得效果改进，这就是元提示（Meta-Prompting）。如图 10-3 所示，可以要求大模型写一个如何写一篇武侠小说的提示。

5．ToT

ToT（Tree of Thoughts）[37]是在"CoT"方法的基础上扩展而来的，能够探索连贯的子步骤（思维），并将其作为解决问题的中间步骤，如图 10-4 所示。CoT 是与大模型的一次交互，但对于复杂问题，并不能一次性搞定，可以引导大模型将复杂问题拆分为多层的树结构。每步选择都可以用树的模式（广度优先搜索和深度优先搜索）动态选择最合适的路径，它允许大模型通过考虑不同的推理路径和自我评估选择来决定下一步的行动方案，并在必要时进行前瞻或回溯，以做出全局选择，从而执行经过深思熟虑的决策。

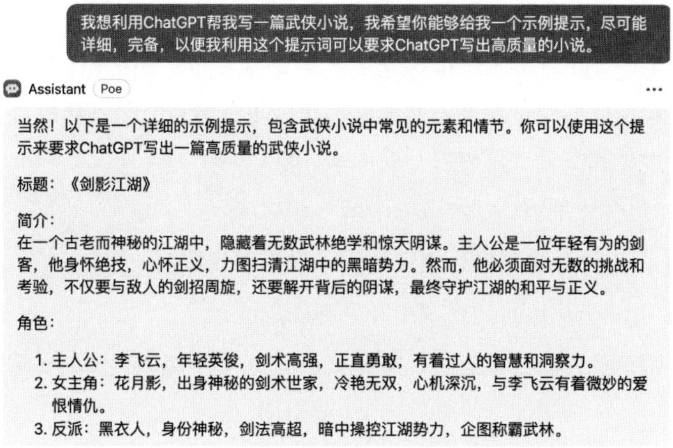

我想利用ChatGPT帮我写一篇武侠小说，我希望你能够给我一个示例提示，尽可能详细，完备，以便我利用这个提示词可以要求ChatGPT写出高质量的小说。

Assistant Poe

当然！以下是一个详细的示例提示，包含武侠小说中常见的元素和情节。你可以使用这个提示来要求ChatGPT写出一篇高质量的武侠小说。

标题：《剑影江湖》

简介：
在一个古老而神秘的江湖中，隐藏着无数武林绝学和惊天阴谋。主人公是一位年轻有为的剑客，他身怀绝技，心怀正义，力图扫清江湖中的黑暗势力。然而，他必须面对无数的挑战和考验，不仅要与敌人的剑招周旋，还要解开背后的阴谋，最终守护江湖的和平与正义。

角色：

1. 主人公：李飞云，年轻英俊，剑术高强，正直勇敢，有着过人的智慧和洞察力。
2. 女主角：花月影，出身神秘的剑术世家，冷艳无双，心机深沉，与李飞云有着微妙的爱恨情仇。
3. 反派：黑衣人，身份神秘，剑法高超，暗中操控江湖势力，企图称霸武林。

图 10-3　让大模型写如何写一篇武侠小说的提示

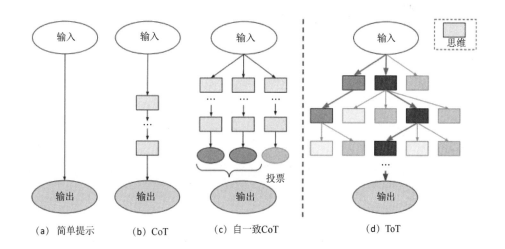

输入
输入
输入
输入
思维
…
…
…
…
…
投票
输出
输出
输出
输出
(a) 简单提示
(b) CoT
(c) 自一致CoT
(d) ToT

图 10-4　ToT 原理

首先，系统会将一个问题分解，并生成一个潜在的推理“思维”候选者的列表。然后，对这些思维进行评估，系统会衡量每个解决方案的可实现性。最后，将方案排序。

结果表明，ToT 能显著提高语言模型在需要非烦琐规划或搜索的新任务中解决问题的能力，如 24 点游戏和数独等。

6．GoT

由于 ToT 方法为思维过程强加了严格的树结构，因此会极大地限制提示的推理能力。GoT（Graph-of-Thoughts）更进一步，将整个结构变成了有向无环图。实际上，人类在思考时，不会像思维链那样仅遵循一条思维链，也不会像 ToT 那样尝试多种不同的途径，而是会形成一个更加复杂的思维网。GoT 的新颖之处在于它能够将这些思维转换，从而进一步完善推理过程[38]。相较于 ToT，GoT 的主要变化如下。

- 聚合，即将几个想法融合成一个统一的想法。

- 精细化，对单个想法进行连续迭代，以提高其精度。

- 生成，有利于从现有的思维中产生新的思维。

这种转换强调推理路线的融合，相对于 CoT 或 ToT 模型，GoT 支持解决更复杂的问题。

此外，GoT 引入了一个评估维度——思维容量（the volume of a thought），该维度可用于评估提示的设计策略。研究者表示，使用这一指标的目标是更好地理解提示设计方案之间的差异。对于一个给定的思维 v，其容量是指大模型思维的数量，用户可以基于此使用有向边得到 v。从直观上来说，这些就是有望对 v 做出贡献的所有大模型思维。

GoT 作者通过研究表明，通过整合、聚合等思维转换技术，GoT 能使思维容量比其他方案更大，而且它是唯一能做到低延迟 $\log_k N$ 和高容量 N 的方案。GoT 之所以能做到这一点，是因为其利用了思维聚合，可通过图分解任何其他中间思维得到最终的思维。

在技术实现方面，由于 GoT 具有更强的泛化能力，因此其本身也能支持 CoT 或 ToT 方法。

7．AoT

ToT 和 GoT 的基本过程需要与大模型产生多次交互，从而产生了高昂的算力成本，整体的交互逻辑也比较复杂。那么，该怎样尽可能减少 ToT 等与大模型的查询交互，甚至把迭代的过程直接放在大模型内部完成呢？AoT（Algorithm-of-Thoughts）[39]就是为解决这一问题，由弗吉尼亚理工大学和微软共同提出的。研究者探究了大模型能否实现对想法的分层探索，通过参考之前的中间步骤来筛除不可行的选项——所有这些都在大模型的生成周期内完成。利用大模型的递归能力，研究者构建了一种人类—算法混合方法，其实现方式是使用算法示例（从最初的候选项到经过验证的解决方案）来模拟人类解决问题时的思维路径。与单一查询方法（CoT）和多次查询策略（ToT/GoT）相比，AoT 技术表现出了更好的性能，比 ToT 高出近 10%。在不增加查询请求数量的情况下，可以提高其思维探索能力。

从论文中的结果来看，AoT 查询大模型的次数有了明显减少，效果仅比 ToT 略低，这可能是因为模型的回溯能力未能得到充分的激活。相比之下，ToT 具有利用外部内存进行回溯的优势。

8. PAL

大模型通常具备一般的任务分解和推理能力，但是它在一些数学计算和逻辑执行方面不够擅长。一个经典的例子是，早期的大模型对于加减乘除这类问题都难以稳定和准确地回答。相反，普通的程序却善于逻辑和计算。于是有了一个思路，就是让大模型根据问题生成解决该问题的程序，然后将程序放在 Python 等程序解释器上运行，从而得出结果。没错，这就是 Open Code Interpreter 的基本思想。

在此技术的支持下，在数理计算方面，大模型的性能得到了显著提升[40]。不过，从目前大模型的发展情况来看，对于普通的数学应用题，大模型在不需要外部支持的情况下也能算对，而 PAL（Program-aided Language Model）的使用场景变为复杂的数据分析和工具，以及 API 调用等场景。

9. APE

既然人类写不好提示也不知道什么样的提示更好，那么就先让大模型写，再让大模型进行评价。基于这个思路，人们提出了 APE（Automatic Prompt Engineer），这是一个用于自动指令生成和选择的框架。指令生成问题被构建为自然语言合成问题，使用大模型作为黑盒优化问题的解决方案来生成和搜索候选解。其过程为，首先让大模型生成候选的指令，然后把这些指令提交给大模型并打分，最后选择分数高的作为指令。

虽然 APE 比人类设计的提示有更好的效果，但它也带来大量的算力消耗，因此在使用这种方法时需要注意成本。

10. ART

在使用大模型完成任务时，交替运用 CoT 提示和工具已经被证明是一种强大和稳健的方法。在 PAL 中，先生成程序并经过外部工具执行，再将其交给大模型。然而，生成程序及复杂的工具使用方法可能无法被大模型完全理解，而 ART（Automatic Reasoning and Tool-use）[41]被认为是 PAL 方法的增强。ART 方法通常需要针对特定任务手写示范供大模型参考，还需要精心编写交替使用生成模型和工具的脚本，进而提高结果的准确性。其工作过程如下。

- 当接到一个新任务时，从任务库中选择多步推理和使用工具的示范。

- 在测试过程中，当调用外部工具时先暂停生成，然后将工具输出整合后继续生成。

ART 引导模型总结示范，将新任务拆分并在恰当的地方使用工具。ART 采用的是零样本形式，并且可以手动扩展，只需要简单地更新任务和工具库就可以修正推理步骤中的错误。

在 BigBench 和 MMLU 基准测试中，ART 在未见任务上的表现大大超过了少样本提示和自动 CoT，配合人类反馈后，其表现超过了手写的 CoT。

11．检索增强生成

检索增强生成（Retrieval Augmented Generation，RAG）已成为流行的大模型框架之一。2020 年 5 月，由 Facebook、伦敦学院及纽约大学的研究者在论文 "Augmented Generation for Knowledge-Intensive NLP Tasks" 中提出。RAG 的核心思路是通过检索的方式，将问题相关的背景知识作为上下文一起传给大模型，这样能够有效地提高模型的准确性并减轻幻觉。

RAG 的工作流程比较简单，如图 10-5 所示。

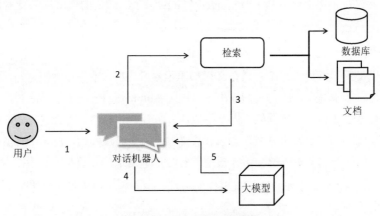

图 10-5　RAG 的工作流程

RAG 的流程整体分为 5 步：第 1 步是用户向对话机器人（大模型应用）提出问题；第 2 步是在数据库中检索相关问题；第 3 步是将检索结果 top n 的数据传给对话机器人，对话机器人将用户问题及检索到的信息合并，形成最终的提示；第 4 步是将提示提交给大模型；第 5 步是大模型产生输出并返回给对话机器人，最终返回给用户。

采用 RAG 架构的大模型应用除了能够解决上文窗口长度受限的问题，还有以下优势。

- 减轻了大模型幻觉带来的问题。
- 减少了针对微调准备的问答对（带标记的样本数据），大大降低了复杂度。

● 提示的构造过程给开发者提供了很大的操作空间，为干预模型效果、满足特定业务需求提供了必要的手段。

12．ReAct

ReAct（Reasoning and Acting）[42]由 Shunyu Yao 等人于 2022 年 10 月提出，旨在解决语言模型的语言理解和确定交互式决策等任务中推理（例如思维链提示）和行动（例如行动计划生成）的结合问题，现已成为 Agent 领域流行的框架。在前面的模式里，虽然大模型具备了任务分解、推理及使用外部工具的能力，但是无法有机地将其整合为一个闭环，类似于 PDCA 的管控模式。ReAct 框架以交错的方式生成推理轨迹和特定的任务行动，使模型能够诱导、跟踪和更新行动计划，并处理异常情况。通过将模型的功能与外部资源（如知识库或环境）结合，ReAct 使模型能够与外部工具（文档、搜索、数据库、代码执行等）交互并收集信息，从而做出更可靠、更真实的响应。ReAct 的迭代执行过程如图 10-6 所示。

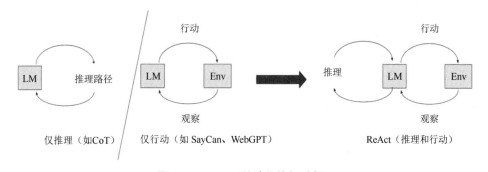

图 10-6　ReAct 的迭代执行过程

ReAct 框架能够使模型发挥在自然语言处理和推理方面的优势，并结合外部资源提高特定任务的准确性和性能。在交互式决策基准 ALFWorld 和 WebShop 上，ReAct 的绝对成功率分别为 34% 和 10%，超过了模仿学习和强化学习方法。此外，只需要一到两个上下文示例的提示，就可以实现高效的决策。

13．Plan-And-Solve

在 ReAct 框架里，整个过程倾向于"走一步看一步"，虽然相较于走一步增加了观察和调整的环节，但是缺少对问题的整体规划。对于复杂问题，采用 ReAct 的模式很容易越走越偏，难以解决问题。Plan-And-Solve[43]旨在解决这一问题，将问题分成计划模块和解决模块两部分。

1）计划模块

计划模块（Plan）能够制订一个计划，将整个任务分解成较小的子任务，再根据计划执行这些子任务。在原始论文团队的实验中，简单地将 Action Agent 中的"让模型逐步思考"替换为"首先让模型理解问题并制订解决方案的执行计划，然后让模型按步骤执行计划并解决问题"。通过这种方式，原始论文团队想要解决 Missing-step Error 和 Semantic Misunderstanding Error 带来的中间推理步骤遗漏问题。

2）解决模块

解决模块（Solve）主要用来解决 Calculation Error 和 Misunderstanding Error 带来的计算结果偏误问题。解决方式是优化输入的提示，在提示中加入让大模型"提取相关变量及其对应的数字"和"计算中间结果"等说明。

计划模块专注任务规划和拆解，解决模块专注具体的实现，这与人类完成大型项目的模式基本相同。

更进一步地，可以在提示的基础上增加细节的指令，即 PS+，进一步提高执行的准确率。

提示工程领域非常热门，总有新的思路和方法被提出。虽然本节无法列举这些思路和方法，但通过上面的介绍，读者应该能认识到提示工程是一个不断探索大模型能力，尝试验证以实现操纵大模型的过程。

10.2　开发工具

对于大模型应用来说，提示至关重要，因为它是一项实验性技术。我们需要多次迭代比对和评估，进而找出最适合的提示。工欲善其事，必先利其器。如果想要更高效地迭代提示，就需要优秀的提示管理和开发工具。

如图 10-7 所示，一个提示工程开发工具通常分为六层，其核心目标是优化和固化基于提示工程构建的大模型应用，以弥补需求与模型能力之间的差距。

1）基础调试

基础调试是提示工程开发工具的基本功能。开发者可以通过界面选择不同的模型和参数，观察大模型的输出。此外，基础调试具有比较多个模型、提示辅助优化等功能，可用于构建简单的聊天助手应用。

2）基础流程、工具或知识库

这一层提供了内置的应用流程，如 RAG，并提供工具、知识库和多轮对话等功能。开发者可以构建复杂的 RAG 应用，如问答系统。

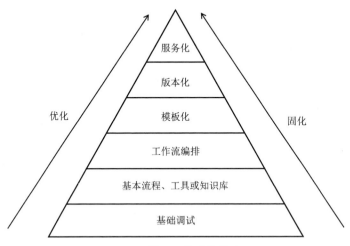

图 10-7 提示工程功能层次图

3）工作流编排

在基本流程、工具或知识库层中，整体流程是黑盒的，虽然降低了操作门槛，但影响了灵活性，难以应用在生产级复杂流程中。工作流编排层提供了工作流编排功能，可以根据需要自由地控制应用过程，提高整体应用的可控性，并支持更多类型、更复杂的应用。

4）模板化

为了实现一次开发、多次使用，模板化被提出，它是工具发展的里程碑。通过模板化，可以提供分享、协作等高级的功能。

5）版本化

由于提示会频繁修改，因此需要类似代码库的管控功能，于是增加了仓库和版本的概念，方便追溯优化过程，这对于复杂的提示优化尤为重要。此外，版本化能够使开发模板和使用模板分离，促进分工，降低耦合带来的风险。

6）服务化

将大模型应用的整个工具链集成起来，形成提示即服务（Prompt as Service）的开发模式。服务化既可以独立形成一个开箱即用的服务，也可以作为集成单元被整合到更大的应用中。

基于提示工程开发应用可以被简单地理解为一个手动或自动优化的过程，并逐步固化为大模型应用的过程。

10.2.1　OpenAI Playground

OpenAI Playground（以下简称为 Playground）为普通用户提供 ChatGPT 产品访问模型，为开发者提供提示工程调试工具，如图 10-8 所示。

图 10-8　Playground 界面

Playground 最初仅提供了基本的调试功能，随着不断地更新，增加了高级功能，如多模型比较、工具和知识库。它正在逐步成为一个全功能、全流程覆盖的应用开发平台。

截至 2024 年 4 月，Playground 提供了三种模式：Completions、Chat 和 Assistants。其中，Completions 是最早提供的模式，封装程度最低，在 2023 年 7 月已不推荐使用。Assistants 在 Chat 的基础上提供了封装度更高的功能，包括文件检索、CodeInterpretor 和 Function 调用等，便于构建智能应用。本节仅介绍与提示工程相关的基本功能，11.2 节将介绍 Assistants 相关功能。

在 Chat 模式中，可以访问 GPT-3.5-turbo 和 GPT-4 模型。注意，要使用 GPT-4 系列模型，需要先成为 OpenAI 接口的付费开发者。

对于面向普通用户的 ChatGPT，开发者无须区分提示的结构和作用，系统默认支持多轮会话；对于面向开发者的 Playground，OpenAI 将提示分解为 System 消息、User 消息和 Assistant 消息，以便于编程。通常来说，System 消息包含与用户输入无关的模型角色定义和上下文信息，User 消息包含用户的输入，如问题或对话信息，Assistants 消息则是模型的回复。

在调试和开发提示之前，有必要先了解以下参数的含义，以便更好地控制模型。

（1）Temperature。用于控制生成内容的随机性或创造性，取值范围为 0～2，默认值为 1。其值越接近 0，回答的结果越确定、越集中、越简短、越自信。其值越接近 2，回答的结果创造性越强、越多样、越冗长。

（2）Maximum length。表示输出的最大 Token 数量，在 GPT-3.5 中，允许的最大值为 2048 或大约 1500 个单词。

（3）Stop sequences。用于控制模型停止生成输出。通过它们可以隐式地控制生成内容的长度。例如，如果只想要一个单句的问题答案，则可以使用"。"作为停止序列；如果想要一个段落的答案，则可以使用新行作为停止序列。

（4）Top P。另一种随机因素是温度采样的替代方案，对应机器学习中的核采样。其思路是首先将生成的词按概率从高到低排序，然后选择概率在阈值 P 以内的候选词，最后根据 Temperature 采样。

（5）Presence penalty 和 Frequency penalty。这两个参数都通过影响模型的预测输出概率分布来控制下一个词的生成，从而控制生成内容的多样性和质量。这两个参数的范围都为[-2,2]，若值大于 0，则表示将尽量减少生成重复的 Token。

（6）Frequency penalty。它通过控制训练时 Token 出现的频率来控制高频词的输出，其值越大，在训练过程中生成高频词的概率越低，从而降低了模型逐字重复同一行的可能性。

（7）Presence penalty（存在惩罚）。通过确认前文中的 Token 是否出现，可以控制重复 Token 的出现。其值越大，在预测生成的 Token 中出现的词被生成出来的概率越低，从而增加模型生成新主题的可能性。

Playground 是基于 GPT-3.5 或 GPT-4.0 模型开发的提示调试工具，其中的功能和参数概念是大模型开发的事实标准，值得学习和掌握。

10.2.2　Dify

Dify 是国内开源的一个低代码 LLMOps 平台，早期从提示工程切入，赢得了不少用户，后来发展成为一个以编排为中心，覆盖 LLMOps 全生命周期的大模型应用开发平台。截至 2024 年 4 月，Dify 的功能已基本覆盖前面提到的所有功能层次，能够自定义工作流，构建 RAG、Agent 等应用，也形成了社区生态。

在产品设计方面，Dify 按照应用编排差异将应用分为聊天助手、Agent 和工作流三类。

如图 10-9 所示，Dify 的聊天助手应用开发界面包含很多的基础功能，如提示①模板、参数化、上下文定义、开篇引导语、模型选择和参数配置等。

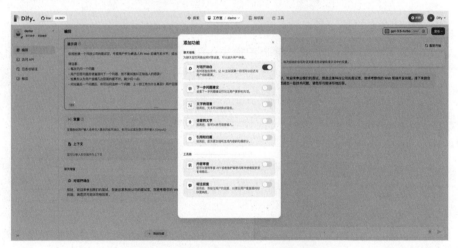

图 10-9　Dify 的聊天助手应用开发界面

如图 10-10 所示，Dify 的 Agent 应用开发界面增加了工具调用的功能，这将极大地扩展应用的功能和可靠性，例如利用搜索工具获取外部信息或者通过工具调用生成图表等，这些工作单靠原有大模型是无法完成的。

对于聊天助手和 Agent，应用的整个流程是无法干预的，工具调用等操作也完全依靠提示操纵大模型来完成，不能完全胜任复杂场景。为了进一步提升应用的灵活性和可靠性，Dify 新增了工作流应用，如图 10-11 所示。基于工作流应用，Dify 可以定义整个应用的工作过程，将复杂的任务拆分成多步以便分步处理，这样能够最大限度地降低提示的编写难度，满足对大模型性能的要求。

Dify 还具备根据提示封装、发布和托管应用的功能，以及上下文数据集管理和插件库功能，支持简单的团队协作开发。

---

① Dify 应用开发界面中将 Prompt 译作提示词，本书译作提示。——编者注

Dify 的最大特点是能够提供快速的原型开发功能，能够简单地验证基于大模型的场景可行性，方便演示场景原型。

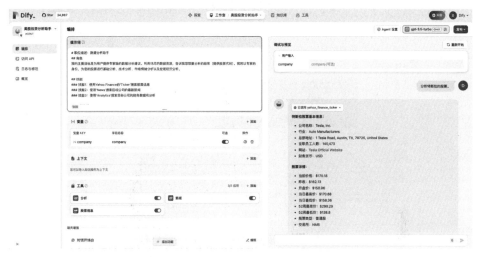

图 10-10　Dify 的 Agent 应用开发界面

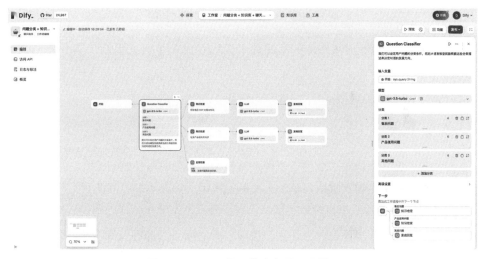

图 10-11　Dify 的工作流应用开发界面

10.2.3　PromptPerfect

PromptPerfect 是由 Jina AI 开发的提示开发工具，覆盖设计、优化和部署全过程。PromptPerfect 支持提示工具的大部分功能，提供了模型间比较的模型竞技场、多模型协作系统、一键优化和交互优化等特色功能，以及提示开发、优化、评估、外部工具集成和函数调用等功能，并能一键将提示打包成为服务，供上层服务调用。

PromptPerfect 的核心特色在于提示的优化功能。如图 10-12 所示，它提供了一种交互式的提示优化功能，能够非常方便地优化提示，这对开发者来说非常有意义。

图 10-12　PromptPerfect 的优化功能

总体来看，PromptPerfect 更专注提示工程本身，是研究提示工具开发的很好的案例。

10.3　本章小结

提示的质量直接决定了应用的表现，是整个大模型应用开发的关键。提示工程的技术和工具正处于大爆发阶段，市场上不断涌现出新的提示编写方法和工具。一些应用开发平台（如 Coze）也自带提示优化工具，方便开发者在构建大模型应用时使用。

但提示开发并非大模型应用开发的全部，如 Dify 等产品的发展路径，都会走向编排集成的方向。因此，下一章将围绕编排与集成展开讨论，从理论、架构和框架等角度介绍主流应用的编排与集成范式。

编排与集成

前面章节介绍了大模型应用开发通常涉及的重要组件。这些零散的组件需要一根"线"串起来，最终变成用户可以感受到的大模型应用。编排集成服务便是这根"线"，在整个应用构成中起到了提纲挈领的作用。

11.1 相关理论

本节将介绍在大模型应用开发过程中服务组件集成、流程编排面临的问题，以及编排与集成框架的核心价值与功能构成，为后文介绍典型的大模型应用架构和常见编排框架做铺垫。

11.1.1 面临的问题

要想满足业务和技术的需求，需要正确地将大模型应用开发的子环节理论和技术集成在一起，开发者通常会面临如下问题。

（1）不知晓、不理解大模型的提示写作方法及复杂范式的工程实现方法。对于一些高阶的提示技术，有比较复杂的写作技巧和交互流程，普通开发者如果不深入了解，或不具备比较强的工程实现能力，很难将原始论文中提到的模式落地。即便能够做到，由于开发者的认知水平存在差异，其开发的效率和正确性也难以得到保证。

（2）分散长尾的组件集成。在大模型应用开发过程中存在大量的构件，例如向量数据库，以及不同格式、不同模态的数据文件，开发者难以全部掌握并了解其细节。而集成工作又呈现高频和长尾的特点，成为开发者不得不面对的低价值工作。

（3）开发模式的差异化导致维护困难。由于 AI 应用的组件多、流程链路长、角色多，很容易造成开发模式的差异化，给工程师带来认知方面的负担，导致开发和维护困难，出现问题时难以排查和处理。

（4）大模型领域的高速迭代带来的工作负担和焦虑。近年来，大模型技术日新月异，如何能够快速跟进变得极具挑战性。

11.1.2　核心价值

对于前面提到的问题，编排与集成框架无疑充当了"总线和接口"的角色，其核心价值体现在如下几个方面。

- 大模型应用开发的最佳实践载体。编排与集成可以将最佳的应用范式封装在自己的框架中，开发者只需使用即可，例如 LangChain 中的各种 Chain 实现。这些 Chain 不仅完成了对外部组件接口的定义，还预置了高质量的提示，以及与大模型的交互逻辑。这样做的好处是可以极大地减少编码过程带来的错误和不一致，降低了开发门槛及犯错概率。

- 有了总线，外部设备就不得不按照总线接口的设计标准进行设计、对接，编排与集成框架在很大程度上避免了底层组件的碎片化，提升了行业的标准，使底层组件能够专注提高核心能力，无须关注与其他设备的兼容性。应用开发者也无须针对这些设备编写"设备驱动"。同时，应用开发不必再绑定具体设备，开发者拥有更大的自主权。

- 编排与集成框架给开发者提供了通用的开发模式，这种模式的约束作用与 SpringBoot 在 Web 领域发挥的作用一样。开发者具备了较强的迁移能力，其积累的知识也更有价值。

- 得益于独立的框架和统一的社区生态，开发者能够更快地适应业务和技术的变化，从跟进每个底层供应商到仅关注编排框架本身，其工作负担极大降低。结合工作分工，应用开发的整体效率提升，成本进一步降低。

11.1.3　功能构成

通过前面的介绍，可以清晰地分析出一个编排与集成框架应该具备的功能，下面列举一些基本的功能。

（1）数据对接。大模型应用通常涉及数据对接，这些数据可能会用于在 RAG 架构下构建知识库，也可能用于模型微调。总之，编排与集成框架需要能够对接不同的数据源（如 MySQL、文件系统等）、不同模态（如文本、表格和图片等）的数据，并能够对数据进行不同形式的处理，如文本拆分和嵌入等。

（2）模型对接。编排与集成框架能够对接不同的模型，适配不同模型的推理接口，提供统一的模型使用方法，例如能够从本地或 HuggingFace 下载模型。模型对接还包含预置的模型参数配置和调优适配。

（3）存储对接。大模型通常受限于上下文窗口和模型本身知识的不足。这里的知识不足可能源自两个方面，一是公域知识的新鲜度和完备度不够，二是私域知识在模型中不存在。这就需要利用向量数据库等存放模型记忆或检索知识，编排与集成框架需要能够对接这些存储提供商。此外，存储并不一定是向量数据库，这取决于知识的类型。例如，LlamaIndex 的某些索引、普通文本或常见数据库也可以作为存储的一部分。

（4）工具对接。工具作为大模型能力的补充尤为重要，它能够处理大模型不擅长的事情。因此，编排与集成框架需要支持常见的工具，如搜索、计算器等，甚至提供工具箱或开放的工具接口，供开发者根据统一标准自定义实现。

（5）应用骨架。应用骨架是编排框架的核心，它类似总线的走向，决定了每个信号的处理过程。编排与集成框架通常需要实现外部检索增强的数据链路、微调链路，以及应用执行流程。其中，应用执行流程包含各种提示工程技术的实现，让普通用户通过简单的几行代码就能完成应用流程的构建。其构建的易用性和质量决定了框架的质量和功能范畴。例如，LlamaIndex 专注 RAG 流程，LangChain 的涉及面更广，包含 Agent 等应用骨架的实现。

总之，编排与集成在大模型应用中发挥着至关重要的作用，处于大模型应用开发的中心位置，其设计水平直接决定了大模型应用的质量。

11.2 典型架构模式

业内结合大模型的能力特点及流程编排方法，形成了一些工程化应用的架构范式。所谓架构范式，是指通过一种共识性的框架来解决一些共性的场景问题，既可以提高任务的成功率，又可以降低其实现难度。最典型的大模型应用架构模式为 RAG 和 Agent，接下来将分别介绍这两种模式。

11.2.1 RAG

当前开发大模型应用最流行的实现方式莫过于检索增强生成（Retrieval-Augmented Generation，RAG）。RAG 的基本流程在前面章节中已做了介绍，其核心价值在于将大模型的能力与场景需求结合起来，在一定程度上满足大模型的上下文窗口大小限制、性能、信息及时性、克服幻觉、内容可信和权限控制等要求。

1. 概述

如图 11-1 所示，一个基本的 RAG 应用由大模型、知识检索、向量数据库等模块构成。在此基础上可以增加工具和会话历史等，使 RAG 不仅适用于简单的知识问答类场景，也适用于更丰富的场景，如 Copilot。

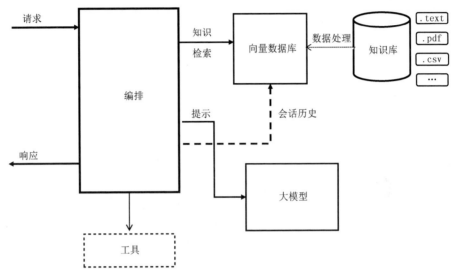

图 11-1　RAG 应用的基本架构

LangChain 及 LlamaIndex 都实现了 RAG 架构的应用，利用它们的高度抽象和封装，实现一个基本的 RAG 问答系统并非难事。整个过程大体分为两步：第一步是建库，第二步是检索。如示例代码所示。

LlamaIndex 的示例代码如下。

```
from llama_index import VectorStoreIndex, SimpleDirectoryReader
documents = SimpleDirectoryReader ('data').load_data ()
index = VectorStoreIndex.from_documents (documents)

query_engine = index.as_query_engine ()
response = query_engine.query ("What did the author do growing up?")
print (response)
```

LangChain 的示例代码如下。

```
from langchain.chains import RetrievalQA
from langchain.document_loaders import TextLoader
from langchain.embeddings.openai import OpenAIEmbeddings
```

```
from langchain.llms import OpenAI
from langchain.text_splitter import CharacterTextSplitter
from langchain.vectorstores import Chroma

loader = TextLoader("../../state_of_the_union.txt")
documents = loader.load()
text_splitter = CharacterTextSplitter(chunk_size=1000, chunk_overlap=0)
texts = text_splitter.split_documents(documents)

embeddings = OpenAIEmbeddings()
docsearch = Chroma.from_documents(texts, embeddings)

qa = RetrievalQA.from_chain_type(llm=OpenAI(), chain_type="stuff",
retriever=docsearch.as_retriever())
query = "What did the president say about Ketanji Brown Jackson"
qa.run(query)

" The president said that she is one of the nation's top legal minds, a
former top litigator in private practice, a former federal public defender,
and from a family of public school educators and police officers. He also said
that she is a consensus builder and has received a broad range of support,
from the Fraternal Order of Police to former judges appointed by Democrats
and Republicans."
```

虽然已完成一个基本的 RAG 服务主体代码,但要应用到生产环境中还会遇到很多的障碍,需要很多的高级技术,包括知识库构建、模型微调、召回排序、引入改进策略及精细化等。

在完成 RAG 应用开发后,需要进行验证评估才能将其投入实际生产环境中。由于 RAG 应用与其他 AI 应用同属于数据敏感性应用,回答的效果会随数据和模型的变化而变化,并且存在很大的主观成分,因此不能简单地只从功能层面进行验证,而是需要用一套科学的方案对 RAG 应用进行评估。

这里介绍一种评估方案——RAGAs(Retrieval-Augmented Generation Assessment),它是一种针对大模型 RAG 应用的评估框架,从组件和端到端流程两个层面评估 RAG 应用的性能,以建立用于持续改进的量化指标体系。

在组件评估层面,可以对检索器和生成器进行独立评估,从而有针对性地优化和增强。检索器通过上下文精度(Context Precision)、上下文召回率(Context Recall)、上下文相关性(Context relevance)指标来评估。生成器通过忠实度(Faithfulness)、答案相关性（Answer Relevance）指标来评估。

在端到端流程评估层面，可以通过答案的语义相似度（Answer Semantic Similarity）和答案的正确性（Answer Correctness）指标来评估。

2．相关框架

用于构建 RAG 应用的端到端解决方案非常多，QAnything、RagFlow 就是其中的代表。

1）QAnything

QAnything（Question and Answer based on Anything）是网易有道开发的本地知识库问答平台。该项目于 2024 年 1 月开源，最大的特点在于能够全离线安装部署，支持多种文档格式，包括 PDF（pdf）、Word（docx）、PPT（pptx）、XLS（xlsx）、Markdown（md）、电子邮件（eml）、TXT（txt）、图片（jpg、jpeg、png）、CSV（csv）、网页链接（html）等。QAnything 使用的自研检索组件 BCEmbedding 具有强大的双语和跨语种能力，达到了当前的 SOTA 水平（bce-embedding-base_v1 和 bce-reranker-base_v1 组合），它能消除语义检索中的中英语言的差异，支持跨语种问答。

QAnything 改进了传统的一阶段嵌入召回检索，采用两阶段向量排序，即引入了Rerank（重排），解决了大规模数据检索退化的问题。如图 11-2 所示，二阶段重排后的准确率能实现稳定的增长，即数据越多，效果越好。

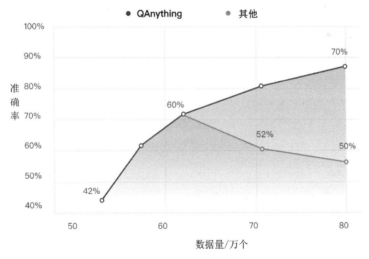

图 11-2　检索效果比较

开源版本的 QAnything 大模型基于通义千问，在包括教育、医疗、法律、金融、百科、科研论文、客服、通用问答等场景的专业问答数据集上进行微调，能够支持尽可能多的应用场景，大大提升问答的能力。

QAnything 发布了纯 Python 的轻量级版本，该版本可在 Mac 上运行，也可在纯 CPU 机器上运行。大模型配合 Ollama 可以实现全本地运行，这对于希望搭建本地个人知识库的开发者来说非常友好。同时，该版本支持 BM25 + Embedding 混合检索，可以实现更精准的语义检索和关键字搜索。

2）RagFlow

RagFlow 是 InfiniFlow 于 2024 年 4 月 1 日开源的 RAG 应用框架，它定位在端到端的解决方案，开箱即用，倡导"高质量输入，高质量输出"，一经发布便受到了广泛关注。RagFlow 可为企业和个人提供一套简化的 RAG 工作流程，同时结合大模型，为用户提供可靠的问答和引用，以及应对各种复杂格式的数据。该框架的部署过程也相对简单，能够从零开始快速构建企业级的 RAG 应用，无须编写任何代码。

RagFlow 自主研发了 DeepDoc 技术，利用 OCR、布局识别、表格识别、文档解析等内容解析技术，深度理解文档，以保证内容质量。RagFlow 还集成了流行的多路召回、重排序等技术，使其能够在开箱即用的情况下取得不错的效果。

11.2.2　Agent

如果说 RAG 是将大模型应用到场景的妥协形态，那么 Agent 则是真正迈向 AGI 的变革性方案。不论是 RAG 还是进阶版的 Copilot，其本质都是提高人类效率。

Agent 的出现是为了替代人类工作，当给定一个既有目标或复杂任务时，让机器思考如何分解并完成任务，整个过程无须人类参与。甚至在多智能体阶段，Agent 可以分工合作，进而替代整个组织完成复杂的任务。未来的公司运营将更多地依赖 Agent 和工具，而非人类员工。这种"AI+员工"的新模式将对公司的组织形式产生深远的影响。

Agent 与 RAG 的本质区别在于，RAG 等大模型链解决问题的核心流程是人工确定的，大模型仅起到辅助作用。Agent 解决问题的流程都是由 AI 自主确定的，大模型起决定性作用，没有了大模型，该应用将无法工作。可以说，Agent 才是真正的高纯度 AI-Native 范式，甚至可以说是真正的 AI App 的编程范式。

1. 概述

Agent 并不是一个新概念，在前人工智能时代就已经有了软件智能体的概念。它是最接近人类认知的智能形态，例如，游戏中的 NPC 利用行为树的结构，能够根据环境自动完成观察、攻击、回血等动作。随着大模型的出现，Agent 被视为实现 AGI 梦想的一种关键形态。

Agent 的智能程度与其采用的技术直接相关。从早期的规则到状态机，再到行为树，最后到大模型，特别是 ChatGPT 的发布，对 Agent 的实现研究有了明显的突破。Agent 的本质在于大模型技术所具备的智能涌现，让 Agent 实现人类预期的智能成为一种可能。

最早实现 Agent 开发框架的 LangChain，在其官方文档中这样介绍 Agent。

The core idea of agents is to use an LLM to choose a sequence of actions to take. In chains, a sequence of actions is hardcoded（in code）. In agents, a language model is used as a reasoning engine to determine which actions to take and in which order.

可以看出，它的解释是与链式编程进行比较的。正如前文所述，一个任务的规划本质上是一个处理流编排的过程，而任务的规划能否作为 Agent 的关键在于流程是人定义的还是大模型生成的。另一个关键区别在于，流程是根据实际执行的过程结合外界反馈动态执行的，还是一次性静态生成的，这体现了 Agent 的智能程度和处理外界复杂情况的健壮性。

这里引入一个概念——机器人流程自动化（Robotic Process Automation，RPA）。机器人流程自动化是使用人工智能、机器学习、自然语言处理、流程挖掘和机器人等先进自动化技术构建生态系统的过程。它旨在通过自动化业务流程增强人类知识，使企业从高效的决策和生产中受益。

Agent、Chain 及机器人流程自动化之间的核心区别在于由人还是 AI 主导，以及整个流程能否随着数据反馈进行自我进化。

Agent 并不是一种算法，而是一种基于大模型的工程实现。它依托于大模型的能力，通过外部提示来激发大模型的规划、推理等行为。

2．架构实现

在复旦大学的论文"The Rise and Potential of Large Language Model Based Agents: A Survey"中，一个完整的基于大模型的 Agent 系统包含了三个模块：大脑（Brain）、感知（Perception）和行动（Action）。大脑模块执行记忆、思考，以及决策任务。感知模块负责感知和处理来自外部环境的多模态信息。行动模块负责使用工具影响周围环境。

一般来说，Agent 的工作流程为：首先，感知模块感知外部环境，并将多模态信息转换为 Agent 可以理解的形式。然后，作为控制中心的大脑模块参与信息处理活动，如思考、决策，以及记忆和知识的存储。最后，行动模块与人体肢体相对应，利用工具完成任务，并对周围环境产生影响。通过重复上述过程，Agent 可以不断地获得反馈并与环境交互。

在应用场景方面，主要有三类：单个 Agent、多个 Agent 的互动，以及人与 Agent 的互动。单个 Agent 具备多种能力，可以在各种应用方向上展示出优秀的任务解决能力。当多个 Agent 进行互动时，它们可以通过合作或对抗性互动实现进步。在人与 Agent 的交互中，人类的反馈可以使 Agent 更高效、更安全地执行任务，同时 Agent 可以为人类提供更好的服务。

在工业界，Agent 系统的实现可以简单地描述为

$$Agent=大模型＋规划和推理＋工具利用＋记忆$$

目前的 Agent 有两种常见的实现模式，一种是 Re-Act 模式，另一种是 Plan-Execute 模式（Plan-And-Solve 模式）。这两种模式的理论基础都来自提示技术。

Re-Act 模式通过逐步地分析问题和推理来完成任务。每步思考（Reason）产生一个动作（Action），在获得外部反馈后进一步思考，得到下一步的反馈，直到解决问题。

从上面的推导可以看出，Agent 是如何通过"观察→思考→行动"一步步接近答案并完成任务的。在这个过程中，Agent 会创建和利用工具。我们在感叹于大模型的强大之余，也能看出 Re-Act 模式的一个特点——"走到哪算哪"，一旦出错，就可能会偏离正确方向。此外，由于每步都需要携带历史会话和所有工具的描述信息，对于上下文窗口也是巨大的挑战。因此，Re-Act 模式只适用于一些任务比较简单的情况。

被众多 Agent 框架采用的是改进版本的 Plan-Execute 模式，它的思维过程更像人类：首先不急于生成下一个动作，而是将问题拆解，生成待执行任务列表，然后逐步执行，并根据实际情况不断地完善和更新整个计划。

可以看出，Agent 的关键在于大模型，而大模型能否充分发挥作用的关键在于提示。AI Agent 是大模型原生的场景模式，它的核心是围绕大模型构建的，所有的实现都是为了配合大模型。这与 RAG 以及原来的 AI 应用开发模式完全不同，开发者需要适应这种转变。

同样地，在实现方式上，可以利用 LangChain、LlamaIndex 等构建 Agent。构建 Agent 涉及 Agent 本身、Agent 的运行环境和工具等。以 LangChain 为例，它还默认内

置了若干 Agent 类型，如 Zero-shot ReAct、Structured input ReAct、OpenAI Functions 和 Self-ask with search 等。用户也可以自定义 Agent。

在 LangChain 中，可以简单地通过两步创建并运行一个内置类型的 Agent。下面以一个旅游搜索的 Agent 为例描述整个流程。

1）定义工具

使用内置的工具，如利用 Tavily 创建一个搜索工具。

```
export TAVILY_API_KEY="..."
from langchain_community.tools.tavily_search import TavilySearchResults
search = TavilySearchResults ()
search.invoke ("what is the weather in SF")
```

创建一个自定义工具，如文档检索器。

```
from langchain_community.document_loaders import WebBaseLoader
from langchain_community.vectorstores import FAISS
from langchain_openai import OpenAIEmbeddings
from langchain_text_splitters import RecursiveCharacterTextSplitter

loader = WebBaseLoader ("https://docs.smith.langchain.com/overview")
docs = loader.load ()
documents = RecursiveCharacterTextSplitter (
    chunk_size=1000, chunk_overlap=200
).split_documents (docs)
vector = FAISS.from_documents (documents, OpenAIEmbeddings ())
retriever = vector.as_retriever ()
retriever.invoke ("how to upload a dataset") [0]
from langchain.tools.retriever import create_retriever_tool
retriever_tool = create_retriever_tool (
    retriever,
    "langsmith_search",
    "Search for information about LangSmith. For any questions about
LangSmith, you must use this tool!",
    )
```

添加工具。

```
tools = [search, retriever_tool]
```

2）创建 Agent

```
from langchain_openai import ChatOpenAI

llm = ChatOpenAI (model="gpt-3.5-turbo-0125", temperature=0)
from langchain import hub

# 从 hub 拉取 prompt
prompt = hub.pull ("hwchase17/openai-functions-agent")
prompt.messages

from langchain.agents import create_tool_calling_agent
agent = create_tool_calling_agent (llm, tools, prompt)
from langchain.agents import AgentExecutor
agent_executor = AgentExecutor (agent=agent, tools=tools, verbose=True)
```

3）运行 Agent

```
agent_executor.invoke ({"input": "how can langsmith help with testing?"})
```

这种 Agent 的创建流程是固定的，如 ReAct。LangChain 还开发了 LangGraph 框架，可以在更开放的流程下构造 Agent，从而更好地满足实际需求。

利用 OpenAI 的 Assistant 接口，甚至 GPTs Builder 等无代码界面也可以构建 Agent，并且这种构建模式在类似 Dify、Coze 的 Agent 平台中流行，即使非开发者也能创建自己的 Agent 应用。

3．现实挑战

作为大模型原生的应用代表，Agent 的广阔前景来自大模型的能力，它的局限性也来自大模型。从产品需求、技术和商业角度来看，Agent 存在以下挑战。

1）产品需求方面

Agent 的核心能力在于对非单步完成的目标任务进行分解和多步执行。受限于大模型的能力，目前真正在生产环境中落地的方案还比较少，大多是概念性的展示，对于复杂情况难以很好地应对。以客服 Agent 为例，普通演示只需要将某个单一、简单的策略描述在提示中统一声明，整个处理过程均由 GPT 模型驱动。然而，在实际的客服场景中，客服流程非常复杂，涉及任务的分发、执行、回溯、多项任务的来回切换等，用定义提示的大模型将整个流程图替换掉，这对当下的模型来讲是不现实的。因此，目前企业级的大模型在落地场景中大多选择局部增强的 RAG 架构。

2）技术方面

Agent 是一个技术概念，将其能力和达成的目标定义清楚是一件非常困难的事情。似乎什么都能使用 Agent 解决，似乎又什么都不能。在一个业务流程中，原来的用户和 Agent 之间是什么样的关系？是上下游协同还是一个团队辅助或替代？在整个业务生态中将扮演什么样的角色？这些都是在把 Agent 引入真实业务之前必须回答的问题。在这些问题的答案比较模糊的情况下，做一个 Agent 平台，批量试错并验证价值结合点或许是一种折中的方式。

由于 Agent 强依赖大模型，因此大模型的弊端会暴露在 Agent 应用上，主要存在以下问题。

首先，上下文的长度会直接影响提示的大小，因此在面对复杂业务时，不得不拆分提示，导致大模型在理解上的割裂。同时，Agent 每次与大模型交互都需要携带历史会话信息，导致 Agent 很难处理超长轮次的复杂任务，无法在真实的场景中应用。

然后，大模型本身的推理规划能力高低决定了其能否解决后续任务，现有模型很难像人那样在遇到问题时解决问题，并结合外部反馈适当调整思路。这就导致在解决一些未知的复杂问题或当外部环境复杂时，Agent 的稳定性存在较大的挑战。

其次，大模型采用自然语言作为输入和输出，通过代码构建在其上的应用比较脆弱，很容易因为多次输出的一致性和格式差异导致应用崩溃。OpenAI 为了支持 Agent 的开发，也重点优化了这方面的能力。

再次，对于一个好的 Agent，提示非常重要，但是一个超长的、表现稳定的、覆盖极端情况的提示难以一次性写出来，如何拆分、编排和调试提示也成了一项关键技术。

最后，Agent 是一个高度自动化的应用，其内部非常的脆弱且黑盒化，如何能够更好地观测、优化它也是一个非常有挑战性的问题。其中，可观测性就成了一个很有潜力的技术方向。

3）商业角度方面

Agent 应用的投入产出比不尽如人意。大模型的训练和推理成本比传统的 AI 及软件应用明显偏高，并且难以做到像软件那样实现规模化后边际成本趋近于零。Agent 的特点是通过频繁地与大模型交互迭代得到答案，产生的 Token 费用是一项不小的开支。而产品和技术不成熟，也会增加对 Agent 的兜底投入，而这往往会占用更高的成本。

在实际生产场景中，有一个渐进的思路：将大模型和传统编排手段（超自动化）结合，将一个复杂的问题分解为多个局部的问题，将确定域的长尾问题交给 Agent 解决，拆解主体的解决方案和任务并交给开发者解决，让开发者基于编排框架构建领域应用模板。这样做不仅弥补了传统方案灵活度和泛化性差的问题，还能够避免大模型难以处理的复杂业务规划和流程回溯的问题。最重要的是可以渐进式地改进现有系统，给新技术以充裕的成长时间。

总的来说，Agent 虽然具备比较明朗的前景，但是受限于产品、技术和商业层面的约束，其应用到生产环境时还存在相当多的问题。

4．相关框架

除了 LangChain 等工具，还有一些专门用于更好地构建 Agent 的项目，通常分为单 Agent 和多 Agent 两类。

1）单 Agent

AutoGPT 是由 Toran Bruce Richards 开发的开源自主 AI Agent，于 2023 年 3 月发布，与 babyAGI 齐名，其功能较为完善，支持抓取网页、搜索信息、生成图像、创建和运行代码等功能。

相较于 babyAGI，AutoGPT 在提示工程层面走得更远，充分发挥了大模型的能力，让大模型代替编程来控制流程。AutoGPT 的核心在于如何构造提示，其执行过程分为六步。

第一步，创建计划，包含 Agent 的名字、角色及计划目标，对应的提示块如下。

```
You are

AI Name <-（Variable）
AI Role <-（Variable）

Your decisions must always be made independently
without seeking user assistance.

Play to your strengths as a LLM and
pursue simple strategies with no legal complications.

Golas <-（Variable）
```

第二步，提供可用的工具列表，包含搜索、浏览网站和生成图像。

```
COMMANDS:

1. Google Search: "google", args: "input": "<search>"
5. Browse Website: "browse_website", args: "url": "<url>", "question":
"<what_you_want_to_find_on_website>"
20. Generate Image: "generate_image", args: "prompt": "<prompt>"
```

第三步，提供可用的命令，此部分与工具都在 COMMANDS 中声明。

```
8. List GPT Agents: "list_agents", args: ""
9. Delete GPT Agent: "delete_agent", args: "key": "<key>"
10. Write to file: "write_to_file", args: "file": "<file>", "text":
"<text>"
11. Read file: "read_file", args: "file": "<file>"
12. Append to file: "append_to_file", args: "file": "<file>", "text":
"<text>"
13. Delete file: "delete_file", args: "file": "<file>"
```

第四步，执行计划迭代。框架可以基于大模型返回的结果调用相关工具。下面是框架调用工具的基本逻辑。

```
if command_name == "google":
    if cfg.google_api_key and (cfg.google_api_key.strip() if cfg.google_
api_key else None):
    return google_official_search (arguments["input"])
    else:
    return google_search (arguments["input"])
```

第五步，准备上下文信息，这里包含大模型在执行过程中的限制、可以使用的资源及评价方法，以及执行历史和结果的返回格式等，部分提示如下。

```
CONSTRAINTS:

1. ~4000 word limit for short term memory. Your short term memory is short,
so immediately save important information to files.
2. If you are unsure how you previously did something or want to recall
past events, thinking about similar events will help you remember.
3. No user assistance
4. Exclusively use the commands listed in double quotes e.g. "command name"

RESOURCES:
```

```
1. Internet access for searches and information gathering.
2. Long Term memory management.
3. GPT-3.5 powered Agents for delegation of simple tasks.
4. File output.

PERFORMANCE EVALUATION:

1. Continuously review and analyze your actions to ensure you are performing
to the best of your abilities.
2. Constructively self-criticize your big-picture behavior constantly.
3. Reflect on past decisions and strategies to refine your approach.
4. Every command has a cost, so be smart and efficient. Aim to complete
tasks in the least number of steps.

You should only respond in JSON format as described below

RESPONSE FORMAT:
{
    "thoughts":
    {
        "text": "thought",
        "reasoning": "reasoning",
        "plan": "- short bulleted\n- list that conveys\n- long-term plan",
        "criticism": "constructive self-criticism",
        "speak": "thoughts summary to say to user"
    },
    "command": {
        "name": "command name",
        "args":{
            "arg name": "value"
        }
    }
}

Ensure the response can be parsed by Python json.loads
```

在提示中添加对话历史。

```
memory_to_add = f"Assistant Reply: {assistant_reply} " \
```

```
        f"\nResult: {result} " \
        f"\nHuman Feedback: {user_input} "
```

第六步，将计划、工具、上下文等内容整合为最终提示，提交给大模型，等待大模型返回更新后的执行计划。

最后，重复第四至第六步，不断更新计划，直至计划完成。

AutoGPT 也提供了自己的前端 UI 实现，可在 Web、Android、iOS、Windows 和 Mac上运行。开发者可以将 AutoGPT 作为自己的 Agent，结合垂直场景进行改造和完善。

2）多 Agent

如何让 Agent 协同，共同完成更复杂的系统性工作？由此问题自然产生了多Agent（MultiAgent）的概念。相较于单 Agent，多 Agent 出现更早，偏重概念性的展示，还有很长的路要走。被广大同行关注的是来自斯坦福小镇的项目（Generative Agents: Interactive Simulacra of Human Behavior）。得益于它的启发，出现了大量的多Agent 项目。

在虚拟的小镇里，每个角色都是一个单独的 Agent，它们每天依据制订的计划，按照角色设定开展活动。当它们相遇并交谈时，交谈的内容会被存储在记忆数据库中，并在第二天的活动计划中被回忆和引用，在这个过程中就能涌现出许多颇有趣味性的社会学现象。

下面介绍几个比较知名的多 Agent 项目。

（1）MetaGPT 和 ChatDev。MetaGPT 是一个开源多 Agent 框架，模拟一家软件公司。如图 11-3 所示，MetaGPT 包含多个角色，协同完成开发工作，它可以仅凭一行软件需求生成 API、用户故事、数据结构和竞争分析等。

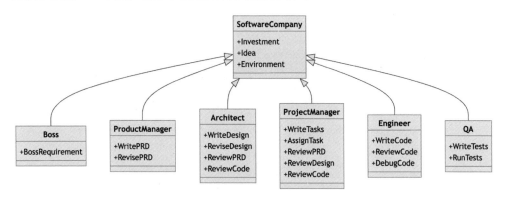

图 11-3　MetaGPT

　　MetaGPT 符合人类软件开发的标准流程。Agent 可以充当产品经理、软件工程师和架构师等角色，完成开发流程。

　　与该项目类似，清华大学等国内机构发起了一个多 Agent 项目 ChatDev，它虚拟了一个由多 Agent 协作运营的软件公司，在人类"用户"提出一个具体的任务需求后，不同角色的 Agent 将交互式协同，生产一个完整的软件，包括源代码、环境依赖说明书和用户手册等。

　　（2）AutoGen。AutoGen 是微软开发的一款通用的多 Agent 框架，它提供可定制和可对话的 Agent，将大模型、工具和人类整合在一起。通过自动处理多个有能力的 Agent 之间的聊天，它可以轻松地自主或在人类反馈下执行任务，包括需要通过代码使用工具的任务。相较于 MetaGPT，AutoGen 是通用的，可以构建各种不同形式的多 Agent 应用。

　　该框架具有以下特点：多 Agent 对话，AutoGen Agent 可以相互交流，共同完成任务；定制，可以对 AutoGen Agent 进行定制，以满足应用程序的特定需求，包括选择要使用的大模型、允许的人工输入类型及要使用的工具；人可参与，AutoGen 可与人无缝对接，意味着人类可以根据需要向 Agent 提供输入和反馈。

　　AutoGen 框架能够协调编排多智能体工作流，相较于传统流程驱动的任务流，这种消息驱动的任务流程更灵活，对处理复杂流程及解耦领域逻辑有一定的帮助。它提供了一些通用的 Agent 类，还提供了一个"Group Chat"的上下文，以促进跨 Agent 协作。

　　以下是一些常用的 Agent 类。

- User Proxy Agent：用户代理可以执行在 Python 脚本中定义的功能，相当于对外声明了函数，可供框架调用。例如下面的代码声明了查询 wiki 的函数。

```
user_proxy.register_function (
    function_map={
        "search_and_index_wikipedia": search_and_index_wikipedia,
        "query_wiki_index":query_wiki_index,
    }
)
```

- Assistant Agent：得益于大模型能力的支持，能够完成特定的任务，可扮演不同的 AI 角色。

```
analyst = autogen.AssistantAgent (
    name="analyst",
    system_message='''
```

```
    As the Information Gatherer, you must start by using the 'search_and_
index_wikipedia'
    function to gather relevant data about the user's query. Follow these
steps:
    1. Upon receiving a query, immediately invoke the 'search_and_index_
wikipedia'
    function to find and index Wikipedia pages related to the query. Do not
proceed without completing this step.
    2. After successfully indexing, utilize the 'query_wiki_index' to
extract detailed
    information from the indexed content.
    3. Present the indexed information and detailed findings to the Reporter,
    ensuring they have a comprehensive dataset to draft a response.
    4. Conclude your part with "INFORMATION GATHERING COMPLETE" to signal
that you have
    finished collecting data and it is now ready for the Reporter to use
in formulating the answer.
    Remember, you are responsible for information collection and indexing
only.
    The Reporter will rely on the accuracy and completeness of your findings
to generate the final answer.
    ''',
    llm_config=llm_config,
)
```

- Group Chat Manager：向群聊提供初始查询，并管理所有 Agent 之间的交互。其协调和任务分发能力取决于大模型能力。

```
# 定义群聊管理器
manager = autogen.GroupChatManager (
    groupchat=groupchat,
    llm_config=llm_config,
    system_message='''You should start the workflow by consulting the
analyst,
    then the reporter and finally the moderator.
    If the analyst does not use both the `search_and_index_wikipedia`
    and the `query_wiki_index`, you must request that it does.'''
)
```

下面是一个利用 AutoGen 实现类似于 MetaGPT 或 ChatDev 项目软件开发场景的

例子。

```
# %pip install pyautogen~=0.2.0b4

import autogen
config_list_gpt4 = autogen.config_list_from_json (
    "OAI_CONFIG_LIST",
    filter_dict={
        "model": ["gpt-4", "gpt-4-0314", "gpt4", "gpt-4-32k", "gpt-4-32k-
0314", "gpt-4-32k-v0314"],
    },
)

llm_config = {"config_list": config_list_gpt4, "cache_seed": 42}
user_proxy = autogen.UserProxyAgent (
    name="User_proxy",
    system_message="A human admin.",
    code_execution_config={"last_n_messages": 2, "work_dir": "groupchat"},
    human_input_mode="TERMINATE"
)
coder = autogen.AssistantAgent (
    name="Coder",
    llm_config=llm_config,
)
pm = autogen.AssistantAgent (
    name="Product_manager",
    system_message="Creative in software product ideas.",
    llm_config=llm_config,
)
groupchat = autogen.GroupChat (agents=[user_proxy, coder, pm], messages=[],
max_round=12)
manager = autogen.GroupChatManager (groupchat=groupchat, llm_config=llm_
config)

user_proxy.initiate_chat(manager, message="Find a latest paper about gpt-4
on arxiv and find its potential applications in software.")
# 输入 exit 终止聊天
```

AutoGen 作为热门的多 Agent 框架之一，受到了广泛关注，它的迭代速度很快，值得开发者深入学习和研究。

除上面介绍的外，还有很多优秀的框架和工具，例如 TaskWeaver、CrewAI 等，读者可以及时关注行业的进展。

11.3 常见编排框架

大模型技术的兴起带来大模型应用编排框架的蓬勃发展，并使其迅速成为大模型应用开发的基础框架。编排框架是开发者进行应用开发学习的第一步，本节将介绍三个具有代表性的编排框架：LangChain、LlamaIndex 和 Semantic Kernel。

11.3.1 LangChain 框架

在 ChatGPT 受到广泛关注后，一个由 OpenAI 的大模型接口打造的大模型应用框架也迅速在开发者社区流行，它便是 LangChain。

1. 概述

LangChain 是 Harrison Chase 于 2022 年 10 月发起的一个开源项目，由于起步很早，获得了一大批用户，现已成为大模型应用开发的第一生态。LangChain 的能力不断扩展，一方面，LangChain 从一个简单的 Python/JavaScript 工具包向平台框架方向发展，从单模态到多模态，从 RAG 到 Agent，不断有新的技术概念被提出来；另一方面，大模型不断侵占原有 LangChain 的空间，迫使 LangChain 跑得更快，能力覆盖面越来越宽，却留下了功能复杂、概念繁多和难以掌握等问题。这也使一些更聚焦纵深发展的框架抓住了机会，如 LlamaIndex。

LangChain 发展至今，一直不断扩展自己的边界，面向生态化发展。面对生产落地大模型应用的需求，2023 年 7 月，LangChain 在核心基础上发布了大模型应用开发平台 LangSmith，它可以调试、测试、评估和监控基于任何大模型框架构建的链，帮助开发者快速构建可以投入实际生产环境的大模型应用。2023 年 10 月，LlamaIndex 进一步推出了 LangServe（服务部署）和 LangChain Templates（场景流程模板），在开放性和工程复杂性方面进行了增强，从原型到产品进行了全链路强化。

LangChain 0.1.0 版本对原有项目进行了重构，以解决日益堆砌导致的复杂性问题。图 11-4 所示为 LangChain 架构，其核心包被拆分成三部分：LangChain-Core、LangChain-Community 和 LangChain。

其中，LangChain-Core 属于核心的大模型应用领域抽象，LangChain-Community 是与 LangChain 进行集成的生态伙伴，现拥有近 700 个集成，从文件加载器到大模型，从向量存储到工具包。在原有的 LangChain 包下，有 Chain、Agent 和 Retrieval Strategies 组件，是当前大模型应用架构实现模式的载体。LangChain 为了进一步强化自身在 Agent 领域的地位，提升 Agent 编排的灵活性和健壮性，推出了 LangGraph，能够以图的方式构建 Agent。

图 11-4　LangChain 架构

2. 功能与构成

在 LangChain 中，LangChain-Core 的核心是由 LCEL 构成的，旨在为开发者提供一个灵活、简单的声明式大模型链的构建开发协议。LangChain 和 LangChain-Community 是构建大模型应用的核心模式及生态实现，着重提供标准的、可扩展的接口和生态集成的基础模块，包含 Model I/O、Retrieval 和 Agent Tooling 三类。

1）LCEL

在 LangChain 项目早期，该模块是不存在的，随着应用模式的复杂化、具体实现越来越多样，LangChain 越来越复杂和僵化。为了解决这一问题并奠定 LangChain 的标准地位，LangChain-Core 的概念逐渐形成，其核心是 LCEL（LangChain Expression Language），它在 LangChain 整体架构中定位为协议层。基于 LCEL 可以有效地构造大模型应用链，无须变更代码即可实现从原型开发到生产应用的全过程。LCEL 的特点如下。

（1）流式支持。当使用 LCEL 构建链时，将获得最佳的"time-to-first-token"，即直到输出第一个块（Chunk）内容所需的时间。对于某些链来说，这意味着直接将大模型中的 Token 流传输到流式输出解析器，将以与大模型提供者输出原始 Token 相同的速度获得已解析的增量输出块。

（2）异步支持。使用 LCEL 构建的任何链都可以通过同步 API（例如在 Jupyter 笔记本中进行原型开发时）和异步 API（例如在 LangServe 服务器中）进行调用。这样就能在原型和生产环境中使用相同的代码，并获得出色的性能，同时能够处理多个并发请求。

（3）优化并行执行。如果 LCEL 链中有能够并行执行的步骤，例如从多个检索器中获取文档，则将在同步接口和异步接口中自动执行，以尽可能减少延迟。

（4）重试和回退。针对 LCEL 链的任何部分，都可以配置重试和回退，这是一种提高链可靠性的好方法。目前，LCEL 正在努力为重试/回退添加流式支持，这样就可以确保在不增加延迟的情况下获得更高的可靠性。

（5）访问中间结果。对于更复杂的链，在生成最终输出之前访问中间步骤的结果往往非常有用。这可以让用户了解正在发生的事情，甚至调试链。用户可以在每个 LangServe 服务器上对中间结果进行流式处理。

（6）输入和输出模式。输入和输出模式为每个 LCEL 链提供了根据链结构推断出的 Pydantic 和 JSONSchema 模式，可用于验证输入和输出，是 LangServe 不可分割的一部分。

（7）无缝的 LangSmith 跟踪集成。随着链变得越来越复杂，了解每步到底发生了什么越来越重要。有了 LCEL，所有步骤都会自动记录到 LangSmith 中，从而最大限度地实现可观察性和可调试性。

（8）无缝的 LangServe 部署集成。使用 LCEL 创建的任何链都可以使用 LangServe 轻松部署。

相较于早期 LangChain 的实现方法，LCEL 最大的优势是更加标准化、原子化和流程化，通过统一的对象接口标准以及对象之间的自由组合，能够更容易地应对变化。

LCEL 的使用方法也比较简单，它采用声明式的结构，通过类似 Linux 管道的形式表达 Chain 的逻辑。

```python
from langchain.chat_models import ChatOpenAI
from langchain.prompts import ChatPromptTemplate
from langchain_core.output_parsers import StrOutputParser

prompt = ChatPromptTemplate.from_template("tell me a short joke about
{topic}")
model = ChatOpenAI()
output_parser = StrOutputParser()

chain = prompt | model | output_parser

chain.invoke({"topic": "ice cream"})
```

通过 LCEL 将组件构造成一个链：

```python
chain = prompt | model | output_parser
```

"|"符号类似于 Linux 管道操作符，它将不同的组件连在一起，将一个组件的输出作为下一个组件的输入。图 11-5 所示为管道结构。

图 11-5　管道结构

对于相对复杂的 RAG，LCEL 表达式一样可以完成。

```python
# Requires:
# pip install langchain docarray tiktoken

from langchain.chat_models import ChatOpenAI
from langchain.embeddings import OpenAIEmbeddings
from langchain.prompts import ChatPromptTemplate
from langchain.vectorstores import DocArrayInMemorySearch
from langchain_core.output_parsers import StrOutputParser
from langchain_core.runnables import RunnableParallel, RunnablePassthrough
vectorstore = DocArrayInMemorySearch.from_texts(
```

```
    ["harrison worked at kensho", "bears like to eat honey"],
embedding=OpenAIEmbeddings(),
)
retriever = vectorstore.as_retriever()

template = """Answer the question based only on the following context:
{context}

Question: {question}
"""
prompt = ChatPromptTemplate.from_template(template)
model = ChatOpenAI()
output_parser = StrOutputParser()

setup_and_retrieval = RunnableParallel(
    {"context": retriever, "question": RunnablePassthrough()}
)
chain = setup_and_retrieval | prompt | model | output_parser

chain.invoke("where did harrison work?")
```

其中，核心的 RAG 流程同样可以用下面的表达式来表达。

```
setup_and_retrieval = RunnableParallel(
    {"context": retriever, "question": RunnablePassthrough()}
)
chain = setup_and_retrieval | prompt | model | output_parser
```

最终形成的管道结构如图 11-6 所示。

图 11-6　最终形成的管道结构

虽然 LCEL 的初衷是降低大模型应用构建的复杂度，但它的一些框架概念和约定，例如接口实现和回调钩子，在用户不熟悉的情况下会增加学习和排错成本。

好在 LangChain 官方给出了很多常见的通过 LCEL 实现大模型应用的例子，读者在实现过程中可以对照参考。

2）基础模块

虽然大模型技术栈和工具种类繁多，但 LangChain 提供了基础模块的协议实现，上层的应用模式相对统一。这样一来，第三方可以根据该协议适配，开发者无须过度关注底层供应商的差异，只需专注应用本身的开发。

（1）Model I/O。如图 11-7 所示，大模型应用的核心在于模型，LangChain 的 Model I/O 提供了一系列围绕模型构建的有关模型输入输出交互的模块。

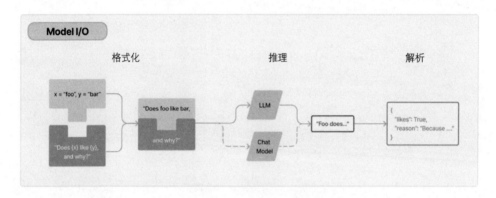

图 11-7　Model I/O

a）提示。

在前面的介绍中，提示的质量在很大程度上决定了大模型输出结果的质量。然而，并不是所有的开发者都能熟练地掌握提示工程。不同的应用与大模型进行的对话也是不同的。为了适配大模型的接口要求且便于编程，LangChain 对围绕提示的常见操作进行了一些增强和封装。例如，PromptTemplate 提供了提示的模板，可以自动替换变量，开发者无须专门处理。

```
from langchain.prompts import PromptTemplate


prompt_template = PromptTemplate.from_template (
"Tell me a {adjective} joke about {content}."
)
prompt_template.format (adjective="funny", content="chickens")
```

针对 CoT Few-shot 场景，为了提高选择的有效性，还提供了 Example selector，便于开发者自定义示例。

b）Chat Model/LLM。

LangChain 提供了大量的基座模型的适配，基本上涵盖了当前主流的模型，可以采用一致的方法进行添加和使用。以 OpenAI 的大模型为例：

```
from langchain.llms import OpenAI

llm = OpenAI ()
```

即在 langchain.llms 中选择要导入的模型提供商，初始化即可。

除此之外，LangChain 还提供了请求缓存、监控 Token 使用量等常见功能。

c）Output Parser。

由于大模型的默认输出是非结构化的文本内容，而程序更倾向于处理结构化的数据，Output Parser 可以将大模型的输出变得结构化。可以说，它是 function calling 的一个早期实现。Output Parser 实现了很多种 Parser，常见的有 List Parser、Datetime Parser、Enum Parser 和 Pydantic Parser 等。

下面是一个使用 Pydantic Parser 解析 JSON 对象输出的例子。

```
from langchain.llms import OpenAI
from langchain.output_parsers import PydanticOutputParser
from langchain.prompts import PromptTemplate
from langchain_core.pydantic_v1 import BaseModel, Field, validator

model = OpenAI (model_name="gpt-3.5-turbo-instruct", temperature=0.0)

# 定义预期的数据格式
class Joke (BaseModel):
    setup: str = Field (description="question to set up a joke")
    punchline: str = Field (description="answer to resolve the joke")

# 可添加自定义的校验
@validator ("setup")
    def question_ends_with_question_mark (cls, field):
        if field[-1] != "?":
            raise ValueError ("Badly formed question!")
    return field
# 可在提示模板中增加 Parser 等设置
parser = PydanticOutputParser (pydantic_object=Joke)
```

```
    prompt = PromptTemplate (
template="Answer the user query.\n{format_instructions}\n{query}\n",
    input_variables=["query"],
    partial_variables={"format_instructions":
parser.get_format_instructions ()},
 )
 # 填充对象
prompt_and_model = prompt | model
output = prompt_and_model.invoke ({"query": "Tell me a joke."})
parser.invoke (output)
```

（2）Retrieval。LangChain 为检索增强应用提供了从简单到复杂的完整组件，如图 11-8 所示。

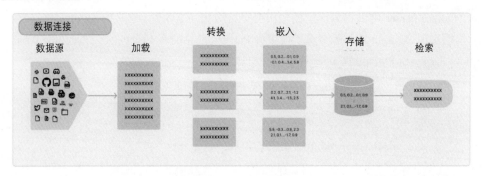

图 11-8　Retrieval

Retrieval 类的模块专注构建检索增强应用，包含建库和检索两部分，具体包含 Document loaders、Document transformers、Text embedding models、Vector stores、Indexing 和 Retrievers 模块。

a）文档加载器。

文档加载器（Document loaders）负责从不同类别的外部介质中将文档读取到内存中。LangChain 提供了 100 多种不同的文档加载程序，并与该领域的其他主要产品（如 AirByte 和 Unstructured）集成，可从所有类型的位置（如私有 S3 存储桶、公共网站）加载所有类型的文档（如 HTML、PDF、代码）。例如，可以加载本地 JSON 格式的文件。

```
from langchain.document_loaders import JSONLoader

import json
from pathlib import Path
```

```
from pprint import pprint

file_path='./example_data/facebook_chat.json'
data = json.loads (Path (file_path) .read_text ())
```

b）文档转换器。

利用 LangChain 内置的或集成的文档转换器（Document transformers），可以轻松地拆分、组合、过滤文档。其核心目标是将读取的文档按照一定的策略切分成片段（Chunk），并添加元数据等信息。LangChain 提供了很多算法策略来优化片段，并且针对不同的文档类型（如代码、Markdown 等）做了优化。

```
# 这里的长文档可以拆分
with open ('../../state_of_the_union.txt') as f:
state_of_the_union = f.read ()

from langchain.text_splitter import RecursiveCharacterTextSplitter

text_splitter = RecursiveCharacterTextSplitter (
    # 设置一个小的 chunksize，仅用于演示
    chunk_size = 100,
    chunk_overlap = 20,
    length_function = len,
    add_start_index = True,
)

texts = text_splitter.create_documents ([state_of_the_union])
print (texts[0])
print (texts[1])

page_content='Madam Speaker, Madam Vice President, our First Lady and
Second Gentleman. Members of Congress and' metadata={'start_index': 0}
    page_content='of Congress and the Cabinet. Justices of the Supreme Court.
My fellow Americans.' metadata={'start_index': 82}
```

c）Text embedding models。

为了完成向量检索，需要将拆分好的片段写入向量数据库中，并在检索阶段召回有用的片段，这时就需要 embedding models。LangChain 提供了大量的 embedding models 实现。优秀的嵌入模型对 RAG 整体效果有非常重要的作用，在某些场合下甚至可以通过微调来提升效果。

```
from langchain.embeddings import OpenAIEmbeddings

embeddings_model = OpenAIEmbeddings ()

embeddings = embeddings_model.embed_documents (
    [
        "Hi there!",
        "Oh, hello!",
        "What's your name?",
        "My friends call me World",
        "Hello World!"
    ]
)

len (embeddings), len (embeddings[0])
```

为了避免重复进行嵌入计算，同时提高性能、降低成本，LangChain 提供了 CacheBacked-Embeddings 的实现。

d）向量数据库。

如图 11-9 所示，Vector stores（向量数据库）作为 RAG 应用的关键构成，对提升检索召回效果尤为重要。

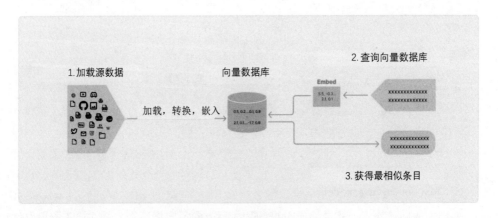

图 11-9　向量数据库

LangChain 提供了众多向量数据库的集成，开发者可以采用相对统一的方式，结合实际的场景选择不同的实现，例如本地、云等。

```
import os
import getpass

os.environ['OPENAI_API_KEY'] = getpass.getpass ('OpenAI API Key:')

from langchain.document_loaders import TextLoader
from langchain.embeddings.openai import OpenAIEmbeddings
from langchain.text_splitter import CharacterTextSplitter
from langchain.vectorstores import Chroma

# 加载文档，拆分为片段，嵌入每个片段，并写入向量数据库
raw_documents = TextLoader ('../../../state_of_the_union.txt') .load ()
text_splitter = CharacterTextSplitter (chunk_size=1000, chunk_overlap=0)
documents = text_splitter.split_documents (raw_documents)
db = Chroma.from_documents (documents, OpenAIEmbeddings ())
```

e）Indexing。

为了方便将文档写入向量数据库中，LangChain 提供了标准建库的 API，这种方法可以帮助源文档与向量数据库的内容保持同步。关键的是，即使前面经过了文档转换，建库的 API 仍然能够正常工作。这得益于 LangChain 建库使用记录管理器（RecordManager）来跟踪写入向量存储的文档。当索引内容时，会计算每个文档的哈希值，并在记录管理器中存储以下信息：文档哈希值（页面内容和元数据的哈希值）、写入时间、源 ID，即每份文档的信息都应包含在元数据中，以便确定该文档的最终来源。

```
from langchain.embeddings import OpenAIEmbeddings
from langchain.indexes import SQLRecordManager, index
from langchain.schema import Document
from langchain.vectorstores import ElasticsearchStore

Initialize a vector store and set up the embeddings:

collection_name = "test_index"

embedding = OpenAIEmbeddings ()

vectorstore = ElasticsearchStore (
es_url="http://localhost:9200", index_name="test_index", embedding=embedding
)
```

```
namespace = f"elasticsearch/{collection_name}"
record_manager = SQLRecordManager (
namespace, db_url="sqlite:///record_manager_cache.sql"
)


record_manager.create_schema ()

doc1 = Document (page_content="kitty", metadata={"source": "kitty.txt"})
doc2 = Document (page_content="doggy", metadata={"source": "doggy.txt"})
```

f）检索器。

检索器（Retriever）作为 RAG 应用的核心模块，是整个检索过程的载体，是 LangChain 实现的重点，它实现了 Runnable 接口，这是 LangChain 表达式语言的基本构件。这意味着它支持 invoke、ainvoke、stream、astream、batch、abatch、astream_log 调用，由此实现的一个典型应用可以更好地观察调试。Retriever 有大量的实现，例如 MultiQueryRetriever、MultiVectorRetriever、self-query retriever 等，它们都是 LangChain 结合生产实际需求不断沉淀的结果。

```
from langchain.chat_models import ChatOpenAI
from langchain.retrievers.multi_query import MultiQueryRetriever

question = "What are the approaches to Task Decomposition?"
llm = ChatOpenAI (temperature=0)
retriever_from_llm = MultiQueryRetriever.from_llm (
    retriever=vectordb.as_retriever (), llm=llm
)
```

（3）Composition。除了基础的组件，LangChain 还提供了一整套应用组合方式，以便灵活地构造应用。构建类型有 Tools、Chains 和 Agents。

a）工具。

大模型并非万能的，在一些需要与外部世界交互的计算、搜索等场景中，需要使用工具（Tools），LangChain 提供了一整套封装工具的协议和方法，使 Agents、Chains 等应用可以利用这些工具完成更复杂的功能。在定义工具时，需要注意名称、描述和 JSON 结构，这些都会影响大模型正确地使用工具。下面是一段工具描述，它解释了这个工具的功能和使用方法：A wrapper around Wikipedia. Useful for when you need to answer general questions about people, places, companies, facts, historical events, or other subjects. Input should be a search query.

除此之外，LangChain 还提供了 Tookit，可以将解决某类问题的工具组合在一起，方便管理和使用。

b）Chains。

Chains 是一种调用大模型的范式，例如 RAG。通过流程封装，开发者能够轻松地构建应用流程，例如常见的 ConversationalRetrievalChain、MapReduceDocumentsChain 等。

但是，随着模式越来越多，这样的简单封装导致 Chains 的数量越来越多，成为开发者的负担。因此，LangChain 做了一些改进。首先，引入了 LCEL，使整个流程更加简洁和开放，当修改 Chains 的流程时，不需要修改 Chains 的实现，只需修改 LCEL。由于抽象了一层，它获得了公共能力，例如流式处理、异步处理、批处理；以及框架级能力，如可观测性、回调钩子。其次，原来的流程都固化在 Chains 中，开放性不够，也跟不上行业的发展。LangChain templates 就是来解决这些问题的，开发者可以自主构建流程，以应对复杂情况。

c）Agents。

Agents 应用是 LangChain 区别于其他框架的一大亮点，也是 LangChain 重点关注的领域。LangChain 提供了主流的自主 Agent 构建的模式和方法，包括 Re-Act、Plan-and-execute、Self-ask with search、OpenAI assistants 等。

相较于 RAG 等大模型 Chains 应用，Agents 最大的不同是将原本由人来规划的流程和操作变成了由大模型来规划。

（4）其他。除了 Model I/O、Retrieval、Agents，LangChain 还提供了一些公共的组件，例如 Memory 和 Callbacks。

Chains 是早于 LCEL 的应用编排方法。在更标准、更简单的 LCEL 出现后，LangChain 官方更推荐使用 LCEL。然而，Chains 遗留的很多历史实现的模式还很有价值，开发者可以直接使用它们。

大模型本身是无记忆的，为了让应用有状态，形成多轮交互，LangChain 提供了 Memory 模块。它能够帮助应用维持会话信息，自动将历史会话追加到提示中，透明地完成大模型记忆的构建。LangChain 还提供了很多优化的手段，如对历史会话进行摘要，减少历史会话内容过多导致的 Token 消耗或上下文窗口超限等问题。

Callbacks 用于提高大模型应用的灵活性。LangChain 在大模型应用生命周期的各阶段增设了一些钩子，利用它们自定义实现一些逻辑，对日志记录、监控、流式传输和其他任务都非常有效。

3．小结

LangChain 是热门的大模型应用编排框架，目前虽然由于大模型应用能力增强导致空间被压缩，但仍然是大模型应用不可或缺的支撑。它在不断地扩展大模型应用的边界，给很多后来的框架和应用开发者提供了启发。对于想要学习大模型应用开发的读者而言，不管 LangChain 未来是否会在实际生产环境中得到使用，它都是值得学习和参考的。

11.3.2　LlamaIndex 框架

1．概述

如果说 LangChain 是追求编排框架的全能王者，那么 LlamaIndex 就是定位为构建 RAG 类大模型应用的单项冠军。LlamaIndex 最早与 LangChain 定位相似，但随着领域框架的不断发展，LlamaIndex 选择了一条与 LangChain 不太相同的路。LangChain 的强项在于应用流程编排与集成，将重点放在了数据摄取、转换、索引等方面，专注构建 RAG 应用，并且可以作为数据层面的框架被集成在 LangChain 中，增强基于 LangChain 构建的应用的效果。虽然 LangChain 也在向 Agent 领域进军，但其核心仍围绕着数据展开，其 Agent 也专注 Data Agent 领域。

RAG 应用的核心在于如何建库和检索，提高检索的召回率和准确率。在构建原型应用的初期，并不会获得足够好的效果及效率。随着研究的深入，我们发现制约一个 RAG 应用的关键除了大模型本身，还有数据层面的复杂性。例如，如何有效地从不同存储中读取文档、进行转换、生成相应的索引，在检索阶段采用何种策略都有很多的最佳实践需要总结。LlamaIndex 的一个亮点是拥有面向大规模文本数据集的索引技术，可为结构化数据和非结构化数据提供索引。它将庞大的文本数据集划分为多个小块，并通过索引表快速定位目标文档，以提高检索和处理速度。

根据官方介绍，目前 LlamaIndex 在以下几个方面为各级别的开发者提供支持，覆盖不同场景、不同复杂度（从开箱即用到低阶模块定制）的大模型 RAG 应用。

- 数据连接器（Data connectors）从原始数据源和格式中摄取现有数据。这些数据可以是 API、PDF、SQL 及（更多）其他数据。
- 数据索引（Data indexes）将数据结构化为便于大模型使用且性能良好的中间表示形式。
- 引擎（Engines）提供对数据的自然语言访问。例如，查询引擎（QueryEngine）

是功能强大的检索界面，可用于知识扩充输出；聊天引擎（ChatEngine）是与数据进行多信息"来回"交互的对话界面。

- 数据代理（Data agents）是由大模型驱动的知识工作者，通过工具（从简单的辅助功能到 API 集成等）进行增强。

- 应用程序集成（Application integrations）将 LlamaIndex 与大模型生态系统的其他部分（如 LangChain、Flask、Docker、ChatGPT）连接起来。可以利用 LlamaIndex 构建 RAG 应用，也能根据实际需求进行个性化定制，图 11-10 所示为从简单到复杂构建 QueryEngine。

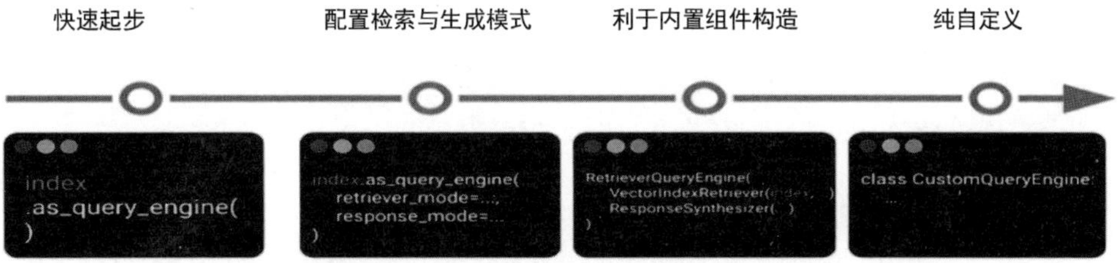

图 11-10　从简单到复杂构建 QueryEngine

代码如下。

```
import os.path
from llama_index import (
    VectorStoreIndex,
    SimpleDirectoryReader,
    StorageContext,
    load_index_from_storage,
)


# 检查是否存在
PERSIST_DIR = "./storage"
if not os.path.exists（PERSIST_DIR）:
    # 加载文件并创建索引
    documents = SimpleDirectoryReader（"data"）.load_data（）
    index = VectorStoreIndex.from_documents（documents）
    # 持久化索引
    index.storage_context.persist（persist_dir=PERSIST_DIR）
else:
    # 加载已有索引
```

```
        storage_context = StorageContext.from_defaults (persist_dir=PERSIST_
DIR)
        index = load_index_from_storage (storage_context)

    # 检索
    query_engine = index.as_query_engine ()
    response = query_engine.query ("What did the author do growing up?")
    print (response)
```

在此基础上，还可以结合实际需要进行定制，例如想要更换向量数据库，只需定义 storage_context 并指定即可，它负责存储文档、嵌入和索引的存储后端。

```
import chromadb
from llama_index.vector_stores import ChromaVectorStore
from llama_index import StorageContext

chroma_client = chromadb.PersistentClient ()
chroma_collection = chroma_client.create_collection ("quickstart")
vector_store = ChromaVectorStore (chroma_collection=chroma_collection)
storage_context = StorageContext.from_defaults ( vector_store=vector_
store)

from llama_index import VectorStoreIndex, SimpleDirectoryReader

documents = SimpleDirectoryReader ("data") .load_data ()
index = VectorStoreIndex.from_documents (
    documents, storage_context=storage_context
)

query_engine = index.as_query_engine ()
response = query_engine.query ("What did the author do growing up?")
print (response)
```

2. 功能与构成

LlamaIndex 结合 RAG 架构应用的特点，将 RAG 的生命周期分成了五步。

第一步，加载（Loading）。加载是指将数据从其所在的位置（文本文件、PDF、网站、数据库、API 等）导入管道。LlamaHub 提供了数百种连接器供开发者选择。

第二步，索引（Indexing）。这意味着创建一种数据结构，以便查询数据。对于大模型，这几乎总是意味着要创建向量嵌入、数据的数字表示，以及许多其他元数据策略，以便轻松、准确地查找上下文相关数据。

第三步，存储（Storing）。一旦为数据编制了索引，我们总是希望存储索引及其他元数据，以避免重新编制索引。

第四步，查询（Querying）。对于任何给定的索引策略，都可以通过多种方式利用大模型和 LlamaIndex 数据结构进行查询，包括子查询、多步骤查询和混合策略。

第五步，评估（Evaluating）。管道中的一个关键步骤是检查其相对于其他策略的有效性，或者更改时的有效性。评估可以客观地衡量查询响应的准确性、忠实性和快速性。

这里有一些关键的概念需要了解。

（1）文档和节点（Document 和 Node）。文档是任何数据源的容器，例如 PDF、API 输出或从数据库中检索数据。节点是 LlamaIndex 中数据的原子单位，代表源文档的一个块。节点具有元数据，这些元数据将节点与其所在的文档和其他节点关联。

（2）连接器（Connector）。数据连接器（通常称为 Reader）可将不同的数据源和格式的数据导入文档和节点。

（3）索引（Index）。一旦摄取了数据，LlamaIndex 就会将数据索引为易于检索的结构。这通常涉及生成嵌入向量，并将其存储在被称为向量存储的专用数据库中。索引还可以存储各种元数据。

（4）Embedding。在过滤相关性数据时，LlamaIndex 会将查询转换为嵌入向量，向量数据库会查找与查询的嵌入在数值上相似的数据。

（5）检索器（Retriever）。检索器定义了在给定查询时如何从索引中高效地检索相关上下文。检索策略是检索数据相关性和检索效率的关键。

（6）路由器（Router）。路由器决定使用哪种检索器从知识库中检索上下文。更具体地，RouterRetriever 类负责选择一个或多个候选检索器执行查询。它们使用选择器，根据每个候选检索器的元数据和查询选择最佳选项。

（7）节点后处理器（Node postprocessor）。节点后处理器接收一组检索到的节点，并对其应用转换、过滤或重新排序逻辑。

（8）响应合成器（Response synthesizer）。响应合成器利用用户查询和给定的检索文本块，通过大模型生成响应。

（9）查询引擎（Query engine）。查询引擎是一个端到端的管道，可以对数据提出问题。它接收自然语言查询并返回响应，同时检索参考上下文并将其传递给大模型。

（10）聊天引擎（Chat engine）。聊天引擎是一种端到端的管道，用于与数据进行对话（多个来回的对话，而不是单一的问答）。

（11）Agent。Agent 是由大模型驱动的自动决策者，通过一系列工具与世界互动。Agent 可以采取任意数量的步骤完成给定任务，动态决定最佳行动方案，而不是遵循预先确定的步骤。这使它在处理复杂的任务时更具灵活性。

LlamaIndex 早期得以出名的一个很大原因是它在数据处理，特别是索引结构方面的创新。一个 RAG 应用召回的数据是否准确关乎大模型最终生成的答案是否准确，而简单的固定长度的向量索引并不能很好地满足实际的需求。例如，将一段完整的语义拆分到多个块中，又或者简单的块缺少上下文、元数据等。LlamaIndex 提出了很多的索引结构及对应索引的存储，以便适应不同的业务场景。如图 11-11 所示，可以看出LlamaIndex 不仅可以管理向量索引，还可以管理文档和普通文本索引。

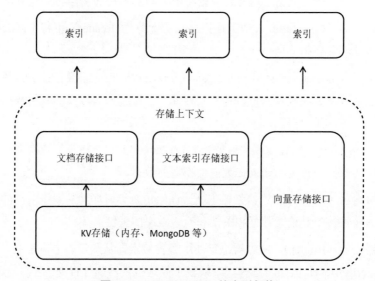

图 11-11　LlamaIndex 的索引架构

更重要的是，它结合实际的业务需要，除了提供向量索引 VectorStoreIndex 外，还提供了很多针对性的索引结构，如摘要索引（Summary Index）、树形索引、关键词表索引（Keyword Table Index）、知识图谱索引、SQL 索引、文档摘要索引（Document Summary Index）和对象索引（Object Index）等，它也提供了索引组合功能。

要想提升 RAG 应用的性能和效果，可以将其从一个原型应用变成生产级应用，Index 只是其中一个方面。LlamaIndex 在这方面做了很多有意义的探索，其中包含 Embedding、chunksize、metadata filter、高级的检索策略（如混合检索、递归检索、查询路由等）、可观测性、效果评估（如改进召回、引入重排和引入元数据等提升 RAG 效果的策略）。

3．小结

LlamaIndex 一直致力于钻研 RAG 应用技术，将最先进的技术引入 RAG 应用中，覆盖从文档接入、微调到检索的全过程。

除此之外，LlamaIndex 也在不断扩展自己的边界，从传统的单一文本模态向多模态方向发展。随着 Agent 应用的兴起，LlamaIndex 开始尝试向 Agent 方向发展，推出了一系列具有参考意义的范例。

11.3.3　Semantic Kernel 框架

1．概述

作为编排领域"三巨头"之一的 Semantic Kernel，是唯一一家由巨头公司发布的大模型应用编排框架。2023 年 3 月 17 日，微软发布了轻量级 SDK Semantic Kernel，其定位于提示编排引擎（Prompt Orchestration Engine），在整个微软大模型战略里承担着关键作用。微软的 Office 全系产品 Copilot 都采用 Semantic Kernel 作为底层的实现框架，将其作为桥梁将应用连接基座模型。

从 Semantic Kernel 的名字可以看出，它强调了语法向语义的转变，将大模型与 C#、Python 和 Java 等传统编程语言融合在一起，将自然语言（提示）也变成了程序语言的一部分，通过混合编程，最终实现软件目标。

Semantic Kernel 的定位与 LangChain 等框架一致，通过编排管道的方式构建 AI 应用。如图 11-12 所示，它通过连接器连接模型和记忆，并通过插件触发函数或工具调用。Semantic Kernel 的设计一开始便面向构建 AI Agent，旨在通过插件轻松地将现有传统代码添加到 AI Agent 中。有了插件，就可以通过调用现有的应用程序和服务，让 Agent 具备与现实世界交互的能力。这样，插件就像 AI 应用的"手和臂"一样。此外，Semantic Kernel 的接口允许它灵活地集成任何人工智能服务，这是通过一组连接器来实现的。这些连接器可以轻松地添加记忆和人工智能模型。通过这种方式，Semantic Kernel 能够为应用添加一个模拟"大脑"，当出现更新、更好的大模型时，可以轻松地替换。

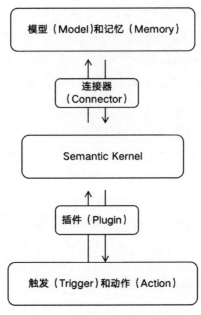

图 11-12　Semantic Kernel 结构

通过 Semantic Kernel 利用连接器和插件实现的可扩展性，几乎可以协调现有的任何代码，而不必被限制在特定的人工智能模型中。例如，如果开发者基于 OpenAI 的模型构建了大量插件，那么通过使用 Semantic Kernel 可以切换模型。微软官方在其发布会上列出了 Semantic Kernel 具备的四大优势。

- 快速集成：Semantic Kernel 旨在嵌入任何类型的应用程序中，使开发者可以轻松地测试和运行大模型。

- 扩展：借助 Semantic Kernel，开发者可以连接外部数据源和服务，使应用程序能够将自然语言处理与实时信息结合。

- 更好的提示：通过 Semantic Kernel 的模板化提示，可以使用有用的抽象和机制快速设计语义函数，释放大模型的潜力。

- 新奇但熟悉：传统编程语言代码始终可作为一流的合作伙伴，以便快速完成工程设计，做到两全其美。

在笔者看来，Semantic Kernel 最大的亮点是采用了规划器（Planner）的设计，封装了各种常见的大模型应用模式，可以要求大模型生成一个能够实现用户独特目标的计划并执行。对于这种编排理念，LangChain 和 LlamaIndex 到项目中后期才明确提出，这也体现了微软与其他创业公司的不同，前者是先规划后实施，而后者是先实现再沉淀、拔高。微软在 Semantic Kernel 生态定位方面也突出了差异化，这样的结果导致了当下大模型应用编排开发框架的竞争格局。LangChain 具备先发优势，吸引了大量的用户尝鲜，其目标为通用框架、平台生态；LlamaIndex 小而美，切入垂直领域，将 RAG 做深做优；Semantic Kernel 的目标是面向传统应用的开发者，立足.NET 生态，辐射 Java 生态，不断补齐自己的短板，并与同宗项目 Prompt flow、AutoGen 一道构建大模型应用开发的生态壁垒。

如图 11-13 所示为 Semantic Kernel 的工作流程。首先，用户提出问题，Kernel 构建运行环境（包括共享的上下文），通过规划器生成任务规划，将知识和工具组织起来形成流水线，再通过执行获得输出结果或者完成任务。

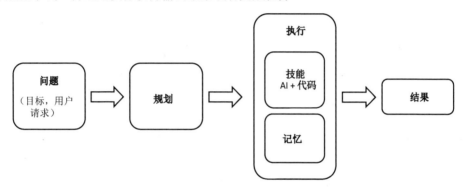

图 11-13　Semantic Kernel 的工作流程

2．功能与构成

接下来简单介绍 Semantic Kernel 的组件，以及每个组件的作用。

（1）内核（Kernel）。顾名思义，内核是 Semantic Kernel 的方案生成和运行的载体，注册所有的连接器和插件，并进行必要的配置以运行应用程序。此外，内核还可以提供必要的日志、可观测性支持，方便开发者调试和监控应用的状态和性能。

（2）记忆（Memory）。记忆用于存储应用的上下文，例如大模型的对话历史，常见的实现方式是利用向量存储，但实际上也可以使用简单的 KV 存储甚至本地存储。Semantic Kernel 支持常见的存储服务，如 Qdrant、Pinecone 和 MongoDB 等。

（3）连接器（Connector）。顾名思义，连接器负责连接各种组件，实现组件之间的信息交换。它在 Semantic Kernel 中扮演着非常重要的角色，不同组件通过它可以实现信息交换。它既可以对接模型，也可以对接组件，如向量数据库等。微软提供了开箱即用的连接器，其中包括很多特有的组件，并且支持开发者自定义连接器。

（4）插件（Plugin）。插件也叫作技能（Skill），它是一组可以暴露在人工智能应用程序和服务中的功能。Semantic Kernel 采用了 OpenAI 的插件标准，这意味着它可以导出构建的任何插件，以便在 ChatGPT、必应和 Microsoft 365 中使用。这样就可以在不重写代码的情况下扩大人工智能覆盖的范围。这还意味着，为 ChatGPT、必应和 Microsoft 365 构建的插件可以无缝导入 Semantic Kernel。

插件中的功能可由 AI 进行协调，以完成用户的请求。在 Semantic Kernel 中，可以通过函数或规划器调用这些函数。仅仅提供函数还不足以构成一个插件。为了利用规划器实现自动协调，插件还需要提供从语义上描述其行为方式的细节。从函数的输入、输出到副作用，都需要以人工智能能够理解的方式进行描述，否则规划器将会提供意想不到的结果。如图 11-14 所示，在 Writer plugin 插件中，每个函数都有一个语义描述，说明该函数的作用。规划器可以通过这些描述选择要调用的最佳函数，以满足用户的要求。

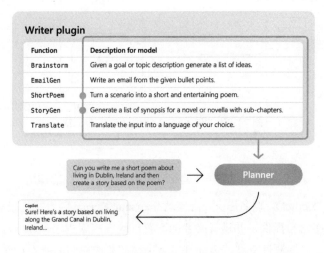

图 11-14　Writer plugin 流程

插件的构成角度就是一组函数（function）实现的功能，在 Semantic Kernel 中构成的插件函数分为两类：语义函数和原生函数。

语义函数（Semantic Function）也被称为提示，这些功能会聆听用户的请求，并使用自然语言作为响应。因此，语义函数需要连接器实现其目的。定义一个语义函数需要两个文件：一个用于配置函数，另一个用于定义提示。

例如，以下是一个总结插件的函数，该函数的配置文件，即 JSON 文件，如下所示。

```json
{
"schema": 1,
"description": "Summarize given text or any text document",
    "execution_settings": {
        "default": {
            "max_tokens": 512,
            "temperature": 0.0,
            "top_p": 0.0,
            "presence_penalty": 0.0,
            "frequency_penalty": 0.0
        }
    },
"input_variables": [
        {
            "name": "input",
            "description": "Text to summarize",
            "default": "",
            "is_required": true
        }
    ]
}
```

可以看到，配置文件中有三个主要部分。第一部分配置函数名称和描述，内核稍后将使用它们来决定何时使用此函数。第二部分是配置输出，规定大模型的操作，例如最大 Token 数或温度。第三部分是配置输入，并指定函数运行所需的参数。

下面是定义提示的部分，在名为 skprompt.txt 的文本文件中定义。

```
[SUMMARIZATION RULES]
DONT WASTE WORDS
USE SHORT, CLEAR, COMPLETE SENTENCES.
DO NOT USE BULLET POINTS OR DASHES.
USE ACTIVE VOICE.
MAXIMIZE DETAIL, MEANING
FOCUS ON THE CONTENT

[BANNED PHRASES]
This article
This document
```

```
This page
This material
[END LIST]

Summarize:
Hello how are you?
+++++
Hello

Summarize this
{{$input}}
+++++
```

用前面的文件替换提示的模板变量符，使其变成完整的提示并提交给大模型。为防止提示注入（Prompt Injection），还需要将模型工作的内容分隔开来。

原生函数（Native Functions）由 C#、Python 和 Java 编写，用于处理大模型不擅长的操作，例如数学操作、调用 API 等。原生函数用于执行更基本的任务，如本例MathPlugin 中的原生函数，其中包含计算平方根等操作。

```
//sk_native_function.py
import math
from semantic_kernel.skill_definition import (
    sk_function,
    sk_function_context_parameter,
)
from semantic_kernel.orchestration.sk_context import SKContext

class MathPlugin:
@sk_function (
    description="Takes the square root of a number",
    name="Sqrt",
    input_description="The value to take the square root of",
)
def square_root (self, number: str) -> str:
    return str (math.sqrt (float (number)))

@sk_function (
    description="Adds two numbers together",
    name="Add",
```

```
    )
    @sk_function_context_parameter (
        name="input",
        description="The first number to add",
    )
    @sk_function_context_parameter (
        name="number2",
        description="The second number to add",
    )
    def add (self, context: SKContext) -> str:
        return str (float (context["input"]) + float (context["number2"]))


    @sk_function (
        description="Subtract two numbers",
        name="Subtract",
    )
    @sk_function_context_parameter (
        name="input",
        description="The first number to subtract from",
    )
    @sk_function_context_parameter (
        name="number2",
        description="The second number to subtract away",
    )
    def subtract (self, context: SKContext) -> str:
        return str (float (context["input"]) - float (context["number2"]))


    @sk_function (
        description="Multiply two numbers. When increasing by a percentage,
don't forget to add 1 to the percentage.",
        name="Multiply",
    )
    @sk_function_context_parameter (
        name="input",
        description="The first number to multiply",
    )
    @sk_function_context_parameter (
        name="number2",
```

```
        description="The second number to multiply",
)
def multiply (self, context: SKContext) -> str:
    return str (float (context["input"]) * float (context["number2"]))

@sk_function (
    description="Divide two numbers",
    name="Divide",
)
@sk_function_context_parameter (
    name="input",
    description="The first number to divide from",
)
@sk_function_context_parameter (
    name="number2",
    description="The second number to divide by",
)
def divide (self, context: SKContext) -> str:
    return str (float (context["input"]) / float (context["number2"]))
```

为了向内核暴露这个原生函数，供模型调用，使用三个装饰器对其进行描述。

- SKFunction：用于提供功能描述。

- SKParameter：说明每个参数的用途（如果参数不止一个）。

- Description：与 SKParameter 类似，但只有一个参数。

以上就是语义函数和原生函数的介绍，下面是手工调用的例子。

```
import semantic_kernel as sk
from plugins import MathPlugin

async def main ():
    # 初始化内核
    kernel = sk.Kernel ()
    math_plugin = kernel.import_skill(MathPlugin(), skill_name="MathPlugin")

    # 在上下文环境下执行 Sqrt 函数
    result = await kernel.run_async (
        math_plugin["Sqrt"],
        input_str="12",
    )
```

```
    print（result）

if __name__ == "__main__":
import asyncio

asyncio.run（main（））
```

Semantic Kernel 内置了很多常用的插件，如 ConversationSummaryPlugin、MathPlugin 等，引入 Microsoft.SemanticKernel.CoreSkills 即可使用。

```
using Microsoft.SemanticKernel.CoreSkills;

// 实例化内核并进行配置

kernel.AddFromType<TimePlugin>（）;

const string promptTemplate = @"
Today is: {{time.Date}}
Current time is: {{time.Time}}

Answer to the following questions using JSON syntax, including the data
used.
  Is it morning, afternoon, evening, or night （morning/afternoon/evening/
night）?
  Is it weekend time （weekend/not weekend）?";

var results = await myKindOfDay.InvokePromptAsync（promptTemplate）;
  Console.WriteLine（results）;
```

（5）规划器。规划器是框架的核心，它是一个函数，接受用户的请求并返回完成请求的计划。规划器利用大模型的能力，根据用户的需求分析内核中注册的插件，并将它们重新组合成一系列步骤。给定一个问题，规划器可以根据用户指定的功能创建并执行分步计划。以下是 Semantic Kernel 默认提供的规划器。

- SequentialPlanner：创建一个包含多个函数的计划，这些函数相互连接，每个函数都有自己的输入变量和输出变量。

- BasicPlanner：SequentialPlanner 的简化版，可将多个函数串联在一起。

- ActionPlanner：使用单个函数创建计划。

- StepwisePlanner：逐步执行每个步骤，在执行下一步之前观察结果。

以前面的例子为例，手工调用某个函数的方式还不够"聪明"。规划器可以理解用户的需求，并在插件中找到必要的函数执行任务。传递给规划器的是一个提示，即用户的需求，规划器负责理解用户的需求，并在插件中找到合适的函数执行任务。这种模式体现了 Agent 的理念，通过一些既定的流程或大模型自动规划的流程，完成复杂工作流程的任务。例如，如果有任务和日历事件插件，规划器就可以将它们组合起来，创建"提醒我去商店买牛奶"或"提醒我明天给妈妈打电话"等工作流，而无须为这些场景编写代码。

下面是一个使用规划器的例子。

```
// 创建规划器
var planner = new SequentialPlanner (kernel);

// 为问答创建一个计划
var ask = "Get statistics for the file located at /Users/adolfo/Documents/
Proyectos/Labs/SemanticKernel/Program.cs and convert the code from C# to
Swift";
var plan = await planner.CreatePlanAsync (ask);

// 执行计划
var plannerResult = await kernel.RunAsync (plan);

Console.WriteLine ($"Plan results:\n{plannerResult.Result}");
```

规划器的功能十分强大，能够自动组合已经定义的函数。Semantic Kernel 官方提示，受限于当前大模型的技术发展情况和特点，在使用规划器之前需要考虑以下因素带来的影响并采取一些措施。表 11-1 所示为使用规划器时需要考虑的因素。

表 11-1　使用规划器时需要考虑的因素

考虑因素	描　　述	改　善　方　法
性能	如果在用户提供输入后才依赖规划器，那么在等待规划的过程中，用户界面可能会无意中挂起	在构建用户界面时，必须向用户提供反馈，让他们知道正在加载。还可以使用大模型，在程序完成规划时为用户生成初始响应，进而提升用户体验。可以针对常见场景使用预定义规划，以避免等待新规划
成本	提示和生成规划都会消耗很多 Token。要生成非常复杂的规划，可能需要消耗模型提供的所有 Token 限额。如果不小心，则可能导致服务成本高昂，尤其是在需要 GPT-3.5 或 GPT-4 等更高级的模型时	函数的原子性越强，需要的 Token 数就越多。通过编写高阶函数，可以为规划程序提供更少的函数，使用更少的 Token。可以针对常见场景使用预定义规划，以避免在新规划上投入资金

（续表）

考虑因素	描　述	改　善　方　法
正确性	规划器可能会生成错误的规划。例如，它可能会错误地传递变量，返回畸形模式或执行不合理的步骤	为使规划器更加稳健，应提供错误处理功能。某些错误，如模式畸形或模式返回不当，可以通过要求规划器"修复"规划并恢复

3．小结

当前，很多框架都采用 Python 作为实现语言，这对于机器学习工程师比较友好，但是受众范围较窄。对于广大的后端程序员来说，Java、.NET 才是主要的语言。微软的 Semantic Kernel 在这方面关注较多，挖掘了潜在的客户群。

更进一步地，广大应用程序员更关注如何在生产环境中将大模型落地。因此，微软开发了 PromptFlow，用于处理常规的数据任务，并将其与大模型连接起来，致力于解决大模型应用从开发到生产的全过程中的问题，如图 11-15 所示。

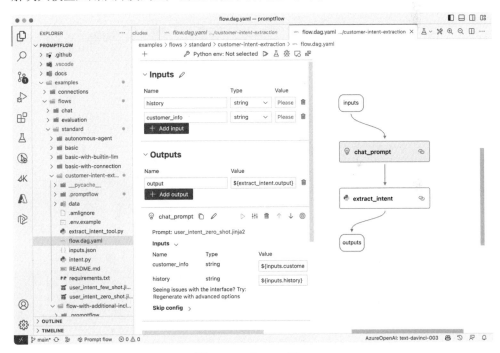

图 11-15　PromptFlow

虽然 Semantic Kernel 相较于其他两个项目处于后发状态，但其发展异常迅速，能力也已覆盖了当前 AI 应用的常见形态。随着大模型应用开发热潮的持续，作为拥有广泛应用场景、独特的开发群体和强大开发团队支持的代表，微软系工具链将会在大模型领域继续发展。

11.4　本章小结

　　本章的内容是大模型应用开发环节中最重要的部分。开发者根据业务场景的需求和应用开发范式，利用现有的开发框架实现场景应用。

　　前面已经介绍了开发一个应用的基本流程和涉及的技术，下一章将通过一个具体案例让大家真实地体验开发大模型应用的全过程。

应用示例

为了将理论和实践联系起来，本章将提供一个从 0 到 1 开发大模型应用的场景案例。为帮助读者充分理解本书前面介绍的内容，本章并没有直接选择开箱即用的产品或者平台，如 RagFlow、Dify 等，而是选择暴露更多细节的编排框架 LangChain，并配合应用开发选择了 Ollama、Qdrant、Streamlit 等工具或产品。

为了让读者循序渐进地开发大模型应用，本书以 PDF 问答作为示例场景。这个示例系统支持用户上传 PDF 文件，并针对文件内容进行提问。下面将从整体架构、环境准备、实现解析、打包部署等方面进行介绍，以便一步步完成"Hello World"。

12.1 整体架构

虽然该场景的逻辑比较简单，但能满足一般 RAG 应用架构的要求，包含数据处理、知识库构建及 RAG 应用流程。

根据主流的方案及个人实践的需要，选择以下技术栈实现该项目。

- **Unstructured**：用于实现 PDF 文档的加载、识别转文本。
- **LangChain**：用于实现文本分块、嵌入生成、问题处理及答案生成。
- **Qdrant**：用于存储和检索文档的向量数据库。
- **Ollama**：用于生成文本嵌入和处理用户问题的语言模型。
- **Streamlit**：用于构建和展示用户界面。

首先，在数据处理和知识库构建阶段，利用 Unstructured 解析 PDF 并生成文本文档，再将文档分块，嵌入生成向量，索引到本地向量数据库 ChromaDB 中；其次，利用 Ollama（也可以更换为其他模型）提供本地的嵌入和大模型生成能力，同时支持调用云端 OpenAI 的嵌入模型服务和大模型服务，例如，国内的 SiliconFlow 提供多样的兼容 OpenAI 风格的大模型推理接口，以及当前流行的国产顶尖模型 DeepSeek。再次，利用 LangChain 完成检索生成流程；最后，通过 Streamlit 构建一个简单的 Web 界面，支持用户上传 PDF 和对话。

如图 12-1 所示，整个系统由本地的模型推理引擎 Ollama、向量数据库 Qdrant，以及由 Streamlit 和 LangChain 构建的应用服务构成。

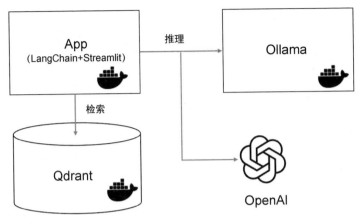

图 12-1 pdfchat 应用架构

在部署形式上，采用了通用管理，将模型服务、中间件服务（向量数据库）与应用服务分开，将推理引擎和应用服务分别打包成三个镜像服务，并通过 Docker compose 编排在一起，方便运维管理。当然，也可以将它们直接部署到 Kubernetes 集群中。

12.2 开发过程

12.2.1 环境准备

在开发之前，需要准备开发环境，建议读者使用 macOS 或者 Linux 环境（可使用云环境）。对系统进行必要的配置，确保网络可以连通。由于本例不涉及微调，并采用 Ollama 或 OpenAI 接口进行推理，故机器配置在 4 个核心和 8GB 的 RAM 以上即可。

开发语言选择主流的 Python v3.11+，并安装以下依赖的对应版本的库（建议使用 conda 或者 venv 创建虚拟环境）。

- Ollama。
- Streamlit。
- LangChain。
- Langchain-core。
- Langchain-community。

- Langchain-text-splitters。
- Unstructured[pdf]。
- Langchain-openai。
- Langchain-qdrant。
- Nltk。
- python-dotenv。

由于需要安装 Unstructured 解析 PDF 文档，故需要在环境中安装依赖 libmagic、poppler、libreoffice、pandoc 和 tesseract。

在 macOS 系统下执行的命令如下。

```
brew intall libmagic poppler libreoffice pandoc tesseract
```

在 Linux debian 系统下执行的命令如下。

```
apt-get update && apt-get install -y libmagic-dev poppler-utils tesseract-ocr
libgl1
```

对于 Windows 用户，需要下载相关包并手动安装。

对于向量数据库，选择 Qdrant v1.11.0，部署方式采用镜像安装，并将数据挂载在本地项目中的 data/qdrant_storage 目录下。

可以直接在本地开发或调试项目，正式部署发布时可选择 Docker Compose，故需要安装 Docker v26.1.4，具体安装方法请参考官方文档。

在准备本地模型方面，充分考虑本地的资源情况，选择 Ollama 作为模型推理引擎。选用 Phi-3 mini 而不是 Mistral 等流行模型的原因是，这个模型对于内存要求比较低，微软对其进行了特殊的优化，使其比较适合在本地运行。由于 Phi-3 mini 对中文的支持能力一般，如果需要更好地支持中文并获得更好的性能，可以在 Ollama 官方仓库中选择下载选择更合适的模型，如 DeepSeek R1 1.5B 及更高参数的版本。在嵌入模型方面，选择 Nomic AI 推出的 Nomic Embed，它是首个开源、开放数据、开放权重、开放训练代码、完全可复现和可审核的嵌入模型，上下文长度为 8192 个 Token，在短上下文和长上下文基准测试中击败 OpenAI text-embeding-3-small 和 text-embedding-ada-002。更重要的是，它可以完全本地化运行，方便企业用户在本地部署。在部署时考虑到本地环境复杂性，以及运维的便利性，采用 Ollama 的 Docker 版，可以通过类似于下面的命令拉取和启动 Ollama 镜像。

```
* 拉取模型
docker exec -it {containerId} ollama pull {model}
* 查看模型列表
```

```
docker exec -it {containerId} ollama list
* 启动模型
docker exec -it {containerId} ollama run {model}
```

为了方便用户阅读理解，我们将该项目代码提交到了 GitHub 上，因此需要安装 Git，以便将代码复制到本地。

12.2.2 实现解析

用户可以从 GitHub 网站下载本项目代码。

```
git clone https://***github.com/llms-engineering/pdfchat.git
```

然后，使用 VScode 打开项目，该项目的代码结构如下。

```
pdfchat/
|
├── app.py                 # 主程序入口
├── requirements.txt       # 项目依赖列表
├── setup_libs.py          # 下载必要的 nlp 库
├── .env                   # 环境文件
├── .env.prod              # 生产环境文件
├── docker-compose.yml     # 服务组织
├── Dockerfile             # 镜像定义
├── LICENSE                # 许可证
└── README.md              # 项目说明文件
```

可以看到本项目的结构十分简单，仅有六个文件。应用核心逻辑都集中在 app.py 文件中，包含了文档处理、检索增强流程，以及交互页面构造的所有功能。此外，Dockerfile 和 docker-compose.yml 分别描述了服务部署的相关信息。

下面将从文档处理、问答应用流程和用户交互三个方面介绍部分核心实现。

1. 文档处理

文档处理是该应用离线部分的核心实现流程，由 create_vector_db 方法实现。它接收用户上传的 PDF 文件，经过该方法处理，最终将索引写入向量数据库 Qdrant 中。它包括了处理 PDF 文件、分块、嵌入和入库四个环节。

```
def create_vector_db(file_upload,provider) -> QdrantVectorStore:
    """
    根据上传的 PDF 文件创建向量数据库

    参数：
```

```
        file_upload (st.UploadedFile): 使用 Streamlit 文件上传组件

    返回:
        QdrantVectorStore: 构建完成的向量数据库
    """
    logger.info (f"正在上传文件: {file_upload.name}")
    temp_dir = tempfile.mkdtemp ()

    path = os.path.join (temp_dir, file_upload.name)

    with open (path, "wb") as f:
        f.write (file_upload.getvalue ())
        logger.info (f"临时文件存储路径: {path}")
        loader = UnstructuredPDFLoader (path)
        data = loader.load ()

    text_splitter = RecursiveCharacterTextSplitter ( chunk_size=700,
chunk_overlap=100)
    chunks = text_splitter.split_documents (data)
    logger.info ("文档分块完成")

    if provider == "云":
        embeddings = OpenAIEmbeddings (base_url=os.getenv ('openai_url'))
    else:
        embeddings = OllamaEmbeddings (base_url=os.getenv ('ollama_url'),
model=os.getenv ('embedding_model') , show_progress=True)

    vector_db = QdrantVectorStore.from_documents (
        chunks,
        embeddings,
        url= os.getenv ('qdrant_url'),
        prefer_grpc=True,
        force_recreate=True,
        collection_name="pdfchat",
    )
    logger.info ("向量数据库构建完成")

    shutil.rmtree (temp_dir)
    logger.info (f"清除临时文件目录 {temp_dir}")
```

```
return vector_db
```

　　LangChain 针对不同类型的文档提供了多种加载解析工具，这里使用 Unstructured PDFLoader 加载解析 PDF。利用 LangChain 自带的 RecursiveCharacterTextSplitter 按字符递归对文档分块，确保按照给定的 chunk_size（块大小）和 chunk_overlap（块重叠）参数优化拆分结果。这种方法特别适用于需要保持文本内在结构和语义连贯性的场景，如处理段落、句子等结构化文本。在本例中，设置分块大小为 700，块间重合大小为 100（该配置可以根据场景调整）。本地利用 Ollama 加载 nomic-embed-text 嵌入模型对分块进行嵌入，云端利用 OpenAI 嵌入模型。利用 QdrantVectorStore.from_documents 将嵌入写入 Qdrant 中。值得一提的是，对于嵌入模型、大模型、向量数据库都可以根据需要自行选择。

　　2.　问答应用流程

　　该流程是 RAG 在线处理的核心，包括检索文档块、构造提示、提交给大模型生成三个环节。

```
def rag_process (question: str, vector_db: QdrantVectorStore, selected_
model: str,temperature:float,provider: str) -> str:
    """
    基于向量检索的 RAG 过程

    参数:
        question (str): 用户输入的问题
        vector_db (QdrantVectorStore): 向量数据库
        selected_model (str): 选择的大模型

    返回:
        str: RAG 生成的答案
    """
    logger.info (f"""用户的问题：{question} 选择的模型：{selected_
model}""")
    if provider == "云":
        llm = ChatOpenAI (base_url=os.getenv ('openai_url') ,model=
selected_ model,temperature=temperature);
    else:
        llm = ChatOllama(base_url=os.getenv('ollama_url'),model=selected_
model, temperature=temperature)
    QUERY_PROMPT = PromptTemplate (
        input_variables=["question"],
```

```
        template="""您是一名 AI 语言模型助理。您的任务是生成给定用户问题的 3 个不
同版本中文问题，以从向量数据库中检索相关文档。通过对用户问题生成多个视角的问题，您的目标
是帮助用户克服基于距离的相似性搜索的一些局限性。请提供这些用换行符分隔的备选问题。
        原始问题：{question}""",
)

retriever = MultiQueryRetriever.from_llm(
    vector_db.as_retriever(), llm, prompt=QUERY_PROMPT
)

template = """仅根据以下上下文使用中文言简意赅回答问题：
{context}
问题：{question}
如果您不知道答案，就说您不知道，不要试图编造答案。
只提供{context}中的答案，其他什么都不提供。
添加您用来回答问题的上下文片段。
"""

prompt = ChatPromptTemplate.from_template(template)

chain = (
    {"context": retriever, "question": RunnablePassthrough()}
    | prompt
    | llm
    | StrOutputParser()
)

response = chain.invoke(question)
logger.info("LLM 生成完成")
return response
```

首先，使用 ChatOllama 加载用户选择的模型，并设置模型 temperature。该方法能够返回抽象的 LangChain ChatModel 对话模型，通过它可以使用本地启动的 Ollama 服务提供的 ChatOllama 对话模型，也可以使用云上 OpeanAI 提供的 ChatOpenAI 对话模型。另外，由于对话模型天然具有多轮对话的能力，因此无须自己实现。

然后，为了提升问题相关信息召回的完整度，减少因为问题表达的差异导致的回答质量问题，采用了 LangChain 提供的 MultiQueryRetriever。它能够在原始问题基础上从不同角度生成相似的查询问题，扩大查询候选文本块，产生更丰富的结果集。LangChain

通过 LCEL 构建一个处理链，将检索器、提示、大模型和输出解析器按顺序连接起来。这个链定义了从检索召回、构造包含上下文的提示，到生成最终回答的整个流程。对于提示的构造，可以参考 LangChainHub 上的实现，再根据情况修改。

3．用户交互

提供上传与管理 PDF、模型选择、针对 PDF 问答等功能。

```python
def main() -> None:
    """
    主程序，负责页面布局和交互逻辑
    """
    st.title(" 🎙️🖋️ Pdf 问答", anchor=False)
    user_avator = " 🧑💻 "
    robot_avator = " 🐻 "


    col1, col2 = st.columns([3, 5])

    if "messages" not in st.session_state:
        st.session_state["messages"] = []

    if "vector_db" not in st.session_state:
        st.session_state["vector_db"] = None


    provider = col1.radio("模型服务", ["云","本地"],horizontal=True)
    if provider == '本地':
        try:
            client = Client(host=os.getenv('ollama_url'))
            models_info = client.list()
            available_models = extract_model_names(models_info)
            selected_model = col1.selectbox(" 模 型 选 择 ", available_
models)

        except Exception as e:
            print(e)
            col1.error("请检查 Ollama 服务是否运行正确")
    else:
        available_models = ('gpt-3.5-turbo', 'gpt-4-turbo','gpt-4o')
        selected_model = col1.selectbox("模型选择", available_models)
```

```
            api_key = col1.text_input ("OpenAI_API_Key", "", type="password")


        temperature = col1.slider ('温度（Temperature）', 0.0, 1.0, 0.0,
step=0.1)
        file_upload = col1.file_uploader (
            "上传待问答的 Pdf", type="pdf", accept_multiple_files=False
        )
        status_placeholder = col1.empty ()

        if provider == "云" and (api_key is not None and api_key.startswith
("sk-") and st.session_state.get ('api_key') is None):
            os.environ["OPENAI_API_KEY"] = api_key
            status_placeholder.info ("key 设置完成")
            st.session_state["api_key"] = True

        if file_upload:
            st.session_state["file_upload"] = file_upload
            if st.session_state["vector_db"] is None:
                status_placeholder.info ("知识库构建中，请稍后...")
                st.session_state["vector_db"] = create_vector_db
(file_upload, provider)
                status_placeholder.info ("知识库就绪，可以提问了!")

        delete_collection = col1.button ("删除连接", type="secondary")

        if delete_collection:
            delete_vector_db (st.session_state["vector_db"])

    with col2:
        message_container = st.container (height=500, border=True)

        for message in st.session_state["messages"]:
            avatar = robot_avator if message["role"] == "assistant" else
user_avator
            with message_container.chat_message
(message["role"], avatar=avatar):
                st.markdown (message["content"])
```

```
        if prompt := st.chat_input ("输入你的问题..."):
            try:
                st.session_state["messages"].append ( {"role": "user",
"content": prompt})
                message_container.chat_message
("user", avatar=user_avator). markdown (prompt)

                with message_container.chat_message
("assistant", avatar= robot_avator):
                    with st.spinner (":green[processing...]"):
                        if st.session_state["vector_db"] is not None :
                            response = rag_process (
                                prompt, st.session_state["vector_db"],
selected_model,temperature,provider
                            )
                            st.markdown (response)
                        else:
                            st.warning ("你还没有上传文档呢!")

                if st.session_state["vector_db"] is not None:
                    st.session_state["messages"].append (
                        {"role": "assistant", "content": response}
                    )

            except Exception as e:
                st.error (e)
                logger.error (f"Rag 执行时发生错误: {e}")
        else:
            if provider == "云" and st.session_state.get('api_key') is None:
                status_placeholder.warning ("还未设置 OpenAI API key...")
            elif st.session_state["vector_db"] is None:
                status_placeholder.warning ("文档还未上传...")
```

为了快速构建原型，采用 Streamlit 构建用户界面。用户通过界面可以上传文档，选择模型，与大模型对话。如果不熟悉 Streamlit 的语法，那么可以参考官方文档。同时，Streamlit 提供删除链接功能，便于用户重新构建知识库。该功能会调用 delete_vector_db 方法，清理 PDF 文件缓存及数据库连接。

```
def delete_vector_db (vector_db: Optional[QdrantVectorStore]) -> None:
    """
```

```
    删除向量数据库并清除相关会话状态

    参数:
        vector_db (Optional[QdrantVectorStore]): 要删除的向量数据库
    """
    logger.info("删除向量数据库")
    if vector_db is not None:
        vector_db.delete_collection()
        st.session_state.pop("pdf_pages", None)
        st.session_state.pop("file_upload", None)
        st.session_state.pop("vector_db", None)
        st.success("数据库表清理完成")
        logger.info("数据库表清理完成")
        st.rerun()
    else:
        st.error("没有找到可删除的向量数据库")
        logger.warning("没有找到可删除的向量数据库")
```

以上就是整个应用的核心逻辑实现，更详细的内容可以查看 GitHub 上本项目的工程代码。

12.2.3 打包部署

本应用采用 docker-compose 方式部署，需要为本项目生成 Docker 镜像包。下面是主服务的 Dockerfile 内容。

```
FROM python:3.11-slim

WORKDIR /app

RUN apt-get update
RUN apt-get install -y libmagic-dev
RUN apt-get install -y poppler-utils
RUN apt-get install -y tesseract-ocr
RUN apt-get install -y libgl1
RUN apt-get install -y curl

COPY requirements.txt ./
COPY app.py ./
COPY setup_libs.py ./
```

```
RUN pip install --upgrade pip
RUN pip install -r requirements.txt
RUN python setup_libs.py
EXPOSE 8501
ENTRYPOINT ["Streamlit", "run", "app.py", "--server.port=8501", "--ser
ver.address=0.0.0.0"]
```

我们镜像安装了必要的 Unstructed 系统依赖和相关的 Python 环境依赖，并下载了
NLTK 的相关工具包，即 punkt_tab、averaged_perceptron_tagger_eng，设置 ENTRYPOINT，
镜像启动后执行 Streamlit run app--server.port=8501--server.address= 0.0.0.0，启动服务。

针对 Ollama、Qdrant 等中间件，采用官方提供的容器化部署方案，镜像选择当前
最新的版本，开发者可以根据需要修改。至此，形成的应用 docker-compose 文件内容
如下。

```
services:
  llm-app:
    container_name: app
    image: llms-engineering/app:0.0.1
    ports:
      - 8501:8501
    networks:
      - local_network
    volumes:
      - .env.prod:/app/.env
  qdrant:
    container_name: qdrant
    image: qdrant/qdrant:v1.11.0
    ports:
      - 6333:6333
      - 6334:6334
    volumes:
      - ./data/qdrant_storage:/app/qdrant/storage
    networks:
      - local_network
  ollama:
    container_name: ollama
    image: ollama/ollama:0.3.6
    ports:
```

```
     - 11434:11434
   volumes:
     - ~/.ollama:/root/.ollama
   networks:
     - local_network

networks:
  local_network:
    driver: bridge
```

为了将开发环境和生产部署环境分离，尽可能减少环境差异带来的环境问题，采用了两套环境配置：在本地开发时，默认使用.env 中的配置；当使用 docker-compose 部署时，将.env.prod 配置挂载到应用目录下，覆盖原有的.env 文件，应用就能自动读取生产配置，开发者不需要在代码中区别处理，避免了可能的错误。

```
# .env 本地开发
openai_url=https://***api.openai.com
ollama_url=http://***127.0.0.1:11434
qdrant_url=http://***127.0.0.1:6333
embedding_model=nomic-embed-text:latest

# .env.prod 生产部署
openai_url=https://api.openai.com/v1
ollama_url=http://ollama:11434
qdrant_url=http://qdrant:6333
embedding_model=nomic-embed-text:latest
```

接下来就可以启动镜像打包和服务了，以下为具体的操作步骤。

第一步，打包镜像。进入项目目录，执行以下命令。

```
cd pdfchat
docker build -t llms-engineering/app:0.1.
```

执行结果如下。

```
ully@ullymacos pdfchat % docker build -t llms-engineering/app:0.0.1.
[+] Building 274.7s (20/20) FINISHED
docker:desktop-linux
 => [internal] load build definition from Dockerfile
0.0s
 => => transferring dockerfile: 604B
0.0s
 => [internal] load metadata for docker.io/library/python:3.11-slim
```

```
2.0s
 => [internal] load.dockerignore
0.0s
 => => transferring context: 2B
0.0s
 => [ 1/15] FROM docker.io/library/python:3.11-slim@sha256:ad5dadd957a39
8226996bc4846e522c39f2a77340b531b28aaab85b2d361210b
0.0s
 => [internal] load build context
0.0s
 => => transferring context: 491B
0.0s
 => CACHED [ 2/15] WORKDIR /app
0.0s
 => CACHED [ 3/15] RUN apt-get update
0.0s
 => CACHED [ 4/15] RUN apt-get install -y libmagic-dev
0.0s
 => CACHED [ 5/15] RUN apt-get install -y poppler-utils
0.0s
 => CACHED [ 6/15] RUN apt-get install -y tesseract-ocr
0.0s
 => CACHED [ 7/15] RUN apt-get install -y libgl1
0.0s
 => CACHED [ 8/15] RUN apt-get install -y curl
0.0s
 => CACHED [ 9/15] COPY requirements.txt./
0.0s
 => CACHED [10/15] COPY app.py./
0.0s
 => [11/15] COPY setup_libs.py./
0.0s
 => [12/15] COPY .env.prod./.env
0.0s
 => [13/15] RUN pip install --upgrade pip
3.9s
 => [14/15] RUN pip install -r requirements.txt
254.5s
 => [15/15] RUN python setup_libs.py
10.6s
 => exporting to image
```

```
3.6s
 => => exporting layers
3.6s
 => => writing image  sha256:0115e0b2ce85aded45ddaca5b4d26e6acd616728
79258f06730c9717d2519d54
 0.0s
 => => naming to docker.io/llms-engineering/app:0.0.1
```

至此，名为 llms-engineering/app:0.1 的主服务镜像已生成完成，并存放在本地镜像库中。当需要多人协作时，一般还会将镜像推送到中央库中。

第二步，启动服务。进入 docker-compose.yml 所在目录，执行 docker-compse up -d，执行结果如下。

```
ully@ullymacos pdfchat % docker-compose up -d
[+] Running 4/4
 ✔ Network pdfchat_local_network  Created
 ✔ Container app               Started          0.0s
 ✔ Container ollama            Started          0.2s
 ✔ Container qdrant            Started          0.2s
```

利用 docker ps 或者 docker-compose ps 观察状态，等待服务后台启动完成。

```
ully@ullymacos pdfchat % docker ps
CONTAINER ID   IMAGE        COMMAND        CREATED       STATUS       PORTS       NAMES
4f716c7e19d1   llms-engineering/app:0.0.1   "Streamlit run app.p…"   4 minutes
ago  Up 4 minutes  0.0.0.0:8501->8501/tcp          app
 0e8db80a9062   ollama/ollama:0.3.6      "/bin/ollama serve"      4 minutes ago
Up 4 minutes  0.0.0.0:11434->11434/tcp          ollama
 e6e504b0f497   qdrant/qdrant:v1.11.0      "./entrypoint.sh"      4 minutes
ago  Up 4 minutes  0.0.0.0:6333-6334->6333-6334/tcp  qdrant
```

服务启动完成后，拉取模型 Phi-3: mini。

```
docker exec -it 0e8db80a9062 ollama pull Phi-3:mini
 ully@ullymacos pdfchat % docker exec -it 0e8db80a9062  ollama pull
phi-3:mini
 pulling manifest
 pulling 633fc5be925f... 100% ▐██████████████████████████████████████████
██████▌ 2.2 GB
 pulling fa8235e5b48f... 100% ▐██████████████████████████████████████████
██████▌ 1.1 KB
```

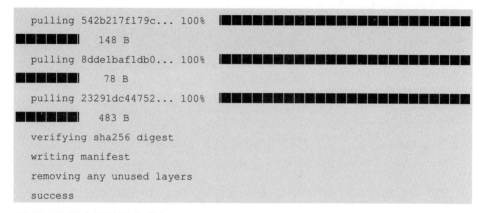

```
    pulling 542b217f179c... 100% ██████████████████████████
██████████       148 B
    pulling 8dde1baf1db0... 100% ██████████████████████████
██████████       78 B
    pulling 23291dc44752... 100% ██████████████████████████
██████████       483 B
    verifying sha256 digest
    writing manifest
    removing any unused layers
    success
```

同理，按照上面的操作执行 nomic-embed-text:latest。

至此，整体系统部署完成，如果中间出现错误，那么请检查网络情况，并重试。

12.2.4　示例演示

完成系统部署后，即可进入该应用，pdfchat 界面如图 12-2 所示。

图 12-2　pdfchat 界面

该应用可以在云端和本地两个模式下使用，只需上传 PDF 文件（这里上传本书前言），等待系统完成知识库构建，如图 12-3 所示。界面提示"知识库就绪，可以提问了！"，这时说明系统已经准备就绪，可以进入使用状态。

图 12-3　pdfchat 准备就绪

可以测试它的回答效果，例如，问它"本书写作目的是什么"，分别使用各种大模型生成的答案。

图 12-4 所示为 GPT-3.5-turbo 的回答。

图 12-4　GPT-3.5-turbo 的回答

图 12-5 所示为 GPT-4-turbo 的回答。

图 12-5　GPT-4-turbo 的回答

图 12-6 所示为 Phi-3-mini 的回答。

图 12-6　Phi-3-mini 的回答

从上面结果可以看出，GPT-4-turbo 表现最好，不仅给出了正确的答案，还根据提示要求给出了参考的上下文片段；GPT-3.5-turbo 的回答稍显简练，但意思正确，并未给出参考上下文片段；Phi-3-mini 的回答不能令人满意。当然，这里的错误并不全与大模型有关，也受到嵌入模型和分块等诸多因素的影响，在实际使用时还需要专门调整和测试。

感兴趣的读者可以选择或下载其他模型，调整模型温度、块大小等参数，观察它们对查询结果的影响。

12.3　本章小结

本章通过一个 RAG 应用案例展示了大模型应用开发的全过程。需要说明的是，该应用离实际投入生产使用还有相当的距离，每个环节都有改进的空间，如可以在文档处理过程中选择更多样的分块方法、更贴合场景的嵌入模型等。在问答流程方面，可以进一步提高检索质量，如对问题进行增强。在检索块相关性方面，可以采用引入 Reranker 模块对检索结果进行重排序等策略。

总的来说，大模型应用开发技术正在快速发展，目前还没有一个完美的方式应对所有的问题，本书提到的理论、技术和案例也仅仅是从海量知识中筛选的最适合入门的内容。希望读者能够通过本书入门，结合实际场景和技术趋势，更好地将大模型应用落地到真实场景中，使其产生更大的价值。

参 考 文 献

[1] KAPLAN J，MCCANDLISH S，HENIGHAN T, et al. Scaling Laws for Neural Language Models. ArXiv arXiv: 2001.08361, 2020.

[2] VILLALOBOS P, HO A, SEVILLA J, et al. Will we run out of data? An analysis of the limits of scaling datasets in Machine Learning. ArXiv arXiv: 2211.04325, 2022.

[3] CUI Y M, YANG Z Q, YAO X. Efficient and Effective Text Encoding for Chinese LLaMA and Alpaca. ArXiv arXiv: 2304.08177, 2023.

[4] RAFAILOV R, SHARMA A, MITCHELL E, et al. Direct Preference Optimization: Your Language Model is Secretly a Reward Model. ArXiv arXiv: 2305.18290, 2023.

[5] KUMAR A, IRSOY O, ONDRUSKA P, et al. Ask Me Anything: Dynamic Memory Networks for Natural Language Processing. ArXiv arXiv: 1506.07285, 2015.

[6] BROWN T B, MANN B, RYDE N, et al. Language Models are Few-Shot Learners. ArXiv arXiv: 2005.14165, 2020.

[7] DAI D M, SUN Y T, DONG L, et al. Why Can GPT Learn In-Context? Language Models Implicitly Perform Gradient Descent as Meta-Optimizers. ArXiv arXiv: 2212.10559, 2022.

[8] XIE S M, RAGHUNATHAN A, LIANG P, et al. An Explanation of In-context Learning as Implicit Bayesian Inference. ArXiv arXiv: 2111.02080, 2021

[9] MIN S, LYU X X, HOLTZMAN A, et al. Rethinking the Role of Demonstrations: What Makes In-Context Learning Work?. ArXiv arXiv: 2202.12837, 2022.

[10] BURNS C, IZMAILOV P, KIRCHNER J H, et al. Weak-to-Strong Generalization: Eliciting Strong Capabilities With Weak Supervision. ArXiv arXiv: 2312.09390, 2023.

[11] XIAO G X, TIAN Y D, CHEN B D, et al. Efficient Streaming Language Models with Attention Sinks . ArXiv arXiv: 2309.17453, 2023.

[12] LIU N F,LIN K,HEWITT J, et al. Lost in the Middle: How Language Models Use Long Contexts.Transactions of the Association for Computational Linguistics. Cambridge, MA: MIT Press, 2024, 12: 157–173.

[13] DEVLIN J, CHANG M W, LEE K, etl al. BERT: Pre-training of Deep Bidirectional Transformers for Language Understanding. ArXiv arXiv: 1810.04805, 2023.

[14] TAORI R, GULRAJANI I, ZHANG T Y, et al. Alpaca: A Strong, Replicable Instruction-Following Model. GitHub repository, GitHub, 2023.

[15] DING N, QIN Y J, YANG G, et al. Delta Tuning: A Comprehensive Study of Parameter Efficient Methods for Pre-trained Language Models. ArXiv arXiv: 2203.06904, 2022.

[16] HOULSBY N, GIURGIU A, JASTRZEBSKI S, et al. Parameter-Efficient Transfer Learning for NLP. ArXiv arXiv: 1902.00751, 2019.

[17] LI X L, LIANG P. Prefix-Tuning: Optimizing Continuous Prompts for Generation. ArXiv arXiv: 2101.00190, 2021.

[18] LESTER B, AL-RFOU R, CONSTANT N. The Power of Scale for Parameter-Efficient Prompt Tuning. ArXiv arXiv: 2104.08691, 2021.

[19] LIU X, JI K X, FU Y CH, et al. P-Tuning V2: Prompt Tuning Can Be Comparable to Fine-tuning Universally Across Scales and Tasks. ArXiv arXiv: 2110.07602, 2021.

[20] ZAKEN E B, RAVFOGEL S, GOLDBERG Y. BitFit: Simple Parameter-efficient Fine-tuning for Transformer-based Masked Language-models. ArXiv arXiv: 2106.10199, 2021.

[21] HU E J, SHEN Y L, WALLIS P, et al. LoRA: Low-Rank Adaptation Of Large Language Models. ArXiv arXiv: 2106.09685, 2021.

[22] DETTMERS T, PAGNONI A, HOLTZMAN A, et al. QLoRA: Efficient Finetuning of Quantized LLMs. ArXiv arXiv: 2305.14314, 2023.

[23] DING N, QIN Y J, YANG G, et al. Delta Tuning: A Comprehensive Study of Parameter Efficient Methods for Pre-trained Language Models. ArXiv arXiv: 2203.06904, 2022.

[24] YUAN ZH H, SHANG Y ZH, ZHOU Y, et al. LLM Inference Unveiled: Survey and Roofline Model Insights. ArXiv arXiv: 2402.16363, 2024.

[25] VASWANI A, SHAZEER N, PARMAR N, et al. Attention Is All You Need. ArXiv arXiv: 1706.03762, 2024.

[26] HOBBHAHN M, SEVILLA J. What's the Backward-Forward FLOP Ratio for Neural Networks? epochai.org, 2021.

[27] NARAYANAN D , SHOEYBI M, CASPER J, et al. Efficient Large-Scale Language Model Training on GPU Clusters Using Megatron-LM. ArXiv arXiv: 2104.04473, 2021.

[28] TOUVRON H, LAVRIL T, IZACARD G, et al. LLaMA: Open and Efficient Foundation Language Models. ArXiv arXiv: 2302.13971, 2023.

[29] MA X Y, FANG G F, WANG X CH. LLM-Pr. ArXiv arXiv: 2305.11627, 2023.

[30] LIU P Y, LIU Z K, GAO Z F, et al. Do Emergent Abilities Exist in Quantized Large Language Models: An Empirical Study. ArXiv arXiv: 2307.08072, 2023.

[31] DAO T, FU D Y, ERMON S, et al. FlashAttention: Fast and Memory-Efficient Exact Attention with IO-Awareness. ArXiv arXiv: 2205.14135, 2022.

[32] DAO T. FlashAttention-2: Faster Attention with Better Parallelism and Work Partitioning. ArXiv arXiv: 2307.08691, 2023.

[33] WEI J, WANG X ZH, SCHUURMANS D, et al. Chain-of-Thought Prompting Elicits Reasoning in Large Language Models. ArXiv arXiv: 2201.11903, 2022.

[34] KOJIMA T, GU S S, REID M,et al. Large Language Models are Zero-Shot Reasoners. ArXiv arXiv: 2205.11916, 2022.

[35] YASUNAGA M, CHEN X Y, LI Y J, et al. Large Language Models as Analogical Reasoners. ArXiv arXiv: 2310.01714, 2023.

[36] WANG X ZH, WEI J, SCHUURMANS D,et al. Self-Consistency Improves Chain Of Thought Reasoning In Language Models. ArXiv arXiv: 2203.11171, 2023.

[37] YAO SH Y, YU D, ZHAO J,et al. Tree of Thoughts: Deliberate Problem Solving with Large Language Models. ArXiv arXiv: 2305.10601, 2023.

[38] BESTA M, BLACH N, KUBICEK A,et al. Graph of Thoughts: Solving Elaborate Problems with Large Language Models. ArXiv arXiv: 2308.09687, 2023.

[39] SEL B, AL-TAWAHA A, KHATTAR V, et al. Algorithm of Thoughts: Enhancing Exploration of Ideas in Large Language Models. ArXiv arXiv: 2308.10379, 2023.

[40] GAO L Y, MADAAN A, ZHOU SH Y,et al. PAL: Program-aided Language Models. ArXiv arXiv: 2308.2211.10435, 2022.

[41] PARANJAPE B, LUNDBERG S, SINGH S, et al. ART: Automatic multi-step reasoning and tool-use for large language models. ArXiv arXiv: 2303.09014, 2023.

[42] YAO SH Y, ZHAO J, YU D, et al. REAC T: SYNERGIZING REASONING AND ACTING IN LANGUAGE MODELS. ArXiv arXiv: 2210.03629, 2022.

[43] WANG L, XU W Y, LAN Y H, et al. Plan-and-Solve Prompting: Improving Zero-Shot Chain-of-Thought Reasoning by Large Language Models. ArXiv arXiv: 2305.04091, 2023.